Elektrizität

Eine gemeinverständliche Einführung in die Elektrophysik und deren technische Anwendungen

Von

Sir Lawrence Bragg

M. A., Sc. D., M. Sc., F. R. S.
Nobelpreisträger, Cavendish Professor der Experimentalphysik
an der Universität Cambridge

Mit 138 Abbildungen im Text und auf Tafeln

Autorisierte deutsche Ausgabe
Von
Wilhelm Gauster-Filek

Wien
Springer-Verlag
1951

ISBN 978-3-211-80196-3 ISBN 978-3-7091-7776-1 (eBook)
DOI 10.1007/978-3-7091-7776-1

Sir Lawrence Bragg

M. A., Sc. D., M. Sc., F. R. S.

Nobelpreisträger, Cavendish Professor der Experimentalphysik an der Universität Cambridge

Vorwort des Verfassers.

Ich wurde von der Royal Institution eingeladen, zu Weihnachten 1934 den „hundertneunten Lehrgang von sechs Vorträgen für jugendliche Zuhörer“ abzuhalten. Diese Vorträge habe ich nun in Buchform herausgebracht, und zwar so, daß die sechs Kapitel der Anlage der Vorträge entsprechen. Die ersten drei Kapitel befassen sich mit dem Wesen von elektrischen Ladungen, elektrischen Strömen und Magneten und mit den wichtigsten elektrischen Geräten, wie Batterien, Motoren und Dynamomaschinen. In den übrigen Kapiteln sind diejenigen elektrischen Geräte etwas genauer beschrieben, die wir täglich sehen oder benützen. Das IV. Kapitel handelt von den Kraftwerken und der Übertragung des elektrischen Stromes von einem Ort zum andern, das V. Kapitel vom Telegraphen und Fernsprecher, das VI. Kapitel vom „Rundfunk“.

Man macht immer wieder die Erfahrung, daß die Begriffe Elektrizität und Magnetismus besonders schwierig zu erfassen sind. Die Natur hat uns auf das Studium der Elektrizität nicht vorbereitet. Gefühl und gesunder Menschenverstand, die wir durch den Umgang mit Gegenständen erwerben, machen es uns verhältnismäßig leicht, Wärme, Licht und Schall zu verstehen, ebenso die Art, in der Mechanismen funktionieren; einen entsprechenden natürlichen Sinn für Elektrizität scheinen wir aber nicht zu besitzen, obwohl elektrische Vorrichtungen aller Art in unserem Leben eine so große Rolle spielen. Wir müssen uns diesen Sinn also erst erwerben, indem wir jenes Verhalten der Dinge erforschen, welches man „Elektrizität“ nennt, und indem wir versuchen, unsere Vorstellungen zu ordnen. Ist unser Bemühen erfolgreich, so steht uns die Welt der Elektrizität offen. Ein Transformator erscheint uns dann in seiner Wirkungsweise so natürlich und klar wie eine Schreibmaschine, und ein Radioapparat hat nichts Geheimnisvolleres an sich, als eine Windmühle. Ich habe mich in diesem Buch bemüht, die grundlegenden Begriffe der Elektrizität möglichst einfach darzustellen und meinen Bericht durch Hinweise auf vertraute elektrische Vorrichtungen interessant zu gestalten.

Es war bedeutend schwieriger, das Buch zu schreiben, als die Vorträge zu halten. Dem Vortragenden in der Royal Institution kommen nämlich zwei günstige Umstände zu Hilfe: Erstens erlauben die überaus reichen Hilfsmittel des Instituts die Ausführung von Versuchen in großzügigstem Maßstab; zweitens hat er es mit einer Zuhörerschaft zu tun, die begeistert. Sie besteht aus jungen Leuten (jeden Alters), die mit der Absicht kommen, sich gut zu unterhalten und die in ihrem Wissensdurst dem Vortragenden bereitwillig auf halbem Wege entgegenkommen. Ich hoffe, daß meine Leser ebenso nachsichtig und wohlwollend sein werden, wie meine Zuhörer in der Royal Institution. Aus den Fragen, die nach den Vorträgen an mich gerichtet wurden, habe ich mir ein Urteil zu bilden versucht, wie weit ich auf die verschiedenen Gegenstände eingehen kann. Wenn einzelne Teile dieses Buches übermäßig schwierig scheinen, so kommt es daher, weil ich mir auf Grund der gestellten Fragen eine hohe Meinung von der geistigen Aufgeschlossenheit der jungen Generation gebildet habe.

Ich möchte diese Gelegenheit ergreifen, den Leitern der Royal Institution sowie dem Direktor dieses Instituts, Sir William Bragg, für die ehrenvolle Einladung zur Abhaltung meiner Vortragsreihe den allerwärmsten Dank auszusprechen. Meiner Frau verdanke ich die Anregung, das Thema „Elektrizität“ zum Gegenstand meiner Vorträge zu wählen und elektrische Vorrichtungen des Alltags zu erläutern. An anderer Stelle habe ich die zahlreichen Freunde angeführt, die mir bei der Vorbereitung der Vorträge und beim Zusammentragen des Materials für das Buch behilflich waren. Dr. E. C. Scott Dickson hat das Manuskript und die Korrekturen gelesen, zahlreiche sprachliche Fehler verbessert und das Sachverzeichnis angelegt; ich bin ihm für seine Hilfe zu tiefstem Dank verpflichtet.

Vorwort zur deutschen Ausgabe.

Als den österreichischen Hochschulinstituten nach Ende des letzten Krieges die ersten wissenschaftlichen Bücher in englischer Sprache wieder zugänglich wurden, gelangte ich auch in den Besitz eines Exemplares des neuesten Abdruckes der „Electricity" von Sir Lawrence Bragg. Ich war damals gerade damit beschäftigt, die Vorlesungen über Grundlagen der Elektrotechnik, wie sie für Hörer der mittleren Semester der technischen Hochschulen abgehalten werden, neu einzurichten. Obwohl ich bei meinen Studenten mit Vorkenntnissen in der Elektrophysik rechnen konnte, bemühte ich mich, die Grundgesetze der Elektrizitätslehre in möglichst elementarer und anschaulicher Weise darzustellen. Ich war mir bewußt, wie wichtig es ist, „elektrisch denken" zu lernen und sich in die Gesetzmäßigkeiten der Elektrophysik „einzufühlen".

Als ich Sir Lawrence Braggs Buch in die Hände bekam, fiel mir zunächst auf, mit welcher Klarheit in dessen Vorwort die Forderung nach der Erwerbung eines „elektrischen Sinnes" gestellt wird, und als ich dann das Werk mit größtem Interesse im einzelnen durchging, fand ich, daß es in geradezu meisterhafter Weise dieses Ziel erreicht. Dabei sind hier die zu überwindenden Schwierigkeiten noch größer als etwa bei einer Hochschulvorlesung, da Braggs „Electricity" sich an einen sehr weiten Leserkreis wendet und als „gemeinverständliche" Darstellung im besten Sinne des Wortes bezeichnet werden kann.

Ich bin überzeugt, daß das vorliegende Buch eine Lücke in der populärwissenschaftlichen Literatur ausfüllt. Es fand in den englisch sprechenden Ländern, wie die Jahreszahlen der rasch aufeinanderfolgenden Neuabdrucke beweisen, sehr rasche Verbreitung, und es schien mir wünschenswert, auch dem deutschsprachigen Leser dieses ausgezeichnete Werk bequem zugänglich zu machen.

Als ich daranging, die deutsche Ausgabe genauer vorzubereiten, erkannte ich bald, daß sich dieser Aufgabe Schwierigkeiten besonderer Art entgegenstellten. Sir Lawrence Braggs Schreibweise ist außerordentlich originell und lebendig, es ist für sie besonders charakteristisch, daß das „elektrische Denken" durch eine Fülle der oft verblüffendsten Assoziationen mit dem Denken des täglichen Lebens in Verbindung gebracht wird. Immer wieder ergeben sich neue, einprägsame Analogien, die den Sachverhalt geradezu handgreiflich vor Augen führen, und kurze, treffende, vielfach sogar humoristische Bemerkungen stellen den Kern der Sache oft viel klarer dar, als es mit langschweifiger Trockenheit möglich wäre. Es ist leider unvermeidbar, daß durch eine Übersetzung in eine andere Sprache viel vom Reiz einer solchen Darstellung verlorengeht. Ganz verfehlt wäre es, im vorliegenden Falle zu versuchen, das typisch Englische gewaltsam so zu verändern, daß der Anschein eines deutschen Originals erweckt wird. Gegen diese Schwierigkeiten tritt die bekannte Unbequemlichkeit der Verwendung verschiedener Maßsysteme in den Hintergrund. Hier genügen ein paar Bemerkungen an passender Stelle. Ebenso erschien es richtig, darauf aufmerksam zu machen, daß in mehrfacher Hinsicht die englische Praxis der technischen Ausführung elektrischer Einrichtungen von der kontinentalen etwas abweicht.

Nach den vorliegenden Bemerkungen wird auch jener Leser, der sich bisher wenig mit den physikalischen Wissenschaften befaßt hat und daher den Namen Sir Lawrence Bragg noch nicht kennt, vermuten, daß der Verfasser der „Elektricity" eine Persönlichkeit besonderer Prägung und Eigenart ist. Tatsächlich zählt Sir Lawrence Bragg zu den führenden lebenden Physikern und es sei mir gestattet, folgende kurze biographische Daten mitzuteilen: Er wurde am

31. März 1890 in Adelaide (Australien) als Sohn des Sir Henry William Bragg geboren. Er besuchte zunächst in seiner Heimatstadt das St. Peter's College und die Universität und genoß dann seine weitere Ausbildung am berühmten Trinity College in Cambridge, wo er auch in jungen Jahren seinen ersten Lehrauftrag erhielt. Im Alter von 25 Jahren wurde ihm, gemeinsam mit seinem Vater, die höchste wissenschaftliche Auszeichnung, der Nobelpreis, zuerkannt. In Arbeiten, die heute als klassisch bezeichnet werden müssen, gelang es den beiden Forschern, Grundlagen für die Aufklärung der Kristallstruktur mit Hilfe der Röntgen-Kristallstrukturanalyse zu schaffen.

Sir Lawrence Bragg setzte dann die Untersuchungen in äußerst fruchtbarer Form fort und er zählt zu den Schöpfern der modernen Untersuchungsmethoden, die unter Verwendung von Röntgenstrahlen zur Aufklärung der Feinstruktur der kompliziertesten Stoffe geführt haben. Ihm und seinen Mitarbeitern gelang es u. a. den äußerst verwickelten Molekülaufbau der Silikate klarzustellen und es wurden diese Verfahren auch mit besonderem Erfolge zur Erforschung der Struktur von Metallen und Legierungen verwendet. Viel beachtet wurde auch das von Sir Lawrence Bragg entwickelte originelle „Blasenmodell" des Molekülaufbaus. In letzter Zeit gilt sein Interesse besonders der Anwendung der Röntgen-Strukturanalyse auf hochkomplexe Moleküle, wie die der Proteine.

Außer dem Nobelpreis wurden Sir Lawrence Bragg eine Fülle anderer wissenschaftlicher Auszeichnungen zuteil und auch seine akademische Laufbahn führte ihn auf besonders ehrenvolle und verantwortungsreiche Stellen. Von seiner ersten Lehrtätigkeit in Trinity College in Cambridge wurde bereits berichtet. Von 1915 bis 1918 leistete er in Frankreich Kriegsdienst als Berater für militärische Schallmessung, 1919 bis 1937 war er Longworthy-Professor der Physik an der Victoria University in Manchester, 1937 bis 1938 bekleidete er die Stelle eines Direktors des National Physical Laboratory und schließlich ist er seit 1938 Cavendish-Professor der Experimentalphysik an der Universität Cambridge, womit er an die Spitze eines Instituts getreten ist, das als eines der ersten seiner Art überhaupt bezeichnet werden muß.

Es mag vielleicht manchem verwunderlich erscheinen, daß ein so allseitig anerkannter Gelehrter auch die Zeit gefunden hat, mit liebevoller Sorgfalt in Vorträgen und Veröffentlichungen weiten Kreisen wissenschaftliche Erkenntnis zugänglich zu machen. Erfreulicherweise ist dies aber durchaus keine vereinzelte Erscheinung und jeder Fachmann wird in diesem Zusammenhang etwa an die wundervoll klaren populären Vorträge des berühmten Physikers Helmholtz denken. Ganz allgemein darf die Schwierigkeit der gemeinverständlichen Darstellung wissenschaftlicher Fachgebiete nicht unterschätzt werden. Nicht an der Oberfläche bleiben, sondern zum wesentlichen Kern vordringen, doch so, daß auch der Laie folgen kann und nicht entmutigt wird, ist eine Aufgabe, die höchstes Wissen und größte didaktische Gabe voraussetzt. Wir müssen den wenigen wahrhaft Berufenen dankbar sein, die dieses Ziel erreicht haben.

Zum Schluß ist es mir eine angenehme Pflicht, meinen Mitarbeitern bei der Veranstaltung der vorliegenden deutschen Ausgabe zu danken. Herr Dr. Michael Auner hat in ausgezeichneter Weise die gesamte Rohübersetzung durchgeführt, welche dann von Frau Dr. Liselotte Skudrzyk und Herrn Professor Dr. Eugen Skudrzyk einer genauen Durchsicht und teilweiser Überarbeitung unterzogen wurde. Ich möchte meinen Mitarbeitern auch an dieser Stelle herzlichst danken. Mein besonderer Dank gebührt auch dem Springer-Verlag, Wien, der meiner Anregung, eine deutsche Ausgabe der „Electricity" herauszubringen, sofort vollstes Verständnis entgegenbrachte und die Durchführung dieses Planes in jeder Weise unterstützte.

Im Herbst 1950.

W. Gauster-Filek.

Fachausdrücke.

In diesem Buch habe ich von Fachausdrücken freien Gebrauch gemacht. Sie sind an der Stelle erklärt, wo sie zum erstenmal auftreten. Bei Ausführungen über das Thema Elektrizität, einen Gegenstand, in dem es von neuen Begriffen wimmelt, lassen sie sich nicht vermeiden. Man erhebt gegen Wissenschaftler häufig den Vorwurf, daß sie einen Gegenstand durch den Gebrauch von Fachausdrücken schwierig und geheimnisvoll machen. Diese Kritik ist dann berechtigt, wenn alltägliche Ausdrücke den gleichen Dienst tun. Oftmals jedoch besitzt kein herkömmliches Wort die richtige oder vollständige Bedeutung, die uns vorschwebt. In solchen Fällen ist es viel einfacher, ein Fachwort zu erklären, sobald seine Verwendung sich als zweckmäßig erweist, und es weiterhin frei zu gebrauchen. Nehmen wir an, ein Fachmann würde aufgefordert, einen Bericht über ein Fußballmatch zu schreiben, es sei ihm jedoch verboten, rein fachliche Ausdrücke, wie „Tor“, „Stürmer“, „Verteidiger“ und dergleichen zu verwenden, da der Bericht für das breite Publikum bestimmt ist und einige seiner Leser diese Ausdrücke möglicherweise nicht verstehen könnten. Sein Bericht würde unerträglich lang und gewunden ausfallen. Jeder, der ein verständnisvolles Interesse für das Fußballspiel zeigt, sollte genug davon wissen, um die Bedeutung solcher Worte zu verstehen. Ebenso sollte jeder, der einer wissenschaftlichen Erklärung zu folgen wünscht, bereit sein, die Bedeutung der häufigsten Fachworte kennenzulernen.

Mathematische Formeln wurden nicht aufgenommen. Hingegen werden dem Alltag entnommene Zahlenbeispiele angeführt, um dem Leser von der Größenordnung der Einheiten, in denen die elektrischen Größen gemessen werden (Ampere, Volt, Ohm, Watt, Henry usw.), einen Begriff zu geben; denn diese stellen nützliches praktisches Wissen dar.

Inhaltsverzeichnis.

Ein Junge, der auf einer an der Saaldecke aufgehängten Plattform liegt, schwingt infolge der Anziehung eines in die Nähe seiner Füße gehaltenen elektrisierten Hartgummistabes im Kreise (Abb. 3: Siehe S. 6). Aufnahme: „Daily Mail".

I. Was ist Elektrizität?

1. Einführung.

Wir verwenden heute Elektrizität in unserem Alltagsleben in immer steigendem Maße. Häuser, Straßen und Läden werden so hell beleuchtet, daß für den Stadtbewohner der Anbruch der Nacht gar keine Unbequemlichkeit bedeutet. Elektromotoren dienen als Antriebskraft von Fabriken, Zügen und Straßenbahnen, aber auch den verschiedensten häuslichen Zwecken, wie etwa dem Betrieb von Staubsaugern, Nähmaschinen oder Kühlschränken. Der Strom liefert Wärme für elektrische Heizkörper, Kochherde und Bügeleisen. Er bringt unsere Türglocke zum Läuten, steuert die Signale der Eisenbahn und betätigt Einbruch- und Feueralarmanlagen. Elektrizität wird zum Versilbern von Löffeln und Gabeln und zum Zusammenschweißen von Metallteilen verwendet. Und — was vielleicht am allerwichtigsten ist: Elektrizität dient zur Übermittlung von Nachrichten von einem Ort zum anderen. Wir können Telegramme in alle Teile der Welt senden, unsere Nachricht wird fast augenblicklich ihren Bestimmungsort erreichen. Wir können mit jedermann durch das Telephon sprechen und Radioprogramme hören, die die Rundfunkstationen aussenden.

Obwohl Elektrizität bereits so mannigfache Anwendung findet, ist es doch klar, daß wir in der Erforschung ihrer Möglichkeiten erst am Anfang stehen. Sie ist ein dienstbarer Geist, der alle möglichen Aufgaben bewältigen kann, Aufgaben, die man noch vor hundert Jahren für Zauberei gehalten hätte.

Ungeachtet der Tatsache, daß wir im täglichen Leben von elektrischen Einrichtungen so andauernden Gebrauch machen, werden die meisten wohl zugeben, daß es irgendwie besonders schwierig ist, ihre Wirkungsweise zu begreifen. Maschinen und Apparate, die aus Einzelteilen, wie Hebeln, Rädern und Zähnen, bestehen, verstehen wir viel leichter. Wir können die einzelnen Zähne ineinandergreifen oder die Hebel aufeinander wirken sehen, und Gefühl und Erfahrung lassen uns schnell wahrnehmen, warum der Mechanismus gerade in dieser Weise aufgebaut ist. Wir brauchen nur etwa an Wasserräder zu denken oder an Windmühlen, Pumpen, Kräne, Schreibmaschinen, Uhren oder Dampfmaschinen, um den Unterschied zwischen gewöhnlichen und elektrischen Maschinen festzustellen. Mechanische Apparate sind häufig recht kompliziert, aber die in ihnen wirksamen Kräfte und Massen, die Beziehungen der einzelnen Teile zueinander sind uns begreiflich und aus eigener Erfahrung vertraut.

Ganz anders ist es mit elektrischen Apparaten. Betrachten wir zum Beispiel den Elektrizitätszähler in unserer Wohnung, der den Stromverbrauch mißt und regelmäßig vor der Übersendung unserer Stromrechnung abgelesen wird. Wenn wir die Möglichkeit haben, einen Blick in ein solches Gerät zu tun oder, noch besser, es zu zerlegen, bemerken wir eine Aluminiumscheibe auf einer Welle. Wenn Strom verbraucht wird, rotiert diese Scheibe, und die Zahl ihrer Umdrehungen wird durch die im Zählwerk sichtbaren Ziffern angegeben. Was veranlaßt die Scheibe, sich zu drehen? Unmittelbar über und unter der Scheibe befinden sich zwei eiserne Zinken, die mit dem von der Leitung kommenden stromführenden Draht umwunden sind. Auch ein Magnet mit Polen beiderseits der Scheibe ist zu sehen. Gewiß wäre mancher verlegen um eine Erklärung, warum gerade diese Anordnung von Magneten eine Drehung der Scheibe verursacht, so daß der Stromverbrauch gemessen werden kann.

Eine Netz-Unterstation möge als zweites Beispiel dienen, wie schwierig es ist, die Bedeutung elektrischer Geräte zu erfassen. Wir alle kennen solche Anlagen: Auf einem umzäunten Platz ist ein Gitterwerk von Trägern errichtet. Drähte auf

Reihen von Porzellanisolatoren führen unter die Träger und zu einer Reihe eiserner Behälter mit großen Isolatoren, die wie Fühlhörner aussehen. Was bedeuten alle diese Dinge?

Ohne Zweifel ist etwas Geheimnisvolles und Ungewohntes um jedes elektrische Gerät. Wenn wir es verstehen wollen, müssen wir vorerst das Wesen der Elektrizität studieren und Bescheid wissen über Anziehung und Abstoßung elektrischer Ladungen, über die Bewegung des elektrischen Stromes, über die Erzeugung von Magnetfeldern durch Ströme und von Strömen durch Magnetfelder. Diese Namen sind beunruhigend, denn sie bezeichnen etwas Neues, dem wir im gewöhnlichen Leben nicht begegnen. Es ist noch gar nicht lange her, daß der Mensch herausgefunden hat, wie nützlich Elektrizität sein kann, denn die Natur hat ihr Geheimnis gut bewahrt. Wenn es in der Natur sinnfällige Beispiele für Magnete und elektrische Ströme gegeben hätte, wären sie ohne Zweifel untersucht worden und man hätte sich die gewonnenen Erkenntnisse längst zunutze gemacht, genau so, wie wir uns die Kräfte von Wind und Wasser oder die Licht- und Wärmewirkung der Verbrennung dienstbar gemacht haben. Die Natur bietet uns zwar bisweilen ein elektrisches Schauspiel in Gestalt eines Gewitters, aber einen Blitz kann man nicht in Ruhe untersuchen oder praktisch verwerten. Der Zitterrochen und auch der elektrische Aal haben die Fähigkeit entwickelt, ihren Feinden oder ihrer Beute elektrische Schläge zu versetzen, aber auch in diesem Fall war es schwer, den Vorgang zu verstehen oder herauszufinden, wie man derartige Kräfte ausnützen könnte. Eine Stelle aus den Schriften von Plinius zeigt, wie rätselhaft der Zitterrochen (eine Art Glattrochen) den Alten erschien.

Der Mensch konnte das Wesen des elektrischen Stromes erst kennenlernen, als er eine Möglichkeit gefunden hatte, ihn zu erzeugen und zu verwenden. Es ist also weiter nicht verwunderlich, daß uns ein „natürliches elektrisches Empfinden“ abgeht, das mit dem natürlichen mechanischen Empfinden zu vergleichen wäre, welches wir in so hohem Maße besitzen. In Wirklichkeit sind die elektrischen Kräfte nicht geheimnisvoller als die Kräfte, die Lasten heben oder Eisenbahnzüge ziehen, ja, es sind sogar diese komplizierter. Gleichwohl müssen wir uns gründlich mit ein paar wichtigen Gesetzen der Elektrizität vertraut machen, mit Gesetzen, die auf den ersten Blick gegenüber allem uns Gewohnten ganz fremdartig anmuten.

In den ersten drei Kapiteln werden wir diese Gesetze studieren und mannigfach prüfen, bis sie uns natürlich und klar vor Augen liegen. Hernach wollen wir die Wirkungsweise der verschiedenen elektrischen Maschinen und Apparate beschreiben; und ich glaube, der Leser wird alsbald sehen, wie leicht es ist, sie zu verstehen, sobald er nur gelernt hat, „elektrisch zu denken".

Dieses Buch ist denjenigen gewidmet, die sich ein solches natürliches elektrisches Empfinden erwerben wollen, was freilich einen gewissen Aufwand an Denkarbeit erfordern wird. Die Begriffe sind vorerst fremdartig, denn man muß neue Worte gebrauchen, um sie zu erklären, und deshalb pflegen Bücher über Elektrizität etwas trocken und langweilig zu sein. Es ist viel schwieriger, den Gegenstand in einem Buch interessant darzustellen als in einer Vorlesung, in der man anschauliche Versuche vorführen kann. Hier müssen wir uns mit Diagrammen und Abbildungen behelfen und hoffen, daß der Leser eine Gelegenheit findet, die Versuche wirklich zu sehen oder, noch besser, sie selber auszuführen.

2. Elektrische Ladungen.

Ich erinnere mich noch an mein Erstaunen, als ich ein Junge war und mein Interesse für die Wissenschaft erwachte; denn das Wort „Elektrizität" wurde doch für scheinbar so verschiedene Dinge verwendet! Wenn beim Bürsten der Haare an trockenen Tagen ein Knistern hörbar wurde, sagte man, das Haar sei elektrisch. Gleichzeitig sprach man aber auch von Kraftwerken, die von Elektrizitätsgesellschaften

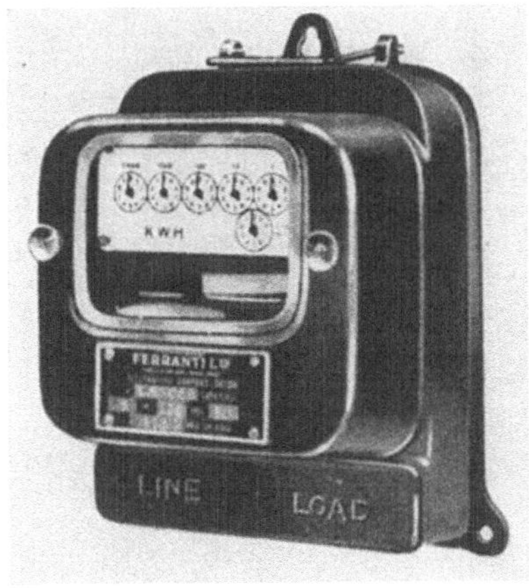

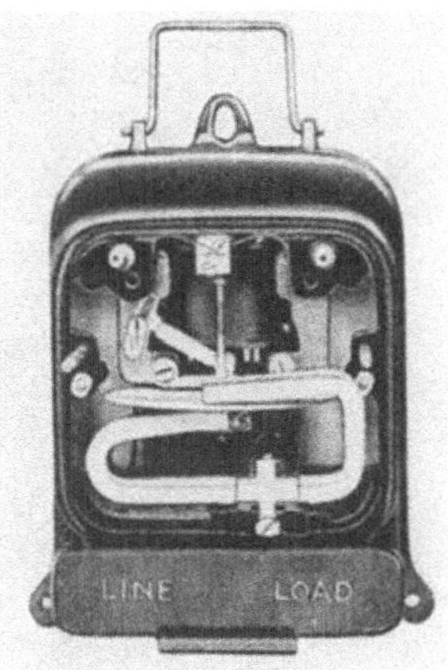

Abb. 1. Wechselstromzähler. (F e r r a n t i.)

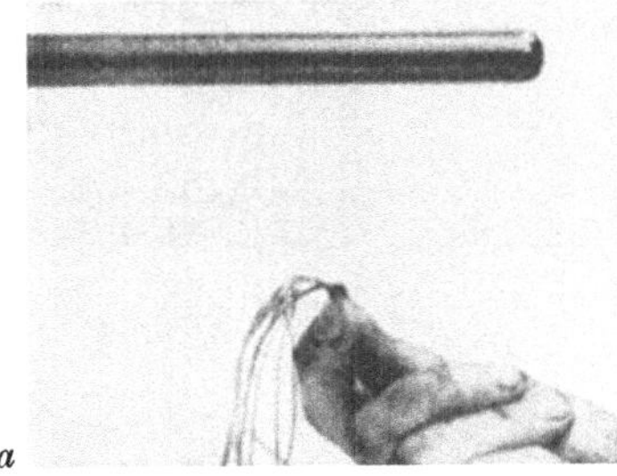

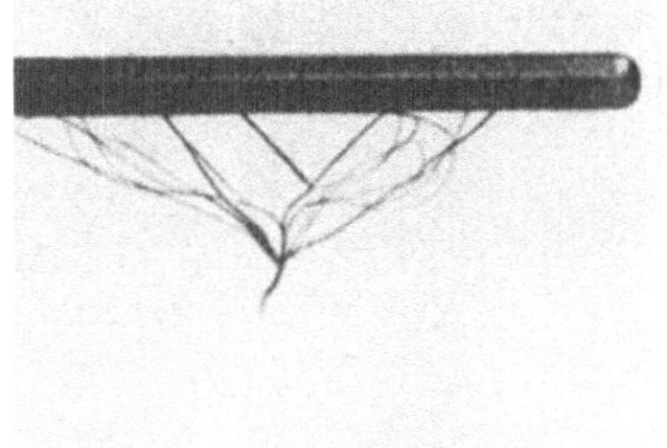

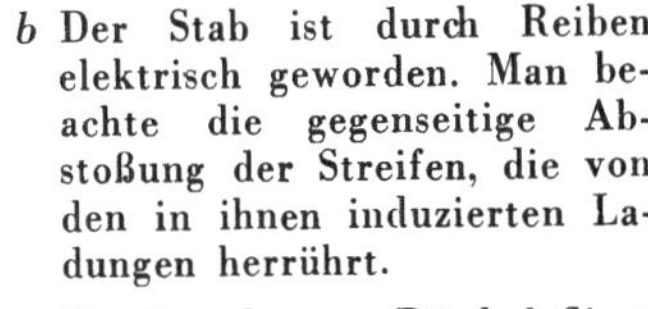

Abb. 2. Hartgummistab und Büschel von Papierstreifen.

a Vor dem Elektrisieren.

b Der Stab ist durch Reiben elektrisch geworden. Man beachte die gegenseitige Abstoßung der Streifen, die von den in ihnen induzierten Ladungen herrührt.

c Das losgelassene Büschel fliegt zum Stab hin.

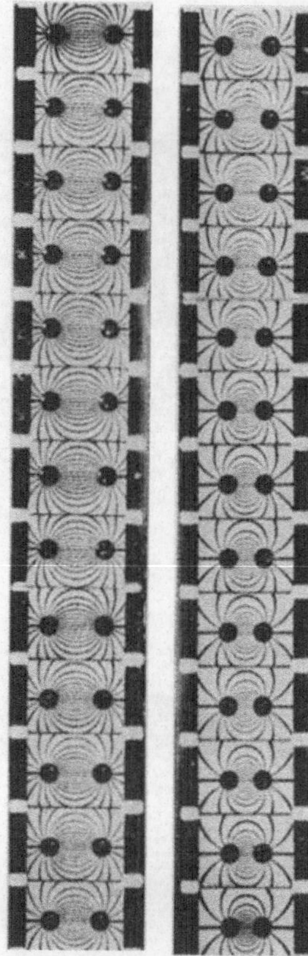

Abb. 10. 16-mm-Filmaufnahme, die die Bewegungen der Kraftlinien beim Zusammenrücken zweier Kugeln mit gleich großen, entgegengesetzten Ladungen zeigt. (Kodak.)

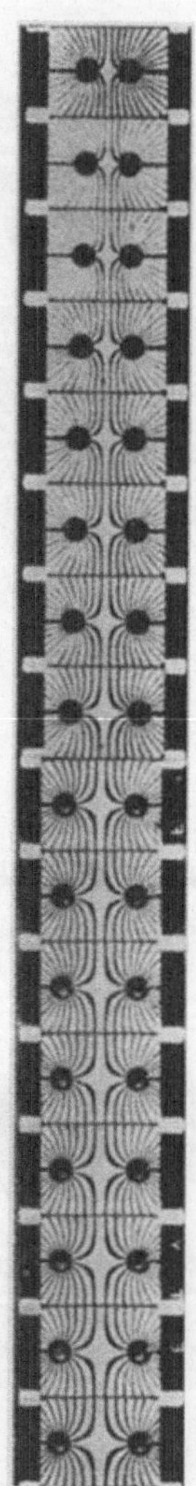

Abb. 11 (rechts). Ähnliche Filmaufnahme für den Fall zweier Kugeln mit gleich großen, gleichnamigen Ladungen. (Kodak.)

betrieben würden, und in unseren Wohnungen kam gerade damals die elektrische Beleuchtung auf. Was für ein Zusammenhang bestand denn zwischen diesen verschiedenen Bedeutungen des Wortes „Elektrizität"?

Dies wird im weiteren Verlauf klar werden.

Betrachten wir zunächst einmal die Elektrizität, die durch Reiben entsteht, oder, genauer, das Verhalten elektrischer Ladungen: Ein Stück Bernstein, das gerieben wurde, kann leichte Gegenstände anziehen. Das ist schon seit sehr langer Zeit bekannt. Man schreibt diese Entdeckung Thales zu (600 v. Chr.), sie ist aber vermutlich weit älter. Wahrscheinlich verwendete der Mensch der Vorzeit Bernstein als primitiven Schmuck, und es kann ihm kaum entgangen sein, daß Bernstein, der in der Sonne trocken und warm geworden war, Stroh oder trockene Blätter festhielt, wenn er gerieben wurde. Man kann sich vorstellen, wie er diesem wundersamen gelben Stein alle möglichen magischen Eigenschaften zuschrieb. Kein anderer natürlicher Stoff (Bernstein ist eine Art erstarrtes Harz) hat diese merkwürdige Eigenschaft in demselben Ausmaß, und so kam es, daß das griechische Wort für Bernstein (elektron) der Elektrizität den Namen gegeben hat.

Wir können die Wirkung in schlagender Weise zeigen, indem wir einen Hartgummistab mit einem Flanellappen reiben und ihn in die Nähe ganz leichter Gegenstände halten. Schmale Streifen Seidenpapier springen auf den Stab zu und haften fest an ihm (Abb. 2, Tafel 1). Noch besser verwendet man weiße Asche von verbranntem Papier oder kleine Stückchen Aluminiumfolie. Wegen ihres außerordentlich geringen Gewichtes eilen diese auf den in etwa 30 cm Entfernung[1] über ihnen gehaltenen Stab zu. Man kann Elektrizität auch erzeu-

[1] Anmerkung des Herausgebers: Im folgenden wird grundsätzlich das metrische Maßsystem verwendet. Es ergeben sich dabei manchmal gewisse unvermeidbare Schwerfälligkeiten im deutschen Text, die der aufmerksame Leser bemerken kann. So wird im vorliegenden Fall erwähnt, daß sich der Stab in etwa 1 Fuß Entfernung befindet. (Vergleiche das Vorwort des Herausgebers.)

gen, indem man eine Füllfeder oder den Stiel einer Tabakspfeife am Ärmel reibt; ein in der Nähe hängender Baumwollfaden wird dann angezogen.

Man kann auch zeigen, daß diese selbe Anziehungskraft auch auf sehr schwere Gegenstände einwirkt. Abb. 3 (Titelbild) zeigt einen Jungen auf einer Plattform, die an einem Draht von der Decke eines Vortragssaales herabhängt. Nähert man einen elektrisierten Hartgummistab den Füßen des Jungen, so kann man die Plattform zu einer Drehung in der einen oder anderen Richtung veranlassen. Sie bewegt sich zuerst langsam, aber mit etwas Geduld kann man sie zu einer ganzen Umdrehung bewegen.

Wenn ein Stab durch Reibung diese Eigenschaft, andere Körper anzuziehen, erwirbt, sagen wir, er habe eine elektrische Ladung angenommen oder er sei elektrisch. Tatsächlich werden alle Gegenstände durch Reiben elektrisch, aber bei den meisten Stoffen rinnt die elektrische Ladung wie Wasser durch ein Sieb ab. Solche Stoffe nennt man Leiter der Elektrizität, während andere Materialien, wie Bernstein, Glas, Hartgummi, Siegellack und Schwefel, Nichtleiter oder Isolatoren heißen. Eine Ladung, die auf der Oberfläche von Nichtleitern erzeugt wird, „zerfließt" nur sehr langsam und bleibt genügend lange erhalten, um die Ausführung von Versuchen zu ermöglichen. Ein Messingstab kann durch Reiben mit einem Flanellappen elektrisiert werden, wenn man ihn mit einem Griff aus Glas oder Hartgummi versieht. Bei unmittelbarer Berührung des Metallstabes fließt jegliche elektrische Ladung ab, da das Metall und die Finger Leiter sind, dagegen bleibt bei Verwendung des nichtleitenden Griffes die Ladung auf dem Stab.

Bei der Durchführung von Versuchen mit elektrischen Ladungen ist es stets notwendig, die Isolatoren ganz trocken zu halten, da Feuchtigkeit auf der Oberfläche die Ladung ableitet. Man trocknet die Isolatoren vor der Ausführung des Versuches durch Erwärmen. Viele Stoffe, die wir gewöhnlich nicht für gute Isolatoren halten, erweisen sich in völlig trokkenem Zustand als solche. In Gegenden, in denen die Winter kalt sind, wie etwa in Kanada oder dem nördlichen Teil der Vereinigten Staaten, enthält die Luft wegen der niedrigen Temperatur sehr wenig Feuchtigkeit und bei ihrem Eintritt in die zentralgeheizten Wohnungen wird sie noch trockener. Unter solchen Umständen ist ein Teppich ein ausgezeichneter Isolator. Schreitet man über den Teppich, so erzeugt die Reibung zwischen Schuhen und Teppich eine recht große elektrische Ladung, und diese sammelt sich auf dem Körper an, da sie nicht durch den Teppich entweichen kann. In diesem Fall entspricht der Körper dem leitenden Stab und der Teppich dem reibenden Tuch. Streckt man die Hand nach der metallenen Türklinke aus, so springt ein knisternder Funken über und man verspürt ein Prickeln. Als ich einen Winter in Amerika verbrachte, pflegte sich ein kleines Mädchen meines Bekanntenkreises damit zu unterhalten, daß es über den Teppich hüpfte und dann seine Fingerspitzen an die empfindliche Nase des beim Feuer schlafenden Hundes hielt. Kanadische Freunde haben mir erzählt, daß man im Winter mit den Fingerknöcheln das Gas anzünden kann, wenn man vorher über den Teppich gegangen ist. Hierzulande ist die Luft für einen solchen Versuch zu feucht, besonders in einem Vortragssaal, man kann aber das Aufladen des Körpers durch Gehen auf einem Isolator leicht zeigen.

Gelegentlich meiner Vortragsreihe legten wir z. B. eine Hartgummiplatte auf den Fußboden und ich stellte mich darauf. Durch Abstreifen der Füße konnte ich mir so selbst eine elektrische Ladung erteilen, die zwar für die Entstehung eines Funkens zu schwach war, mittels eines Goldblattelektroskops aber sichtbar wurde (Abb. 4). In diesem Instrument sind zwei Stückchen Blattgold an einem Draht befestigt und hängen nebeneinander herab. Der Draht ist in einem Gehäuse mit gläsernen Seitenwänden untergebracht und wird oben durch einen isolierenden Stöpsel zu einer kleinen Platte herausgeführt. Wenn ein geladener Körper diese Platte berührt und ihr auf diese Weise eine Ladung erteilt, spreizen sich die Goldblättchen auseinander, da sie gleiche Ladungen haben und einander abstoßen (siehe den nächsten Paragraphen). Man verwendet Blattgold, weil Gold sich bis zu äußerster Feinheit auswalzen läßt. Die Blättchen wurden mittels einer Lichtquelle auf einen Schirm projiziert, so daß man ihre Bewegungen gut verfolgen konnte.

Bei diesem Versuch zeigten wir einen Effekt, auf den wir uns schon jetzt beziehen wollen, obwohl er erst später erklärt werden soll. Wenn man sich nämlich lediglich die Füße auf der Hartgummiplatte abstreift, spreizen sich die Blättchen des Elektroskops kaum merklich, erhebt man sich aber auf die Zehenspitzen, oder noch besser, steht man auf einer Zehe, dann spreizen sich die Blättchen weiter auseinander und zeigen so an, daß ein größerer Anteil der Ladung auf das Elektroskop übergegangen ist. Läßt man sich in die ursprüngliche Stellung zurücksinken, so fallen die Blättchen wieder zusammen.

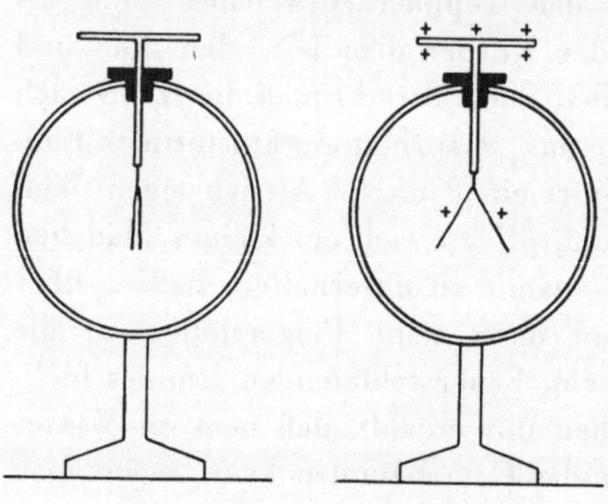

Abb. 4. Goldblattelektroskop.

Manche Leute behaupten, sie seien „elektrisch“, wenn beim Bürsten ihres Haares ein knisterndes Geräusch zu hören ist und die Haare sich einzeln aufstellen. Was den Ausdruck „elektrisch“ betrifft, haben sie tatsächlich Recht. Unser Körper besteht nämlich, wie wir sehen werden, so wie jede andere Form der Materie aus elektrisch geladenen Teilchen. In diesem Sinne besteht überhaupt alles aus Elektrizität. Der wahre Grund freilich, warum das Haar so oft elektrisch wird, ist der, daß es besonders trocken ist — wenn es auch nicht immer taktvoll sein mag, seinen Freunden die Sache solcherart zu erklären.

3. Positive und negative Elektrizität.

Es gibt zwei entgegengesetzte Arten von elektrischen Ladungen, positive und negative. Positive und negative Ladung ziehen einander an, aber positive Ladung stößt positive und negative Ladung negative ab. Wird die Elektrizität durch Reibung erzeugt, so entstehen die entgegengesetzten Ladungen in gleicher Menge. Ein Hartgummistab wird durch Reiben mit einem Flanellappen negativ geladen, der Flanell selbst erhält eine positive Ladung. Reibt man einen Glasstab mit einem Stück Seide, so erhält in diesem Fall der Stab die

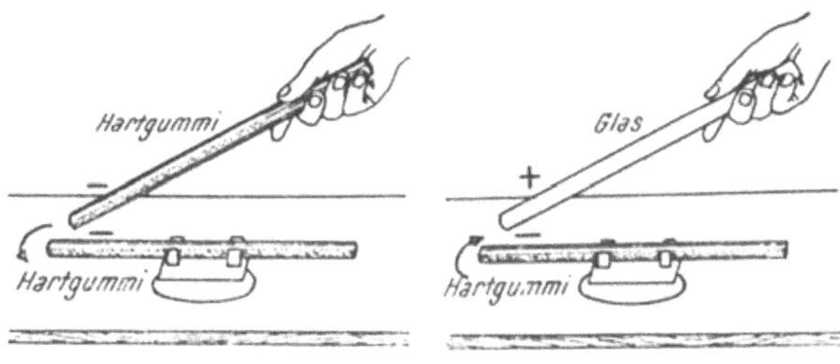

Abb. 5. Elektrostatische Abstoßung und Anziehung.

positive und die Seide die negative Ladung. Aufladen durch Reibung ist ein komplizierter Vorgang, und soviel ich weiß, kann man nicht voraussagen, welcher Körper die positive Ladung erhält; wir können lediglich das Versuchsergebnis für jedes Paar von Materialien anführen.

In Abb. 5 liegt ein Hartgummistab auf einem Schlitten. der aus zwei eingekerbten, auf einer Glasplatte befestigten Korkstücken besteht. Der Schlitten ruht auf einer glatten, leicht gerundeten Unterlage, wie z. B. einem Uhrglas, auf, so daß der Hartgummistab frei pendeln kann. Reibt man den Stab und bringt ihn dann auf seiner Unterlage ins Gleichgewicht, so wird er, wenn man einen zweiten geriebenen Hartgummistab seinem Ende nähert, kräftig wegstreben. Nähert man hingegen einen mit einem Seidenlappen geriebenen Glasstab, so wird dieser das Ende des elektrisch geladenen Hartgummistabes anziehen. Die Pfeile deuten die Bewegungsrichtung des Stabes an.

Es gibt zahllose Versuche zur Veranschaulichung der Anziehung und Abstoßung; manche von ihnen sind recht nett. In meiner Vortragsreihe zeigten wir einen Versuch[2], bei dem zwei Personen in einer Entfernung von etwa zwei Metern voneinander auf Schemeln stehen. Die Schemel sind durch Glasfüße gegen den Fußboden isoliert und mit einer Elektrisiermaschine verbunden, die dem einen eine positive, dem andern eine negative Ladung erteilt. Jede der beiden Versuchspersonen erzeugt nun mit einem Röhrchen und einer Schale Seifenwasser Seifenblasen. Wenn die Elektrisiermaschine nicht arbeitet, können sich recht große Seifenblasen bilden. Setzt man die Maschine in Gang und erteilt so den Versuchspersonen eine Ladung, so streben die Seifenblasen schon im Entstehen weg, als ob jemand versuchte, sie vom Rohr wegzuzerren. Die Blasen reißen sich los, solange sie noch ganz klein sind, und eilen fort durch die Luft, von der einen Versuchsperson zur anderen. Eine Seifenblase auf der „positiven Seite" ist positiv geladen, sie erfährt eine Abstoßung durch ihren Erzeuger, wird aber durch dessen Gegenüber angezogen. Dasselbe widerfährt den negativ geladenen Blasen, die die zweite Person erzeugt, und so ist die Luft bald voll von hin- und herfliegenden Seifenblasen. Bei der Ausführung des Versuches bekommt man ein ganz nasses Gesicht, da der elektrisch geladene Schaum, der beim Blasen entsteht, ebenfalls von einer Person zur andern durch die Luft fliegt. Mitunter treffen zwei entgegengesetzt geladene Blasen unterwegs zusammen. Sie werden dann „entladen", da ihre entgegengesetzten Ladungen einander aufheben; die Blasen sinken zu Boden.

---

[2] Für den Hinweis auf diesen Versuch bin ich Herrn Prof. Tyndall von der Bristol University zu Dank verpflichtet.

Warum übt ein geladener Stab auf leichte Gegenstände in seiner Umgebung eine Anziehungskraft aus? Die Ursache ist auf den ersten Blick nicht ganz klar. Wir haben gesehen, daß positive und negative Ladung einander anziehen. Wenn wir aber den geriebenen Hartgummistab in die Nähe von Papierschnitzeln oder kleinen Stückchen Aluminiumfolie bringen, so waren doch diese Gegenstände ursprünglich nicht mit Elektrizität irgend eines Vorzeichens geladen.

An einer späteren Stelle werde ich einen Großteil der elektrischen Erscheinungen durch das Bild der „Kraftlinien"

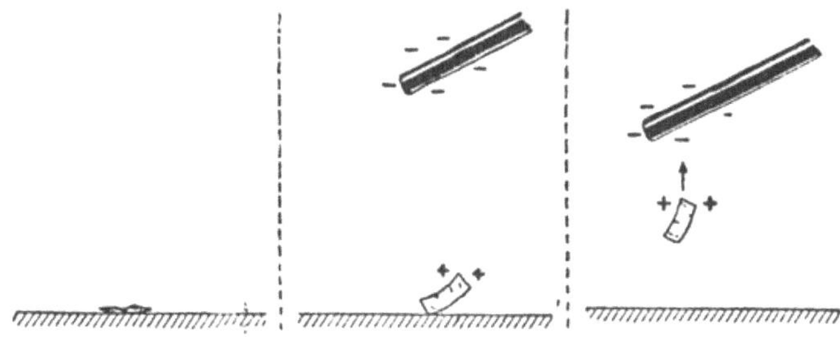

Abb. 6. Anziehung eines geladenen Stabes auf ein Stück Folie.

erklären. Es stellt den Vorgang viel eindrucksvoller dar. Vorläufig genügt uns ein Bild nach Art der Abb. 6. Nehmen wir an, es liege ein Stückchen Aluminiumfolie auf einer leitenden Fläche, etwa einem Metalltablett, und wir näherten uns von oben mit einem Hartgummistab. Die Folie ist ein Leiter, elektrische Ladungen können sich also frei in ihr bewegen. Bei Annäherung des Stabes wird der obere Teil der Aluminiumfolie positiv geladen, so, als würde durch den Stab positive Elektrizität in den ihm zunächst befindlichen Teil gezogen und negative Elektrizität durch Abstoßung von dort vertrieben. Wir können sehen, wie die Folie sich gegen den Stab zu aufbiegt und sich, gleichsam auf den Zehenspitzen stehend, zum Stab hin streckt. Schließlich gewinnt die Anziehungskraft zwischen den Ladungen die Oberhand gegenüber dem Gewicht der Folie; sie schnellt empor und auf den Stab zu.

Daß unser Körper bei Annäherung des Stabes elektrisch wird, sieht man sehr gut auf den Bildern in Abb. 2 b (Tafel 1). Der Beobachter hält ein kleines Büschel Papierstreifen unter den elektrisch geladenen Hartgummistab. Die Streifen streben insgesamt zum Stab hin, man sieht aber zugleich aus der Art, wie sie sich auseinanderspreizen, daß sie einander

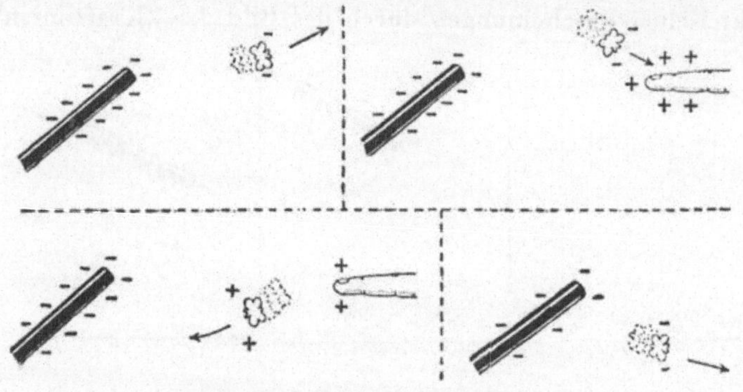

Abb. 7. Der elektrische Schmetterling.

kräftig abstoßen. Diese Abstoßung rührt von ihrer positiven Ladung her, die von der negativen Ladung des Stabes induziert wurde. Läßt man das Büschel los, so fliegt es zum Stab hin (Abb. 2 c, Tafel 1).

Ein Stück Folie haftet zunächst am Stab, aber oft beobachtet man, wie es nach einer bis zwei Sekunden ebenso heftig wieder fortschnellt. Obgleich der Hartgummistab ein guter Isolator ist, können doch in ihm Ladungen langsam ihren Ort verändern. Bei Berührung der Folie kriecht die negative Ladung an der betreffenden Stelle des Stabes auf die Folie zu, hebt zunächst die auf ihr befindliche positive Ladung auf und erteilt schließlich der Folie eine negative Ladung, so daß Abstoßung eintritt und die Folie wegfliegt.

Dieser Effekt läßt sich zur Herstellung eines sehr naturgetreuen „elektrischen Schmetterlings“ verwenden. Man schneidet aus einer Aluminiumfolie einen Schmetterling in der Größe von zwei bis drei Zentimetern aus. Den Hartgummistab reibt man sehr fest, bis er eine starke, knisternde Ladung erhalten hat. Der „Schmetterling“ fliegt auf den Stab, haftet einen Augenblick an ihm fest und fliegt dann wie ein richtiger Schmetterling flatternd davon. Wenn man ihn noch entsprechend beleuchtet, ist die Täuschung nahezu voll-

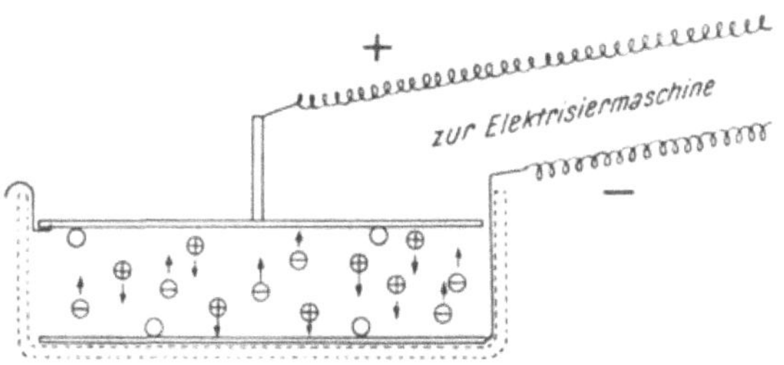

Abb. 8. Zwischen zwei entgegengesetzt geladenen Platten hin- und hertanzende Markkugeln.

kommen. Man kann ihn auch mit dem Stab, der ihn noch in 30 cm Entfernung ganz schnell durch die Luft treibt, führen. Hält man den Finger in die Nähe, so fliegt der Schmetterling hin, läßt sich für einen Augenblick darauf nieder und fliegt wieder fort, als wäre er von seinem Irrtum angewidert. Abb. 7 gibt die Erklärung dafür. Der Schmetterling hat vom Stab eine negative Ladung erhalten, der Finger in der Nähe des Stabes hingegen hat in der Spitze eine positive Ladung, deren Zustandekommen ja bereits erklärt wurde. Der Schmetterling wird zunächst von der Fingerspitze angezogen, nimmt aber bei der Berührung eine positive Ladung auf und wird nun abgestoßen. Er fliegt zum Hartgummistab zurück, erhält dort eine negative Ladung, eilt dann wieder zum Finger und so fort, bis der Stab seine Ladung verliert. Hält man anderseits eine Papierblume in die Nähe, so läßt sich der Schmetterling auf ihr nieder und bleibt haften. Papier ist ein ziemlich guter Isolator, so daß der Schmetterling seine Ladung eine Zeitlang behält und von der Blume eine dauernde Anziehung erfährt[3].

Abb. 8 zeigt eine Anzahl von Holundermarkkügelchen zwischen zwei Platten, die mit einer Elektrisiermaschine in Verbindung stehen und daher positiv bzw. negativ geladen sind. Ein Kügelchen auf der unteren Platte erhält eine negative Ladung, wird abgestoßen und fliegt zur oberen Platte, wo es eine positive Ladung aufnimmt, abgestoßen wird und zur unteren Platte zurückfliegt. Solange die Platten geladen sind, tanzen die Kügelchen lebhaft hin und her. Es gibt auch ein Spielzeug, das auf diesem Prinzip beruht: Es besteht aus einer Dose mit einem Glasdeckel, der durch Reiben elektrisch geladen werden kann. Wird das Glas gerieben, so tanzen die in der Dose befindlichen, aus Holundermark verfertigten Gliederpuppen zwischen Deckel und Boden auf und ab. Beim „elektrischen Glockenspiel" sind zwei Glocken mit dem einen bzw. anderen Pol einer Elektrisiermaschine verbunden; zwischen ihnen hängt ein Klöppel an einem isolierenden Faden (Abb. 9). Der Klöppel schlägt hin und her und bringt die Glocken aus demselben Grund zum Läuten, der im vorigen Versuch die Holundermarkkügelchen zum Tanzen veranlaßte.

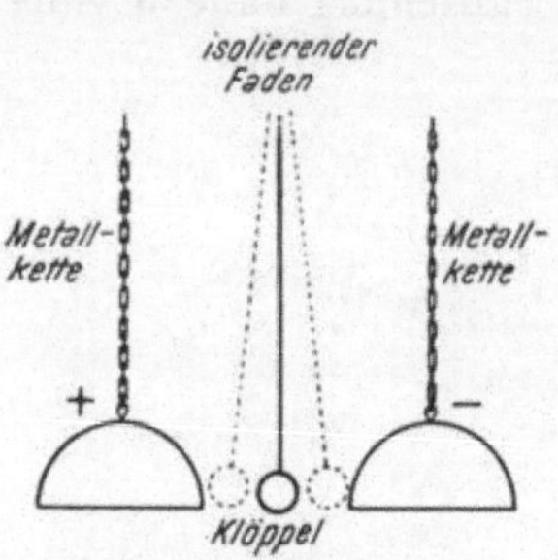

Abb. 9. Elektrisches Glockenspiel.

[3] Aluminiumfolie eignet sich sehr gut für die Herstellung des Schmetterlings, da sie auch bei sehr geringer Dicke genügend Steifigkeit besitzt. Man verwendet am besten Folie von etwa $0{,}5 \times 10^{-4}$ cm Dicke; zwischen Papierblätter gelegt, läßt sie sich leicht schneiden. Sollte der Schmetterling zu fest auf dem Hartgummistab haften, was manchmal vorkommt, so kann man ihn durch einen Ruck mit dem Stab wieder vertreiben.

4. Kraftlinien.

Wenn elektrische Ladungen durch Reibung oder auf andere Weise entstehen, so hat eine positive Ladung stets ihr Gegenstück in einer gleich großen negativen Ladung. Wir können keine positive Ladung ohne negative erzeugen oder umgekehrt. Tatsächlich „erzeugen“ wir gar keine Elektrizität, sondern sie ist bereits vorhanden, denn die Gegenstände, die wir aneinander reiben, bestehen aus positiv und negativ geladenen Teilchen. Die Ladungen halten einander für gewöhnlich das Gleichgewicht und der Körper verhält sich demnach neutral. Der Vorgang des Reibens eines Stabes mit einem Lappen entreißt nun dem Körper mehr Teilchen der einen als der anderen Art, und das Gleichgewicht ist gestört. Der eine Körper verliert mehr negative Teilchen als positive und erhält so eine positive Ladung, während der andere, der diese Teilchen an sich genommen hat, negativ wird. Bei der „Entladung“ eines elektrisch geladenen Körpers wird das Gleichgewicht wieder hergestellt.

Ich möchte nun ein gedankliches Bild einführen, das es uns ermöglicht, in anschaulicher Weise das Verhalten eines jeden elektrischen Systems zu verfolgen. Es ist das berühmte Bild der „Kraftlinien“, von dem großen Forscher Faraday vor hundert Jahren entwickelt. Wenn wir diesen Kraftlinienbegriff benützen, können wir alle in diesem Kapitel beschriebenen Versuche sehr einfach deuten.

Wird der Hartgummistab mit einem Stück Flanell gerieben, so erhält er eine negative Ladung, der Flanell hingegen eine positive. Trennt man nun die beiden, so ziehen sie einander an. Es ist, als wären unsichtbare elastische Fäden zwischen den ungleichnamigen Ladungen gespannt, die sich ausdehnen, wenn man die Ladungen trennt, und sich entspannen, wenn man sie zusammenbringt. Anläßlich meiner Vortragsreihe zeigte ich zur Erläuterung ein rohes Modell. Ein Holzblock stellte den Hartgummistab dar; auf ihm hatten wir eine Anzahl Meßbänder angebracht, die aus ihrem Gehäuse herausgezogen werden konnten und beim Loslassen wieder zurückschnellten. Wir versahen jedes der Gehäuse mit einem Minus-, jeden der am Ende des zugehörigen Bandes befestigten Haken mit einem Pluszeichen. Ein Lappen, der den Stab rieb, verfing sich in den Haken, so daß beim Entfernen des Lappens die Bänder herausgezogen wurden. Ließ man den Lappen los, so zogen ihn die Bänder zum Stab zurück.

Natürlich existieren diese elastischen Fäden nicht „wirklich"; sie dienen uns lediglich als Symbole. Wenn wir aber bestimmte Regeln für das Verhalten der elastischen Fäden festlegen, ist das Bild gleichwohl ein wahres in dem Sinn, daß es die richtige Antwort auf jedes Problem gibt. Denken wir an die Schichtenlinien, die in eine Landkarte eingezeichnet werden, um die Höhenunterschiede des Geländes darzustellen! Eine solche Schichtenlinie verbindet die Stellen gleicher Höhe über dem Meeresspiegel. Im Gegensatz zu den Linien, welche die Straßen und Eisenbahnlinien kennzeichnen, existieren diese Schichtenlinien nicht „wirklich", denn es gibt auf der Erde keine in dieser Weise verlaufenden Linien. Anderseits sind sie aber „wahr", wenn die Karte richtig gezeichnet wurde. Es sind, wie gesagt, nur Symbole, und jeder, der eine Karte zu lesen vermag, kann mit ihrer Hilfe die Lage des Geländes und die Form der Hügel und Täler verfolgen. Ein ähnliches Hilfsmittel sind die Kraftlinien; sie haben die Richtung und Stärke des elektrischen Kraftfeldes darzustellen.

Wir wollen nun im nachfolgenden die in Betracht kommenden Regeln anführen. Man kann ihnen eine strenge mathematische Form geben, aber in diesem Buch soll ja Mathematik vorsätzlich vermieden werden. Wir wollen uns zunächst ein gefühlsmäßiges, allgemeines Verständnis für die Probleme der Elektrizität erwerben; die Genauigkeit, die die Mathematik mit sich bringt, mag später kommen.

a) Jede Kraftlinie geht von einer positiven Ladung aus und endet auf einer negativen Ladung. Je größer die positive Ladung auf einem Körper, desto größer ist die Anzahl der von ihm ausgehenden Kraftlinien. Wir können eine Einheit der Ladung willkürlich wählen und für jede Einheit eine Linie vom Körper ausgehen lassen. Dementsprechend bedeutet das Ende einer Kraftlinie eine negative Ladung; auf einem Körper mit starker negativer Ladung wird daher eine große Anzahl von Linien enden. Da jede Linie, die von einer positiven Ladung ausgeht, ein Ende hat, muß es auch irgendwo eine negative Ladung geben, die der positiven gerade das Gleichgewicht hält. Das ist bloß eine andere Ausdrucksweise dafür, daß positive und negative Ladung immer in gleicher Menge erzeugt werden.

b) Es wirkt eine Spannung oder ein Zug längs der Kraftlinien so, als ob diese elastische Fäden wären, die stets bestrebt sind, sich zu verkürzen.

c) Die Kraftlinien drängen einander zur Seite. Das Modell mit den Meßbändern ist insofern unvollkommen, als die Bänder sich gegenseitig nicht seitlich abstoßen; es kennzeichnet bloß den Zug.

d) Die Enden der Kraftlinien, die Ladungen darstellen, können sich auf der Oberfläche eines Leiters frei bewegen, sind aber auf einem Isolator an eine Stelle verhaftet.

Wir betrachten nun eine Reihe von elektrischen Versuchen und zeichnen in jedem Fall die Kraftlinien. Wir beginnen mit ganz einfachen Fällen. Abb. 10 (Tafel 2) zeigt zwei runde Leiter mit gleich großen, entgegengesetzten Ladungen. Kraftlinien erstrecken sich vom einen zum anderen und versuchen, die beiden zusammenzuziehen. Wir wissen, daß die Kraftlinienenden sich frei auf der Körperoberfläche bewegen können, da es sich um Leiter handelt. Wäre lediglich eine Spannung der elastischen Linien vorhanden, so würden diese sämtlich auf den dem anderen Leiter am nächsten befindlichen Teil des Leiters eilen, um einen möglichst kurzen Zwischenraum zu überqueren. Die seitliche Abstoßung hindert sie daran, und das Ergebnis ist ein Gleichgewichtszustand zwischen der Spannung, die die Linien im Raum zwischen den Körpern zusammendrängt, und der Abstoßung, die sie auseinandertreibt. Das Bild zeigt, wie eine Annäherung der beiden Körper sich auswirkt; man sieht, daß die Linien sich dabei mehr und mehr in den kleiner werdenden Zwischenraum hineindrängen. Das bedeutet nichts anderes, als daß die Körper einander aus geringer Entfernung stärker anziehen als aus großer Entfernung, da in der Nähe mehr Kraftlinien die Körper zueinander hinziehen; der Zug ist am stärksten, wo sie sich am dichtesten drängen.

Abb. 11 (Tafel 2) zeigt den Fall zweier Körper mit gleich großen, gleichnamigen Ladungen, beide positiv oder beide negativ. Im positiven Fall gehen die Kraftlinien von jedem der beiden Körper aus und führen zu entsprechenden negativen Ladungen irgendwo außerhalb des Bildes. Wegen der gegenseitigen Abstoßung nehmen die Linien den im Bild gezeigten Verlauf. Man sieht leicht, daß die Körper sich gegeneinander abstoßend verhalten. Die Kraftlinien auf dem Körper zur Linken beispielsweise befinden sich größtenteils auf seiner linken Seite und ziehen ihn nach links, vom anderen Körper weg. Je geringer die Entfernung der beiden Körper, desto größer ihre gegenseitige Abstoßung.

Abb. 12 (Tafel 3) zeigt den etwas schwierigeren Fall einer Kugel aus Holundermark, die zwischen zwei entgegengesetzt geladenen Platten hin- und herfliegt. Die Kugel ist kein guter Leiter, aber auch keinesfalls ein guter Isolator, so daß eine Ladung sich doch, wenn auch träge, auf ihrer Oberfläche bewegen kann. Die Kugel möge nun zunächst eine der beiden Platten berühren; sie erhält dort eine Ladung. In unserer Kraftlinien-Sprechweise heißt das, daß einige von den zwischen den Platten ausgespannten Linien sich verkürzen können, wenn ihr Ende die Platte verläßt und auf die Holundermarkkugel übergeht. Natürlich ziehen diese Linien, indem sie sich verkürzen, die Kugel zur anderen Platte. Sobald die Kugel an der anderen Platte ankommt, sinken die Linien zu nichts zusammen — wir sagen, die Kugel sei entladen. Nun beginnt der ganze Vorgang wieder von neuem: Kraftlinien gehen auf die Kugel über, um dadurch ihren Weg zu ver-

Tafel 3

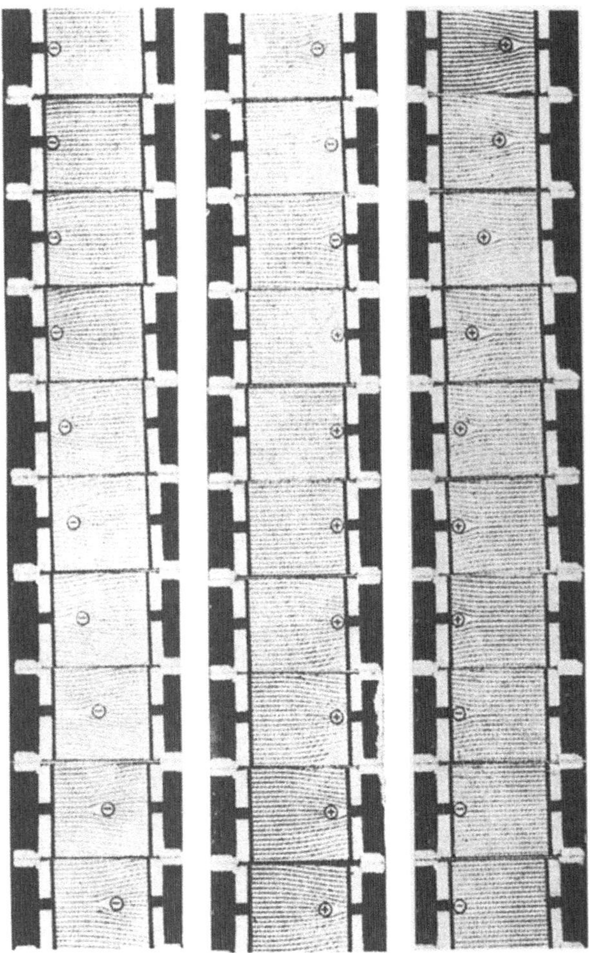

Abb. 12. Bewegung der Kraftlinien beim Hin- und Hereilen einer leitenden Kugel zwischen zwei geladenen Platten (+ rechts, — links). Die Filmaufnahme beginnt links oben. (Kodak.)

Tafel 4

Abb. 21. Eine große, vom Massachusetts Institute of Technology gebaute van de Graaffsche Maschine; sie ist in einer Luftschiffhalle untergebracht.

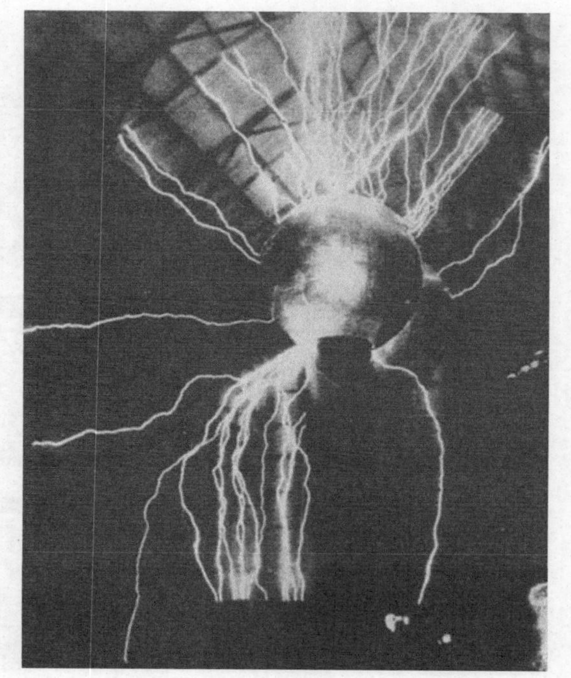

Abb. 22. Von dem einen Pol der van de Graaffschen Maschine ausgehende Funken.

kürzen, und ziehen sie auf demselben Weg zurück, den sie gekommen ist. Wir können uns ausmalen, wie die Kraftlinien sich zwischen den Platten ausstrecken, ohne eine Möglichkeit, sich zusammenzuziehen, bis die Holundermarkkugel hineinkommt. Sie bringt die Lösung der Spannung. Jedesmal, wenn sie eine Platte berührt, hakt sie eine gewisse Zahl von Kraftlinien aus, eilt zur anderen Platte hinüber und läßt so die Linien sich zusammenziehen. Am anderen Ende hakt sie neuerlich Linien aus und eilt wieder zurück. Wenn wir beim Wickeln eines Wollknäuels helfen, geht etwas Ähnliches vor sich: wir spannen die Strähne zwischen den Händen aus und lassen die Windungen eine nach der andern los, während das Knäuel hin- und herwandert.

Die in den drei letzten Abbildungen gezeigten Figuren sind einem Film entnommen. Er zeigt die Bewegung der Kraftlinien bei der Annäherung oder Entfernung zweier entgegengesetzt geladener Körper, dasselbe für zwei Körper mit gleicher Ladung und schließlich die Hin- und Herbewegung eines Leiters zwischen Platten mit entgegengesetzter Ladung. Da die Kraftlinien nicht zu bewegen sind, Modell zu stehen, mußten wir den Film sozusagen künstlich, wie einen Trickfilm, herstellen. Zweifelsohne wäre es für die Hersteller des Mickymaus-Films ein leichtes gewesen, die erforderlichen Hunderte von Zeichnungen anzufertigen, wir aber mußten die Sache abkürzen: Die Filmkamera wurde auf einem auf Schienen laufenden Wagen montiert. Zwei Scheiben stellten die geladenen Körper dar; sie waren vor dem Objektiv auf einer Führung beweglich angeordnet, so daß sie einander genähert oder voneinander entfernt werden konnten. Der Verlauf der Kraftlinien wurde ein- für allemal auf einem großen Bild eingezeichnet und das Bild am Ende der Schienen befestigt. Bewegte sich nun die Kamera auf das Bild zu, so wurden die geladenen Körper auseinandergeschoben, rollte sie zurück, so näherten sich die geladenen Körper. Die Bewegung erfolgte so, daß die Linien immer richtig von den geladenen Körpern auszugehen schienen. Sieht man dann den Film auf der Leinwand, so ist das Ergebnis sehr eindrucksvoll. Man spürt förmlich, wie die gegenseitige Anziehung bzw. Abstoßung der geladenen Körper mit ihrer Annäherung zunimmt.

Auch von der Holundermarkkugel, die zwischen den Platten Kraftlinien hin- und herbefördert, machten wir mit Hilfe einer ähnlichen Vorrichtung Aufnahmen. In diesem Fall wurde die Zeichnung mit den Kraftlinien unter zwei Brettern, die die geladenen Platten darstellten, hin- und hergeschoben. Die Holundermarkkugel war in Wirklichkeit ein Schillingstück, dem auf einer Seite ein +, auf der anderen ein — aufgemalt war. Jedesmal, wenn es am Ende seines Weges anlangte, hielten wir die Kamera an und wendeten es um, so daß es beim Übernehmen einer neuen Ladung von der Platte sein Vorzeichen änderte. Die Aufnahmen wurden von der Fa. Kodak gemacht, und ich möchte diese Gelegenheit benützen, für die Geduld zu danken, die sie den Bemühungen eines Laien entgegenbrachte[4].

Abb. 13 zeigt einen anderen elektrischen Versuch. In a wird ein Stab mit einem Lappen gerieben und die elektrischen Ladungen durch Reibung getrennt. In b wird der Lappen vom Stab entfernt, und die Kraftlinien erstrecken sich nun zwischen beiden. Obwohl die meisten Kraftlinien unmittelbar vom Tuch zum Stab verlaufen, strebt doch eine gewisse Anzahl von ihnen zum Tisch hinunter, den wir als leitend vorausgesetzt haben, und umgekehrt vom Tisch hinauf zum Stab; wir können uns vorstellen, daß ihnen mit Hilfe des Tisches eine Wegkürzung gelingt. In c wird der Lappen auf den Tisch gelegt: alle Kraftlinien zwischen Lappen und Tisch sinken jetzt in nichts zusammen, und es bleiben nur Kraftlinien übrig, die auf dem Tisch beginnen und auf dem Stab enden, wie in d. Wird der Stab im Zimmer herumbewegt, so müssen wir uns diese Linien mit ihm herumwandernd vorstellen, wobei ihr anderes Ende auf dem Boden oder über die Möbel schleift, da dies Leiter sind. Halten wir

[4] Kopien dieser Filme sind bei der Fa. Kodak erhältlich.

den Stab in die Nähe irgend eines vorspringenden Gegenstandes, so laufen die meisten Kraftlinien zu diesem hin, denn er ermöglicht ihnen eine Verkürzung des Weges. In e

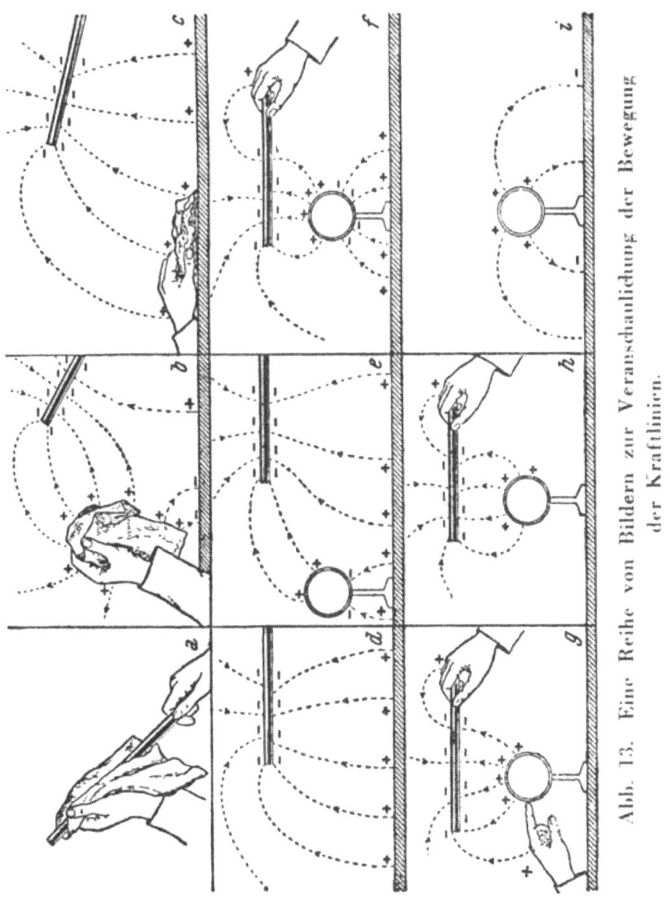
Abb. 13. Eine Reihe von Bildern zur Veranschaulichung der Bewegung der Kraftlinien.

nähert sich der Stab einer Metallkugel auf einem isolierenden Fuß. In f befindet er sich genau über ihr, und viele Kraftlinien ergreifen die günstige Gelegenheit einer Wegabkürzung und laufen vom Stab zur Kugel und dann weiter von der Kugel zum Tisch. Wird wie in g die Kugel mit dem Finger berührt, so haben wir eine leitende Verbindung vom Tisch über den Körper des Beobachters zur Kugel hergestellt. Sämtliche zwischen Kugel und Tisch verlaufenden Kraftlinien sinken augenblicklich zusammen, denn keine Kraftlinie kann auf ein und demselben Leiter beginnen und zugleich endigen.

Das ist aus Abb. 14a ersichtlich. Der Leiter ist hier ein gerader Stab, und offensichtlich zieht die Spannung längs

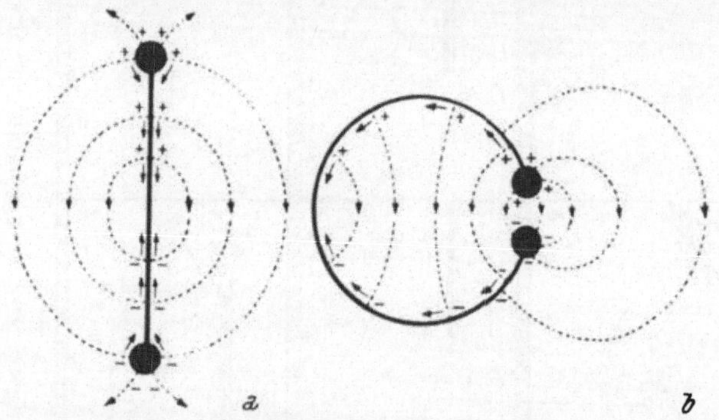

Abb. 14. Das Zusammensinken von Kraftlinien, die auf ein und demselben Leiter beginnen und endigen.

jeder Kraftlinie deren Enden zueinander, so daß die elastischen Linien zusammenfallen. Nicht ganz so klar ist das aus Abb. 14b zu erkennen, wo die Linien zwischen den beiden Knöpfen einen sehr bequemen und kurzen Weg haben könnten. Man sollte meinen, daß die Spannung die Enden der Linien daran hindern müßte, längs der Leitung zurückzueilen und zusammenzufallen. Wir müssen aber gleichwohl den seitlichen Druck bedenken, der einige von ihnen, wie auf dem Bild ersichtlich, nach links treibt. In dem Maße, als links Linien verschwinden, werden weitere in dieselbe Richtung gedrängt, bis schließlich alle Linien verschwunden sind.

Wir sehen also: Wenn Kraftlinien von einem Leiter zum anderen verlaufen und man diese Leiter mittels eines wenn auch noch so langen leitenden Drahtes od. dgl. verbindet, müssen alle Linien unverzüglich zusammenfallen.

Um auf Abb. 13 zurückzukommen: In h sehen wir den Stand der Dinge nach dem Zurückziehen des Fingers. In i wurde der Stab entfernt; die Kugel verbleibt mit den von ihr zum Tisch verlaufenden Kraftlinien. Wir haben also die Kugel positiv geladen, indem wir einen negativ geladenen Stab in ihre Nähe brachten, sie einen Augenblick lang berührten, während der Stab in der Nähe war, worauf wir den Stab wieder entfernten.

Man bezeichnet diesen Vorgang als Aufladen durch Induktion; Ladungen, die auf einem Leiter lediglich durch die Nähe eines anderen geladenen Körpers entstehen, heißen „induziert". Auf den ersten Blick könnte es scheinen, daß wir etwas umsonst erhalten haben, indem wir eine Ladung erzeugten, ohne irgend eine Arbeit zu leisten. Gleichwohl läßt sich die Natur nicht auf diese Weise betrügen. Näherten wir den Stab bloß der Kugel und entfernten ihn dann wieder, so würde keine Arbeit geleistet werden. Wird die Kugel aber berührt, dann übt die auf ihr befindliche positive Ladung eine Anziehungskraft auf den zurückweichenden Stab aus und zwingt uns, Arbeit zu leisten oder, mit anderen Worten, für die Ladung zu bezahlen.

Abb. 15 zeigt einen alten Versuch Faradays. Ein Käfig aus Drahtnetz, dessen Oberfläche leitend ist, ruht auf einem isolierenden Sockel und kann von einer Elektrisiermaschine geladen werden. Bündel von Papierstreifen, die an den Ecken des Käfigs befestigt sind, stellen sich steil auf; sie werden von den vom Käfig in die Umgebung ausgehenden Kraftlinien, die sich wegen des kürzeren Weges in den Ecken zusammendrängen, straff ausgezogen. Der Junge im Inneren des Käfigs verspürt dennoch nichts. Bei seinem ursprünglichen Versuch brachte Faraday einige seiner empfindlichsten Instrumente in den Käfig, konnte jedoch keine Anzeichen von Elektrizität entdecken. Wenn man den Begriff der Kraftlinien erfaßt hat, wird einem der Grund sofort klar:

es kann im Innern des Käfigs keine Kraftlinien geben, da sie auf demselben Leiter beginnen und endigen müßten, was, wie wir gesehen haben, unmöglich ist. Gleichzeitig be-

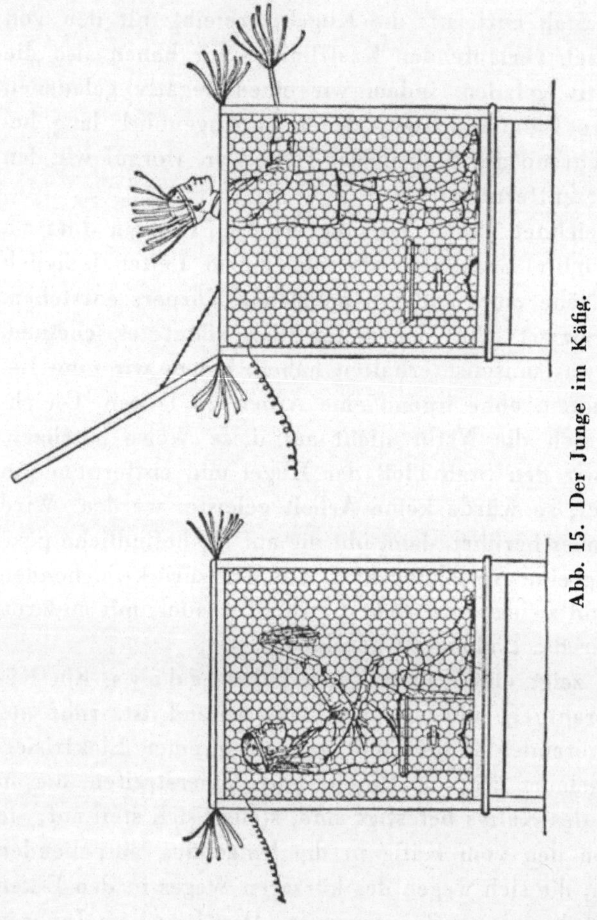

Abb. 15. Der Junge im Käfig.

merken wir, daß der Käfig alles in seinem Innern Befindliche gegen die Wirkung geladener Körper von außen vollständig abschirmt. Nehmen wir zunächst an, eine Kraftlinie ginge durch den Käfig hindurch, dann kann man ihren Weg sofort dadurch verkürzen, daß man sie auf der einen Seite der leitenden Fläche enden und auf der anderen Seite wieder beginnen läßt.

Der Junge trägt einen Kopfschmuck aus Papierstreifen und hält einen Stab in der Hand, dessen Ende ebenfalls Papierstreifen trägt. Solange er im Innern des Käfigs bleibt, sind die Streifen schlaff, denn es sind keine Kraftlinien da, die sie straffen könnten. Streckt er aber den Stab durch ein Loch in der Käfigwand heraus oder wird der Deckel geöffnet und er steckt den Kopf hinaus, so spreizen sich die Streifen auseinander. Der Stab oder der Kopf werden jetzt zu vorspringenden Teilen des geladenen Leiters, weshalb die Kraftlinien sich in sie hineindrängen. Zieht er sich in das Käfiginnere zurück und schließt man den Deckel, so sinken die Streifen wieder zusammen.

Man könnte diese Beispiele beliebig vermehren, wir haben aber eine genügende Anzahl beschrieben, um das Verhalten elektrischer Ladungen zu erläutern. Man möge sich diese elastischen Fäden stets bildlich vorstellen, wenn positive und negative Ladung in einem Körper getrennt werden. Einmal vorhandene Fäden können nicht verschwinden, außer wenn ihre Enden zusammenkommen oder längs eines Leiters zusammenlaufen können. Stellen, von denen Kraftlinien ausgehen, haben positive, Stellen, an denen sie enden, negative Ladung. Wenn die Linien eine Wegabkürzung einschlagen, d. h. wenn sie durch einen Leiter „kurzgeschlossen" werden, so hat dieser Leiter an einer Stelle eine positive und an einer anderen Stelle eine negative Ladung.

Wir wollen schließlich untersuchen, warum diese Linien Kraftlinien heißen. Angenommen, wir brächten einen leichten, positiv geladenen Körper, wie etwa eine ganz kleine, geladene Seifenblase, an irgend eine Stelle eines solchen Kraftliniensystems. Welche Richtung würde er einschlagen? Einige von den elastischen Fäden würden sich wegen seiner Ladung an ihn heften und ihn, sich verkürzend, mit sich ziehen. Es ist klar, daß die Seifenblase immer entlang der Kraftlinien dahintreiben würde. Die Art und Weise, wie die Kraftlinien von einem Leiter ausstrahlen und auf einem anderen wieder zusammenkommen, wird sehr hübsch durch den schon früher beschriebenen Versuch mit den Seifenblasen dargetan. Die Blasen gehen nicht alle unmittelbar von einer Person zur anderen. Einige gehen aufwärts, ziehen oben dahin und kommen wieder herunter, wie die Kraftlinien in Abb. 10 (Tafel 2).

Die Kraftlinien geben also an jeder Stelle die Richtung der Kraft auf eine positive Ladung an, daher der Name. Dort, wo die Linien sich eng zusammendrängen, ist die Kraft groß, dort, wo sie weit voneinander entfernt sind, ist sie schwach. Von einem „elektrischen Feld" spricht man, wenn ein Gebiet von Kraftlinien durchsetzt wird.

5. Das Potential.

„Potential" ist eines der neugeschaffenen Worte, die zur Zeit der Entdeckung der elektrischen Erscheinungen geprägt wurden. Wir können diese Ausdrücke nicht umgehen, und wenn ich auch so wenige von ihnen als nur möglich in dieser gemeinverständlichen Darstellung gebrauchen werde, so muß doch jeder, der sich für Elektrizität interessiert, einen gewissen grundlegenden wissenschaftlichen Wortschatz erwerben und die Bedeutung der vorkommenden Worte verstehen. Den Ausdruck „Potential" werden wir sehr häufig gebrauchen.

Wenn ein Körper ein höheres Potential besitzt als ein anderer, gehen Kraftlinien von ihm aus zum anderen Körper. Werden die Körper durch einen Leiter verbunden, so fallen diese Linien zusammen und es fließt ein „Strom". Wir können uns das Potential als D r u c k vorstellen, der positive Ladung von einem Körper wegzutreiben sucht.

Wir gebrauchen oft den Ausdruck „mit der Erde verbunden" oder „geerdet" und sagen, daß ein geladener Körper entladen wird, indem man ihn „erdet". Erde bedeutet hier die ganze Welt, die ein riesiger Leiter ist und von der wir festsetzen, sie habe das Potential Null. Von einem Körper mit höherem Potential als die Erde sagen wir, er habe positives Potential, von einem mit geringerem Potential, er habe negatives Potential. Um auf den Vergleich mit der Landkarte zurückzukommen: das Potential kann mit den auf der Karte eingetragenen Höhen über dem Meeresspiegel verglichen werden. Berge besitzen ein hohes positives Potential. Das Wasser fließt von ihnen f o r t, die Abhänge hinunter bis ins Meer, welches das Niveau des Potentials Null darstellt. Dagegen wird eine Stelle wie das Tote Meer, welches unterhalb des Meeresspiegels liegt, ein negatives Potential haben. Wenn wir es mit dem benachbarten Meer durch einen Kanal verbinden könnten, würde Wasser hinein-, nicht hinausströmen.

Wie können wir das Potential messen? Wasser, das von höherem zu tieferem Niveau fließt, kann man längs des Weges zur Arbeitsleistung heranziehen. Die Wasserräder beruhen auf diesem Prinzip: das Wasser wird durch einen Damm aufgestaut und stürzt dann über die Schaufeln des Rades auf ein tieferes Niveau. Je größer die Fallhöhe, desto mehr Arbeit wird von jedem Liter Wasser geleistet. Ganz analog verhält es sich hier; wenn Elektrizität von einer Stelle mit hohem Potential einer mit niederem Potential zufließt, kann man sie zur Arbeitsleistung veranlassen. Die Potentialdifferenz wird durch den Betrag der Arbeit gemessen, die eine einzelne Elektrizitätseinheit beim Durchfließen leisten kann. Eine Elektrizitätseinheit läßt sich auf verschiedene Arten festsetzen, wir brauchen hier aber nicht darauf einzugehen. Für welche immer wir uns entscheiden: wir lassen die Einheit des Potentials ihr entsprechen. Die gebräuchliche Einheit heißt ein Volt.

Es erscheint auf den ersten Blick klar, daß ein Körper, der eine positive Ladung trägt, ein positives Potential besitzt, ein Körper mit negativer Ladung aber ein negatives Potential. Das ist aber nicht richtig. Abb. 13 zeigt uns Beispiele, die uns davor warnen, die Begriffe Potential und Ladung zu verwechseln. Die Kugel in Abb. 13 f trägt an sich keine Ladung, da sie vor der Annäherung des Stabes ungeladen war und weder Ladung verloren noch gewonnen hat. Nichtsdestoweniger befindet sie sich in bezug auf die Erde auf negativem Potential, denn Kraftlinien laufen von der „Erde“ (in diesem Fall vom Tisch) zur Kugel. Die von der Kugel zum Stab verlaufenden Kraftlinien zeigen, daß dieser ein noch tieferes negatives Potential besitzt. Wenn die Kugel durch Berühren mit dem Finger geerdet wird, hat sie das Potential Null, trägt aber eine positive Ladung (Abb. 13 h). Nach dem Entfernen des Stabes endlich hat die Kugel sowohl positives Potential als auch positive Ladung. Das liest sich viel weniger klar, als es aus dem Bild hervorgeht, und ich möchte dem Leser raten, zur endgültigen Klärung einige Kraftlinienbilder selbst zu zeichnen.

6. Der Kondensator.

Ein „Kondensator“ ist ein Behälter zum Aufspeichern elektrischer Ladung. Tatsächlich ist jeder Leiter ein Kondensator, da man ihm eine elektrische Ladung erteilen kann. Wollten wir aber eine große Ladung aufspeichern und zu diesem Zweck einem Leiter fortwährend neue Ladung zuführen, so müßten wir sein Potential auf eine unbequeme Höhe bringen. Es könnte so hoch werden, daß ein Funken überspringt und der Leiter sich entlädt. Diese Schwierigkeit läßt sich umgehen, wenn wir dem Leiter eine solche Form geben, daß er die gewünschte Ladung behält, ohne auf zu hohem Potential zu sein. Von einem solchen Kondensator sagt man, er habe eine große „Kapazität“.

Abb. 16 zeigt einen Kondensator mit kleiner und einen mit großer Kapazität. Der erste trägt nur eine kleine Ladung (man beachte die Zahl der Kraftlinien) und ist dennoch auf hohem Potential, denn auf dem weiten Weg von der oberen zur unteren Platte kann eine positive Einheitsladung einen großen Betrag an Arbeit leisten. Es ist, wie wenn Wasser aus großer Höhe einen weiten Weg bergab fließt. Umgekehrt hätten wir viel Arbeit zu leisten, um den Kondensator zu laden, genau so wie wir viel Arbeit zu leisten hätten, um Wasser von unten auf einen hohen Berg zu pumpen. Im zweiten Kondensator ist der Weg sehr kurz. Auf seiner oberen Platte haben wir eine große Ladung, wie aus der großen Anzahl von Kraftlinien hervorgeht, und dennoch ist das Potential ganz

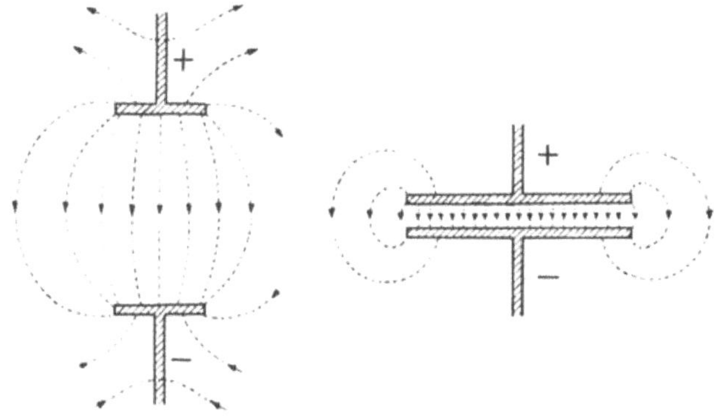

Abb. 16. Kondensator mit kleiner (links) und großer (rechts) Kapazität.

niedrig. Er gleicht einem großen Behälter mit großer Bodenfläche, aber geringer Höhe, in den man ganz leicht Wasser hineinpumpen kann.

Kondensatoren hoher Kapazität werden nach diesem Prinzip hergestellt. Wie man beim Zerlegen eines Radio-Kondensators feststellen kann, befinden sich in ihm zahlreiche dünne Platten ganz nahe beieinander. Wir haben einen „Luftkondensator" im Bild dargestellt, für gewöhnlich gibt man aber dünne Schichten Wachspapier oder Glimmer zwischen die Platten, und zwar aus zwei Gründen. Sie widerstehen dem Überspringen von Funken und der damit verbundenen Entladung des Kondensators besser als Luft. Außerdem hat man festgestellt, daß man bei Anwesenheit dieser Schichten ein Vielfaches der Ladung auf die Platten bringen kann als bei einem entsprechenden Luftkondensator mit demselben

Potential. Dieser Unterschied ist einer sehr komplizierten Einwirkung auf die Atome der Schicht zuzuschreiben, die in der sogenannten „Dielektrizitätskonstante" ihren Ausdruck findet. Man kann diese Einwirkung nicht in einfacher Weise erklären (ihre Kompliziertheit wird in den Lehrbüchern

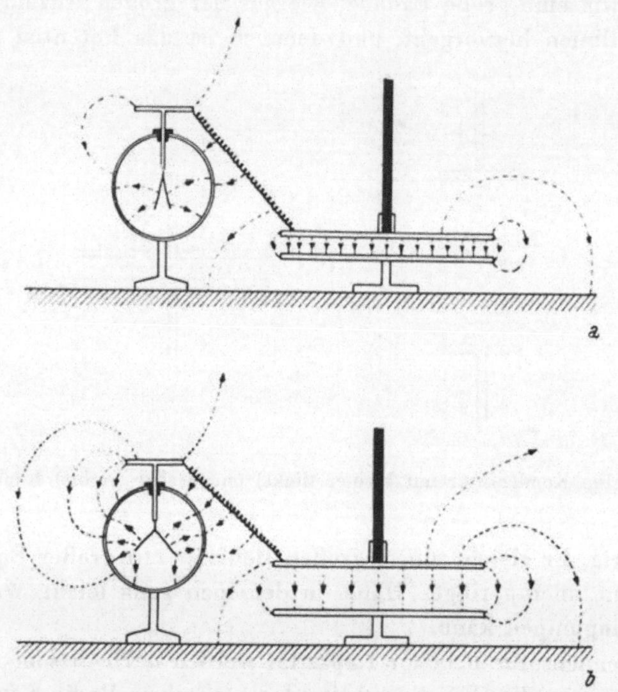

Abb. 17. Beim Trennen der Kondensatorplatten erhält das Goldblattelektroskop einen größeren Teil der Ladung, seine Blättchen spreizen sich daher stärker.

meist übergangen). Wir lassen sie beiseite und merken uns nur, daß sie bei der Herstellung von Kondensatoren von Nutzen ist.

Abb. 17 a zeigt einen geladenen, mit einem Goldblattelektroskop verbundenen Kondensator. Die meisten Kraftlinien nehmen den bequemen, kurzen Weg direkt von einer Platte zur anderen. Einige wenige werden durch die Abstoßung herausgepreßt, wählen den Weg von den Goldblättchen zum Gehäuse des Elektroskops und bewirken so durch ihren Zug ein geringfügiges Spreizen der Blättchen. In Abb. 17b ist die obere Platte des Kondensators gehoben. Ihr Potential ist nun höher, da die Kraftlinien einen längeren Weg haben. Auch sehen wir die Blättchen des Elektroskops stärker gespreizt. Der direkte Weg zwischen den Platten ist nicht mehr verlockend, es laufen mehr Kraftlinien in das Elektroskop hinüber, wo sie einen zweiten kurzen Weg finden. Dieses Bild dient auch zur Erklärung des Effektes, bei dem ich auf der Hartgummiplatte auf den Zehen stand (siehe Seite 8). Als ich mir durch Abstreifen der Füße eine Ladung erteilte, ging zunächst der größte Teil der Kraftlinien unmittelbar von meinen Schuhsohlen zur Hartgummiplatte über, da dies ein besonders kurzer Weg war. Durch Aufstellen auf die Zehen aber wurde dieser Weg länger und folglich bekam das Elektroskop einen größeren Anteil der Linien. Das war der Grund für das Ausspreizen der Blättchen, wenn ich mich auf die Zehen erhob, und für ihr Zusammenfallen, wenn ich mich wieder zurücksinken ließ.

7. Apparate zur Erzeugung elektrischer Ladungen.

Im Laufe der Zeit wurden viele Apparate zur Erzeugung elektrischer Ladungen konstruiert. Ich will mich hier bloß mit der Beschreibung eines der Frühesten und eines ganz Neuen begnügen.

Der Elektrophor wurde um 1775 von Volta erfunden. Ein flacher Zinnteller wird mit einer harzigen Masse gefüllt, die sich zu einem Kuchen verfestigt, und dieser wird durch Reiben negativ elektrisch geladen. Eine Überlieferung in den Laboratorien besagt, daß ein Katzenfell für diesen Zweck am besten geeignet ist, und die meisten physikalischen Laboratorien besitzen ein Katzenfell, das man hervorholt, wenn der Elektrophor benötigt wird. Ich habe mich oft gefragt, aus welchem undurchsichtigen Grund man wohl auf das Fell dieser armen Tierchen verfallen ist. Eine Metallplatte, etwas kleiner als der Kuchen, besitzt einen isolierenden Handgriff. Sie wird auf den Kuchen gelegt, für einen Augenblick mit dem Finger berührt und dann mit der elektrischen Ladung, die sie erhalten hat, entfernt. Die Abbildung stellt diesen Vorgang dar. Die vom elektrisch geladenen Harz ausgehenden Kraftlinien nehmen den kürzeren Weg über die Platte, wenn diese daraufgelegt wird. Berührt man die

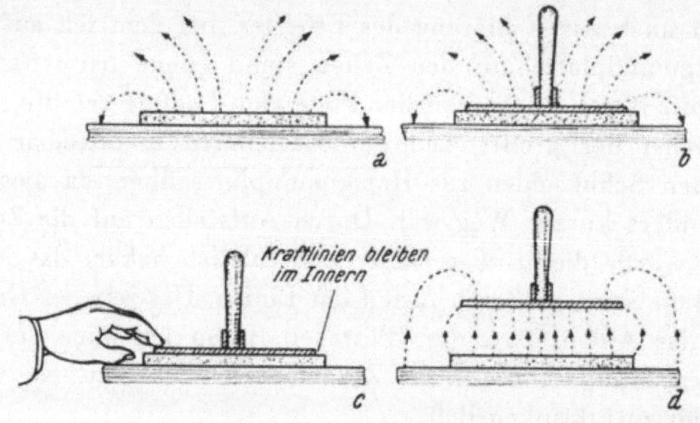

Abb. 18. Elektrophor.

Platte, dann fallen alle von der Erde zu ihrer oberen Fläche verlaufenden Linien zusammen und es bleiben nur die Linien zwischen Platte und Kuchen. In Abb. 18 c war leider kein Raum, diese Linien anzudeuten; wir müssen sie uns zwischen Platte und Kuchen verlaufend vorstellen. Der Kuchen hält seine negative Ladung so fest, daß er selbst beim Auflegen der Platte nicht entladen wird. Entfernt man die Platte, so nimmt sie die Enden dieser Linien mit sich, hat also eine positive Ladung. Der Kuchen bleibt geladen und der Vorgang kann beliebig oft wiederholt werden. Er ist bloß ein weiteres Beispiel für das in Abb. 13 gezeigte Aufladen durch Induktion. Für die Erzeugung der Ladung ist eine Arbeitsleistung erforderlich, wir müssen ja eine Zugkraft ausüben, um die Platte vom Harz zu entfernen.

Komplizierte Maschinen, wie die von Wimshurst, beruhen auf demselben Prinzip der Erzeugung von Ladung durch Induktion. Statt des schwerfälligen Prozesses — Aufstellen einer Platte gegenüber einem geladenen Körper, Berühren der Platte, Entfernen — werden Platten auf isolierenden Scheiben angeordnet, die man rotieren läßt. An einer Stelle während ihrer Umdrehung befinden sich die Platten gegenüber induzierenden Ladungen und werden von einer Bürste berührt, an einer anderen Stelle geben sie ihre induzierte Ladung an die Klemmen der Maschine weiter. Eine solche Maschine versteht man leichter, wenn man sie sieht, als aus einer Zeichnung, und da kein neues Prinzip zur Geltung kommt, wollen wir hier nicht weiter auf ihre Beschreibung eingehen.

Als nächstes Beispiel betrachten wir die Maschine von van de Graaff, die die neueste Type darstellt, deren Wirkungsweise aber dennoch sehr einfach ist. Sie ist eine treffliche Illustration des Prinzips, nach dem alle elektrostatischen Maschinen arbeiten. Abb. 19 zeigt eine schematische Darstellung.

Eine große metallene Hohlkugel steht auf einer isolierenden Säule. Ein endloses Band läuft über eine Rolle im Indern der Kugel, in die es durch einen Schlitz hinein- und durch einen zweiten wieder hinaustritt. Am Boden läuft es über eine geerdete, durch einen Motor angetriebene Rolle. Das Band besteht aus einem isolierenden Material, z. B. aus Seide. Es wird nach dem Verlassen der unteren Rolle mit positiver Ladung besprüht, indem es an einem mit einer Spitze versehenen, auf +10 000 Volt geladenen Leiter vorbeigeführt wird. Mit Hilfe eines Transformators und eines Gleichrichters, die später besprochen werden, kann man leicht eine gleichmäßige Versorgung mit 10 000 Volt erreichen. Auf dem Bild sieht man den Leiter mit Spitze und eine geerdete Kugel zu beiden Seiten des Bandes. An der Spitze besteht eine so gewaltige Konzentration von Kraftlinien, daß der Widerstand der Luft zusammenbricht und die Spitze fortwährend positive Ladung verliert, die vom Band gesammelt wird. Diese positive Ladung wird durch die Bewegung des Bandes hinaufgeführt und gelangt in die Kugel. Hier kommt das geladene Band vor einen zweiten Leiter mit Spitze, es entsteht wiederum ein so starkes Feld, daß abermals der Widerstand der Luft zusammenbricht und die positive Ladung auf die

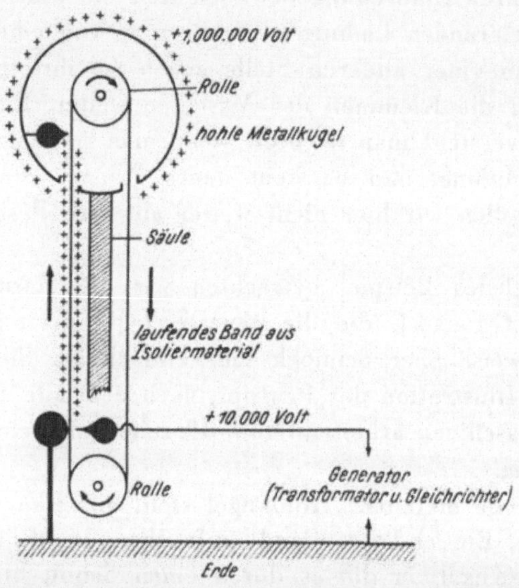

Abb. 19. Prinzip der Maschine von van de Graaff. Mittels des unteren, mit Spitze versehenen Leiters wird positive Ladung auf das laufende Band aufgetragen, von diesem mitgeführt und von dem oberen Leiter mit Spitze abgenommen. Die Ladung sammelt sich auf der äußeren Kugeloberfläche an.

Kugel übergeht, wo sie sich natürlich auf der äußeren Oberfläche ansammelt. Mit anderen Worten: Wir können uns die Kraftlinien von der positiven Ladung auf dem Band ausgehend denken, so daß ihre Enden durch das Band hinaufbefördert werden. Beim Eintreten des Bandes in die Kugel wird jede Kraftlinie in zwei Teile zerschnitten, einen, der vom Band zur Innenfläche der Kugel, und einen, der von der äußeren Oberfläche der Kugel zur Erde verläuft. Genau so wie an der unteren Spitze findet auch an dem im Kugelinneren befindlichen Leiter mit Spitze eine Entladung statt, so daß jener Teil aller Kraftlinien, der im Kugelinneren wie in einer Falle gefangen ist, zusammensinkt und verschwindet. Das Endergebnis ist, daß wir die Enden der auf dem Band befestigten Kraftlinien hinaufführen und sie auf der Kugel einhaken. Die Metallkugel sammelt fortgesetzt Ladung an,

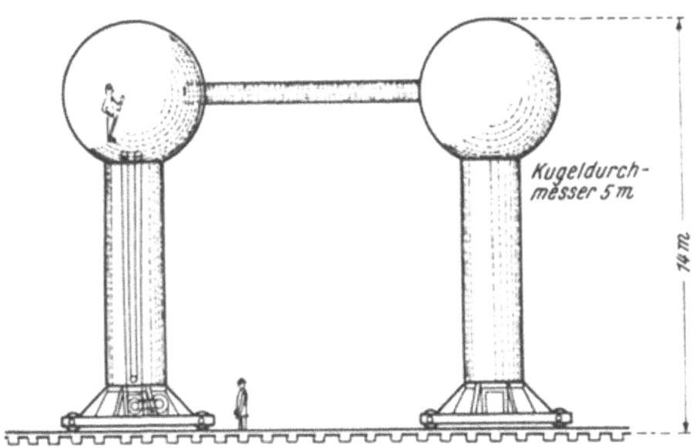

Abb. 20. Maschine von van de Graaff, durch die ein Potential von mehreren Millionen Volt erzielt werden kann.

bis sie ein ungeheures Potential erreicht, begrenzt allein durch den Ladungsverlust durch die Luft oder über die Säule.

Abb. 20 zeigt die Skizze einer für die Erzeugung von 10 000 000 Volt konstruierten Anlage. Sie besteht aus zwei Metallkugeln, von denen die eine positiv, die andere negativ geladen wird. Das Rohr, welches die Kugeln oben verbindet, dient zur Aufnahme der Apparate, für die das hohe Potential von zehn Millionen Volt nötig ist, wie etwa einer Röhre zur Erzeugung eines Elektronenstrahls sehr hoher Energie. Den Meßraum zur Beobachtung der Auswirkungen der Spannung befindet sich im Inneren einer der Kugeln. Jede von ihnen mißt fünf Meter im Durchmesser, kann also ohne weiteres Fußboden, Tische und das erforderliche Meßgerät aufnehmen. Obgleich der Beobachter sich auf einem Potential von Millionen Volt befindet, erleidet er doch nicht den geringsten Schaden und merkt auch tatsächlich gar nichts, da er sich im Innern eines geschlossenen Leiters aufhält. Eine Aufnahme der Apparatur zeigt Abb. 21 (Tafel 4). Um die Kugel herum muß genügend freier Raum sein, sonst springt ein Funken zur Erde über; tatsächlich ist der ganze Apparat in einer ursprünglich für ein Luftschiff bestimmten Halle untergebracht und kann auf Schienen bewegt werden.

Abb. 22 (Tafel 4) zeigt eine Kette von Funken von der Kugel zum Dach der Halle.

Man könnte den Apparat eine „Rolltreppe für elektrische Ladungen" nennen. Die zur Erzeugung der Ladung erforderliche Arbeit wird durch den antreibenden Motor geleistet, der das positiv geladene Band entgegen der Abstoßungskraft zur positiv geladenen Kugel hinzieht.

Als letztes Beispiel einer elektrostatischen Maschine wollen wir ein Gewitter betrachten. Obwohl man heute, großenteils durch Versuche von Prof. C. T. R. Wilson, Cambridge, viel über die Natur der Gewitter weiß, ist doch der tatsächliche Vorgang, durch den so unermeßliche Ladungen entstehen, noch nicht geklärt. Doch ist man sich im allgemeinen darüber einig, daß die während eines Gewitters fallenden Regentropfen irgendwie dafür verantwortlich sind.

Ein Gewitter gleicht einer riesenhaften Elektrisiermaschine mit einem Kilometer Ausdehnung in jeder Richtung. Nach Wilson wird die Wolke an ihrem oberen Ende positiv, an ihrem unteren Ende negativ geladen. Die Ladungen häufen sich an, bis das Potential genügend groß ist, um den Widerstand der Luft zu brechen; der Blitz ist ein Funken von ein bis zwei Kilometer Länge, der die Wolke entlädt. Die meisten Blitze verlaufen vom oberen zum unteren Ende der Gewitterwolke, manchmal aber erfolgt von der Unterseite der Wolke aus eine Entladung zum Erdboden, und ein Baum oder ein Haus wird „vom Blitz getroffen". Hat ein Funken einmal einen bestimmten Verlauf durch die Luft genommen, dann bleibt diese Bahn eine gewisse Zeit hindurch leitend, und in der Regel folgen einander mehrere Blitze längs desselben Weges. Diese aufeinanderfolgenden Entladungen sind es, die das so oft wahrnehmbare Flimmern des Blitzes verursachen, denn jede einzelne Entladung ist in weniger als dem Tausendstel einer Sekunde vorüber. Wenn eine Wolke sich entladen hat, so braucht sie etwa 20 Sekunden, um genug Ladung für den nächsten Blitz anzusammeln.

Der Donner ist derselben Ursache zuzuschreiben wie der scharfe Knall, den wir beim Überspringen eines elektrischen Funkens zwischen zwei Leitern wahrnehmen. Das Geräusch entsteht augenblicklich, noch während des Blitzes. Warum hören wir dann das langgezogene Rollen des Donners mit einer Reihe von lauten Schlägen erst nach einer gewissen Zeitspanne? Das rührt von den verschiedenen Intervallen her, die verstreichen, bis uns der Schall von verschiedenen Stellen der Bahn des Funkens erreicht. Der Schall breitet sich mit einer Geschwindigkeit von 330 Metern pro Sekunde aus, braucht also drei Sekunden für ein Kilometer. Der Schall vom zunächst befindlichen Teil des Blitzes erreicht uns zuerst, dann der Schall von den entfernteren Teilen, so daß das ganze Getöse des Donners durch einige Sekunden andauern kann.

Man kann die Entfernung eines Gewitters durch Zählen der Sekunden zwischen dem Blitz und dem einsetzenden Donner schätzen, wenn man für jedes Kilometer drei Sekunden rechnet. Schlägt es irgendwo ganz in der Nähe ein, dann hört man ein furchtbares Krachen gleich nach dem Blitz. Wenn das Gewitter entfernt ist, vergeht ein recht langer Zeitraum.

Nachfolgend die Wilsonsche Theorie der Aufladung einer Wolke: Wir denken uns einen Anfangszustand, in dem das obere Ende der Wolke positiv, das untere Ende negativ geladen ist: ein schwerer Regenschauer fällt durch die Wolke. Jeder einzelne Regentropfen hat an seinem oberen Ende eine negative und am unteren Ende eine positive induzierte Ladung infolge der Ladungen auf der Wolke (siehe Abb. 23). Die Luft ist bereits gesättigt mit freien positiven und negativen Ladungen, die vermutlich von der vorhergehenden Entladung herrühren und ihren Sitz auf winzigen Tröpfchen oder Haufen von Molekülen haben. Der fallende Tropfen verleibt sich diese Ladungen ein; da aber sein positives Ende beim Fallen vorne ist, wird er größtenteils negative Ladungen, die von ihm angezogen werden, aufnehmen und die positiven Ladungen aus dem Weg drängen. Diese haben keine Zeit, sich auf dem negativen oberen Ende des fallenden Tropfens festzusetzen. Insgesamt wird daher der Tropfen eine negative Ladung erhalten und sie mit sich nach abwärts führen, wodurch die negative Ladung am Grunde der Wolke noch mehr erhöht wird. Der ganze Vorgang gleicht einer großen Elektrisiermaschine, bei der die Tropfen die bewegten Leiter sind. G. C. Simpson hingegen schreibt das Entstehen der Ladungen dem Auseinanderfallen großer Regentropfen in kleinere zu, da man weiß, daß geladene Tropfen auf diese Weise entstehen. Möglicherweise wirken beide Erscheinungen zusammen.

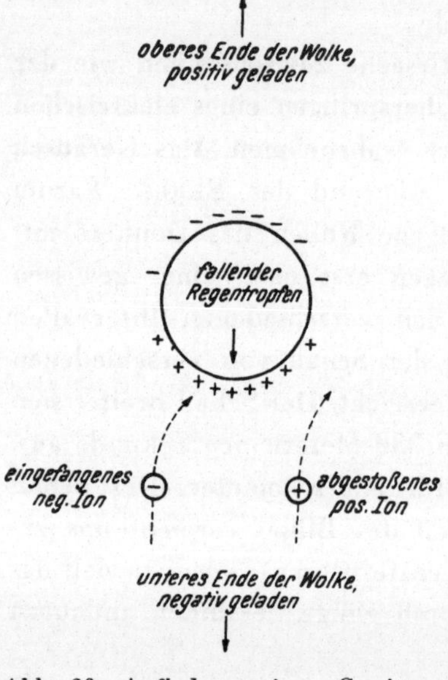

Abb. 23. Aufladung einer Gewitterwolke nach Wilson.

Die entstehenden Potentiale sind sehr hoch, von der Größenordnung von tausend Millionen Volt. Anderseits ist die Elektrizitätsmenge, welche tatsächlich in einem Blitz fließt, recht klein, etwa 20 Coulomb (wir werden später erfahren, was ein Coulomb ist), wogegen die Starterbatterie beim Anlassen eines Autos ungefähr das Zehnfache zu liefern hat. Dennoch stellt wegen des überaus hohen Potentials ein Blitz eine sehr große Energiemenge dar. Ein normales Gewitter leistet ungefähr soviel wie zehn große Kraftwerke (einige Millionen Kilowatt). Nach der Auffassung der Alten schlägt Jupiter im Zorn die Erdenbewohner mit dem Donnerkeil. Wenn dem so ist, dann müssen wir zugeben, daß er bei einem solchen Bombardement eine schreckliche Menge Munition vergeudet; es ist nämlich bemerkenswert, daß dieser ganze Energieaufwand sich über unseren Köpfen austobt und uns dennoch so selten Schaden zufügt.

Es gibt schätzungsweise jährlich etwa 16 000 000 Gewitter auf der ganzen Welt. 1800 finden gleichzeitig an verschiedenen Orten statt. Jedesmal, wenn ein Blitz zuckt und eine Wolke sich entlädt, erleidet das Kraftfeld in der ganzen Umgebung eine Veränderung, wie wir bei elektrischen Versuchen gesehen haben. Diese Störungen sind es, die das Krachen im Radioapparat hervorrufen, das wir als „atmosphärische Störungen“ bezeichnen.

8. Was ist Elektrizität?

Wir kommen nun auf die Frage zurück: „Was ist Elektrizität?“ Was ist dieses geheimnisvolle Ding, das man durch Reibung erzeugen kann, das Anziehungs- und Abstoßungskräfte in sich birgt? Weshalb sollte der elektrische Strom, der von einer Stelle zur anderen fließt, zu magnetischen und anderen Wirkungen, die wir in den folgenden Kapiteln untersuchen werden, Anlaß geben?

Das ist eine außerordentlich interessante und bedeutsame Frage. Eine glänzende Antwort hat Bertrand Russell in seiner Schrift: „ABC der Atome“ gegeben. Er spricht zuerst von Elektronen und Atomkernen, den negativen und positiven Teilchen, aus denen alle Materie besteht. Dann fährt er fort:

„Einige meiner Leser erwarten jetzt, daß ich ihnen sage, was Elektrizität ‚wirklich ist'. Tatsächlich habe ich es bereits gesagt. Sie ist kein Gegenstand wie die St. Pauls-Kathedrale; sie ist eine Art und Weise, in der sich die Dinge verhalten. Wenn wir gesagt haben, wie die Dinge sich verhalten, wenn sie elektrisch sind, und unter welchen Umständen sie es sind, so haben wir alles gesagt, was es zu sagen gibt. Wenn ich sage, daß ein Elektron einen gewissen Betrag negativer Elektrizität besitzt, so meine ich damit lediglich, daß es sich in einer bestimmten Art und Weise verhält. Elektrizität ist keine rote Farbe, also keine Substanz, die man auf das Elektron bringen und wieder wegnehmen kann, sie ist bloß eine bequeme Bezeichnung für bestimmte physikalische Gesetze."

Am Ende kommen wir immer auf Dinge, die wir nicht weiter erklären können. Nehmen wir ein Beispiel: Angenommen, ein sehr beharrlicher Frager wollte von uns die Erklärung eines Spiegels wissen. Wir würden von der Reflexion des Lichtes in einem Spiegel reden und ihm an Hand einiger Skizzen erklären, weshalb er beim Hineinschauen in den Spiegel sein eigenes Gesicht erblicken müsse. Er könnte dann fragen, warum das Licht durch den Spiegel so stark reflektiert werde, und wir würden antworten, daß es sich um eine glatte Metalloberfläche (Quecksilber) handle und daß Metalle das Licht stets gut reflektieren. Warum reflektieren Metalle das Licht gut? Jetzt kommen wir schon in schwierigeres Gelände, aber noch ist es möglich, eine Antwort zu geben: Wie andere Körper, so bestehen auch Metalle aus Elektronen und Atomkernen. In Metallen haben die Elektronen eine außerordentlich große Bewegungsfreiheit, und diese ist für das gute Reflexionsvermögen verantwortlich. Warum haben die Elektronen diese Wirkung? Weil sie elektrisch geladene Teilchen sind und auf Lichtwirkung nach bestimmten Gesetzen reagieren. Warum gehorchen elektrisch geladene Teilchen diesen Gesetzen? An diesem Punkt angelangt, bleibt uns nichts zu sagen übrig als die verärgerte Antwort: Weil sie es eben tun.

Wenn wir versucht hätten, irgend etwas anderes zu erklären, hätten wir an derselben Stelle aufhören müssen. Alles besteht aus elektrisch geladenen Teilchen, und mit dem Wort „elektrisch geladen" meinen wir, daß die Teilchen sich in einer bestimmten Art und Weise verhalten; entsprechend ist „Elektrizität" nur ein Wort, welches das Verhalten aller Dinge kennzeichnet. Wir können alles durch Elektrizität erklären, dann aber müssen wir aufhören und dieses elektrische „Verhalten" als gegeben hinnehmen.

Vielleicht trägt es zur Klärung des Sachverhaltes bei, wenn ich einige Beispiele anführe, wie man sich in früherer Zeit das Verhalten elektrisch geladener Körper und der Magnete zu erklären suchte. Wie wir später sehen werden, sind Elektrizität und Magnetismus lediglich verschiedene Erscheinungsformen eines und desselben grundsätzlichen Verhaltens aller Dinge. Die Anziehung elektrisch geladener Körper und ebenso die Anziehungskraft des Magneten auf das Eisen waren Rätsel, welche die Einbildungskraft Wißbegieriger zu allen Zeiten erregten. Die folgenden Zitate sind dem fesselnden Buch: P. F. Motteley, Biographical History of Electricity and Magnetism, entnommen:

„Eine Abhandlung von Robert Boyle (Philosophical Works, 1738) handelt von verschiedenen Hypothesen, die zur Lösung des Problems der elektrischen Anziehung aufgestellt wurden. Die erste ist die des gelehrten Nicholas Cabaeus (1629), der der Meinung ist, daß die Anziehung leichter Gegenstände durch Bernstein . . . durch Strömungen verursacht wird, die von solchen Körpern ausgehen und die umgebende Luft in Unruhe versetzen und vertreiben . . , indem sie kleine Luftwirbel erzeugen. Eine andere Hypothese ist die des hervorragenden englischen Philosophen Sir Kenelm Digby (1644), die von dem hochgelehrten Dr. Browne (1646) und anderen aufgegriffen wurde; er glaubte, daß Bernstein durch Reiben veranlaßt wird, gewisse Strahlen öliger Materie auszusenden, die sich bei der Abkühlung an der freien Luft etwas verdichten . . . und leichte Körper mit sich zurückziehen, an denen sie zum Zeitpunkt ihrer Zusammenziehung gerade zufällig haften. Cartesius (Descartes, 1644) erklärt die elektrische Anziehung durch das Eingreifen bändchenartiger Gebilde, von denen er annimmt, sie seien aus feinem Stoff, der sich in den Poren oder Ritzen des Glases vorfindet.

Lukrez (99 bis 56 v. Chr.) erklärt das Haften des Stahls am Magneteisenstein (natürlicher Magnet) durch die Annahme, daß sich auf der Oberfläche des Magnetes Haken befinden, auf der des Stahls dagegen kleine Ringe, in denen die Haken sich verfangen.

Ein weiterer Autor des siebzehnten Jahrhunderts gab sich mit der Erklärung zufrieden, daß ‚es ein gewisser Hunger oder ein Verlangen nach Nahrung ist, welches den Magneten das Eisen an sich ziehen läßt'!"

Der Unterschied liegt also im folgenden: Während jene alten Forscher Elektrizität und Magnetismus durch das Vorhandensein von Haken, Ringen, Bändern oder öligen Strömen erklärten, erklären wir heute Haken, Ringe und Bänder durch den Begriff der Elektrizität.

Dringt unsere Auffassung wirklich tiefer als die ihre? Ich glaube, daß das zweifelsohne der Fall ist. Zwar stehen auch wir einem grundsätzlichen, unlösbaren Rätsel gegenüber, genau wie sie. Aber wir sind imstande, die Grundgesetze in kurzer und einfacher Weise hinzuschreiben und alles übrige mit Hilfe dieser Gesetze zu erklären, während jene für jede neue Entdeckung neue, unsichere Erklärungen erfinden mußten. Die Wissenschaft lehrt uns, daß zahlreiche verschiedene, von uns beobachtete Erscheinungen in Wirklichkeit nahe verwandt sind und auf dieselben grundlegenden Ursachen zurückgehen; mit der Feststellung dieser Ursachen müssen wir uns aber letzten Endes bescheiden — „erklären" können wir sie niemals.

II. Bewegte Elektrizität.

1. Die Voltasche Säule.

Wir haben im letzten Kapitel gesehen, wie man elektrische Ladungen auf Körpern erzeugen kann. Werden zwei Leiter mit verschiedenem Potential durch einen Draht verbunden oder geht zwischen ihnen ein Funken über, so wandert eine Ladung von einem zum anderen und es erfolgt ein Potentialausgleich. Dies geschieht in einem Aufblitzen, buchstäblich „schnell wie der Blitz", denn der Blitz ist nicht mehr und nicht weniger als die Entladung von einer Wolke zur anderen oder zur Erde. Wir wissen, daß dieses in der Entladung sich bewegende „Etwas" gewisse Wirkungen hervorbringt. Es muß beispielsweise, wenn es einen Leiter durchfließt, diesen erwärmen, da ja durch den Blitz Bäume Feuer fangen oder manchmal Gebäude in Brand gesetzt werden. Doch ist die Zeitspanne zu kurz, als daß mit der Entladung Versuche angestellt werden könnten.

Wir können uns die Aufregung in der damaligen wissenschaftlichen Welt vorstellen, als ein Mittel zur Erzeugung eines kontinuierlichen elektrischen Stromes entdeckt wurde. Diese Entdeckung verdankt man Volta, der sie im Jahre 1800 in einem Brief an Sir Joseph Banks, den damaligen Vorsitzenden der Royal Society in London, mitteilte. Man findet den Brief in den Philosophical Transactions of the Royal Society dieses Jahres abgedruckt. Ich bringe hier seinen Anfang und eine Übersetzung, da er einen so wichtigen Wendepunkt in der Geschichte der Elektrizität und des Magnetismus bedeutet.

„XVII. Über die Elektrizität, die durch bloße Berührung zweier leitender Substanzen verschiedener Art entsteht. Aus einem Schreiben des Herrn Alexander Volta, Mitglied der Royal Society, Professor der Naturlehre an der Universität Pavia, an den Sehr Ehrenwerten Herrn Joseph Banks, Bart., K. B., P. R. S.

Gelesen den 26. Juni 1800.

A Côme en Milanois, ce 20me Mars, 1800.

Après un long silence, dont je ne chercherai pas à m'excuser, j'ai le plaisir de vous communiquer, Monsieur, et par votre moyen à la Société Royale, quelques resultats frappants auxquels je suis arrivé, en poursuivant mes expériences sur l'électricité excitée par le simple contact mutuel des métaux de différente espèce, et même par celui des autres conducteurs, aussi différents entr'eux, soit liquides, soit contenant quelque humeur, à laquelle ils doivent proprement leur pouvoir conducteur . . . . .“

„Como, den 20. März 1800.

Nach langem Stillschweigen, das zu rechtfertigen ich nicht versuchen möchte, gebe ich mir die Ehre, Ihnen, Herr Präsident, und durch Sie der Royal Society einige auffallende Ergebnisse mitzuteilen, zu denen ich bei der Fortführung meiner Versuche gelangte. Diese Versuche betreffen die Elektrizität, welche durch bloße Berührung verschiedener Metalle erzeugt wird, ja sogar durch Berührung verschiedener Leiter anderer Art, welche flüssig sind oder Feuchtigkeit enthalten, der sie ihr Leitvermögen verdanken.

Das wichtigste dieser Ergebnisse, welches tatsächlich alle anderen in sich schließt, ist der Bau eines Apparates, der in seinen Wirkungen, wie etwa den Schlägen, die er dem Arm erteilen kann, der Leydener Flasche gleicht. Er ist jedoch fortlaufend tätig, insofern als sich seine Ladung nach jedem Entladen erneuert; er besitzt in der Tat eine unerschöpfliche Ladung und eine dauernde Wirkung auf das elektrische Fluidum. Von der Leydener Flasche unterscheidet er sich aus zwei Gründen wesentlich: einmal wegen dieser eigentümlichen andauernden Funktion; zweitens aber besteht dieser neue Apparat nicht, wie die gewöhnlichen Flaschen oder Batterien, aus dünnen Platten der gemeinhin als elektrisch bekannten Stoffe[5] im Verein mit Leitern oder sogenannten unelektrischen Stoffen, sondern allein aus Stoffen der zuletzt genannten Art, von denen man sogar die besten Leiter, also solche, die nach allgemeiner Ansicht am allerwenigsten elektrisch sind, wählen kann. Der von mir beschriebene Apparat wird Sie ohne Zweifel in Erstaunen setzen. Er besteht lediglich aus einer Anzahl guter Leiter verschiedener Art, die in bestimmter Weise angeordnet sind . . ."

Abb. 24 ist der Voltaschen Abhandlung entnommen; sie zeigt verschiedene Ausführungen seiner elektrischen „Säule". Volta verwendete eine Anzahl runder Scheiben aus zwei verschiedenen Metallen, von denen Zink und Silber sich als besonders wirksam erwiesen. Eine Anzahl kleinerer Scheiben aus Papier, Leder oder Holz wurde mit Wasser oder einer wässerigen Salzlösung getränkt. Volta fand, daß verunreinigtes Wasser den Zweck besser erfüllte als reines, am besten aber eine Salzlösung. Er zeigte ferner, daß auch beim verunreinigten Wasser der Gehalt an gelösten Salzen die Ursache der größeren Wirksamkeit ist. Das Metall und die befeuchteten Scheiben werden in der aus der Abbildung ersichtlichen Reihenfolge übereinandergeschichtet. A bedeutet Silber (argentum), Z Zink; die getränkten Leder- oder Papierplatten sind schwarz eingezeichnet. Volta entdeckte, daß die beiden Enden seiner Säule sich wie die gegenüberliegenden Platten eines geladenen Kondensators verhielten. Er konnte sich einen Schlag holen, indem er in jeden der beiden mit den Enden der Säule verbundenen Becher eine Hand hielt. Er berichtet, daß die Entladungen schwach sind

[5] D. h. Nichtleiter, die durch Reiben elektrisch gemacht werden können. Die Leiter werden als „unelektrische Stoffe" bezeichnet, da man sie ohne besondere Maßnahmen durch Reiben nicht elektrisch machen kann. (Anmerkung des Herausgebers.)

im Vergleich zu denen eines Kondensators (Leydener Flasche), der von einer elektrostatischen Maschine gespeist wurde, und vergleicht sie mit den schwachen Schlägen des elektrischen Fisches in „stark erschöpftem Zustand". Seine Säule besitzt aber die bemerkenswerte Eigenschaft, sich

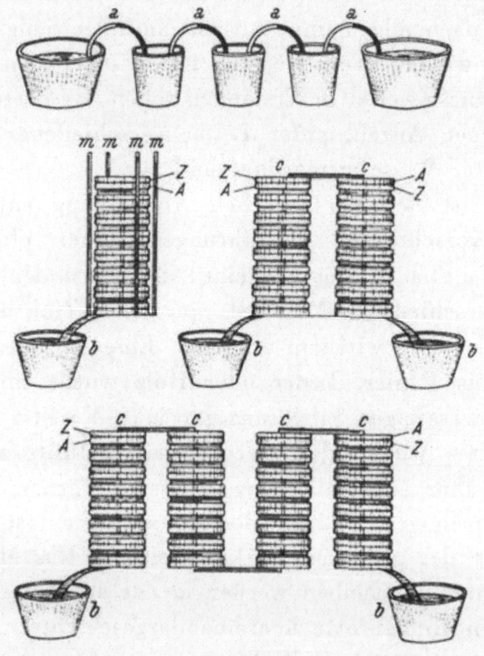

Abb. 24. Verschiedene Ausführungen der ursprünglichen Voltaschen Säule, des Vorläufers der elektrischen Batterie.

nach einer Entladung immer wieder aus sich selbst zu regenerieren.

Volta hatte zum ersten Male eine „Batterie" hergestellt. Jedes Paar Zink- und Silberplatten, mit der befeuchteten Scheibe in der Mitte, stellt eine Zelle der Batterie dar. Durch den Bau einer Säule mit nicht weniger als 60 Paaren ergab sich eine Spannung, die der einer Hochspannungsbatterie in einem Radioapparat gleichkommt, und Volta konnte sich selbst Schläge erteilen, „si cuisantes qu'elles deviendront insupportables", besonders wenn er eine Verletzung auf seinem Finger hatte. Natürlich gab es damals keine Voltmeter oder Galvanometer; Volta schätzte die Wirkung seiner Säule mittels einer steigenden Skala von Schlägen, denen er wachsende Stärke zuschrieb, je nachdem das prickelnde Gefühl im ersten Fingerglied auch das zweite Glied, das Handgelenk oder den Ellbogen erfaßte. Wenn er seine Hand in ein mit dem unteren Ende der Säule in Verbindung stehendes Gefäß hielt und mit dem befeuchteten Finger der anderen Hand die aufeinanderfolgenden Zellen berührte, konnte er bei der vierten oder fünften Zelle von unten einen Schlag verspüren, der an Heftigkeit zunahm, je weiter oben er die Säule berührte. Jede Zelle trägt zur Gesamtspannung bei. Er stellte zahlreiche Versuche über die Wirkung des Stromes auf den Geschmacks-, Gesichts- und Gehörsinn an. Immer wieder kommt er in seiner Abhandlung auf die Tatsache zurück, daß die Entladung der Säule ein endloser Vorgang zu sein scheint.

„Cette circulation sans fin du fluide électrique, (ce mouvement perpetuel), peut paroitre paradoxe, peut n'être pas explicable; mais elle n'en est pas moins vraie et réelle, et on la touche, pour ainsi dire, des mains[6]."

In Wirklichkeit ist die Stromlieferung einer Batterie nicht ewig, jede Batterie geht einmal zu Ende. Bei seinen Versuchen entnahm eben Volta den Zellen sehr schwache Ströme, so daß ihre Lebensdauer unbegrenzt schien, und wenn sie aufhörten zu arbeiten, so geschah dies offenbar deshalb, weil die befeuchteten Papier- oder Lederscheiben eingetrocknet waren. Im Clarendon-Laboratorium in Oxford befindet sich eine kleine Säule, deren Endplatten mit zwei

[6] „Diese endlose Zirkulation des elektrischen Fluidums (diese ewige Bewegung) mag paradox erscheinen, ist vielleicht unerklärbar; aber sie ist nicht weniger wahr und reell und man kann sie sozusagen mit den Händen greifen." (Anmerkung des Herausgebers.)

Glocken verbunden sind. Zwischen den Glocken ist ein Klöppel isoliert aufgehängt (Abb. 25, Tafel 5). Die Potentialdifferenz zwischen den Glocken reicht aus, um den Klöppel in Schwingungen zu versetzen (s. Abb. 9, I. Kapitel). Der Klöppel entlädt allmählich die Säule, aber die Glocke wurde im

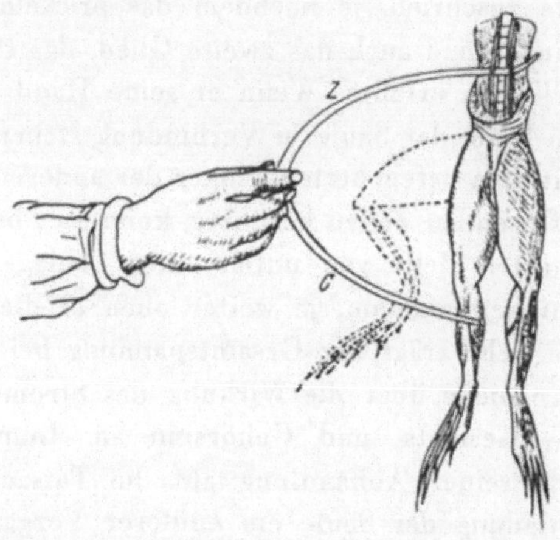

Abb. 26. Froschschenkelversuch von G a l v a n i. Die beiden Metallstücke Z (Zink), C (Kupfer) werden in der Hand in Berührung gehalten. Das eine berührt die Nerven, das andere ein Bein (G a n o t, Physik).

Jahre 1840 in Betrieb gesetzt und läutet noch immer! Kein Wunder, daß V o l t a meinte, eine ewig währende Stromquelle gefunden zu haben.

Wie war V o l t a auf die Idee der Säule verfallen? Sie erwuchs aus einem früheren Versuch G a l v a n i s, mit dem V o l t a damals in heftigem wissenschaftlichen Streit lag. Abb. 26 zeigt den Versuch von G a l v a n i. Die Schenkel eines frisch getöteten Frosches zucken, wenn man ihnen einen elektrischen Schlag erteilt. Durch Zufall fand G a l v a n i, daß bei der Berührung zweier verschiedener Metalle, bei der außerdem das eine Metall die Beinnerven, das andere die Beine selbst berührte, die Beine sich genau so bewegen, wie wenn man ihnen einen Schlag verabreicht hätte (s. Abb. 26). Nach der Meinung G a l v a n i s war dies der von ihm so

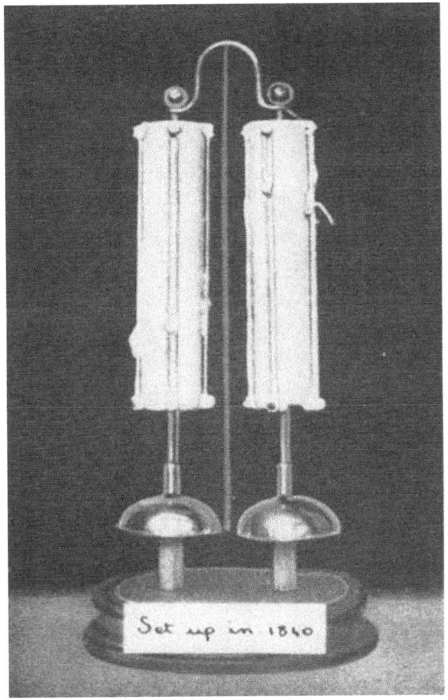

Tafel 5

Abb. 25 (links). V o l t a sche Säule des Clarendon-Laboratoriums (Oxford); sie betätigt eine Klingel seit 1840 ohne Unterbrechung.

Abb. 27 (oben). Aus Kupfer- und Silbermünzen bestehende V o l t a sche Säule.

Tafel 6

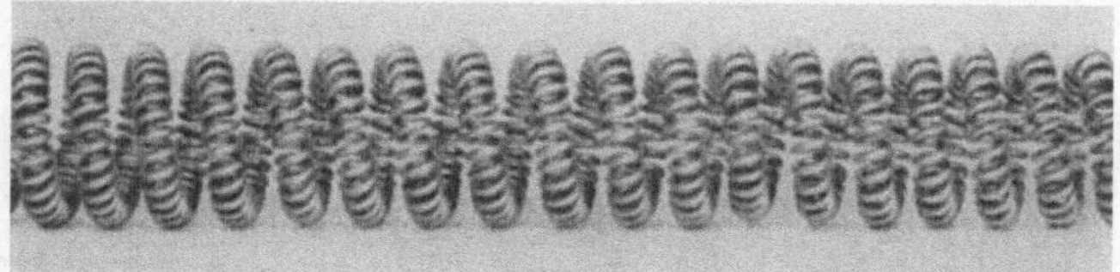

Abb. 29. Teil eines Doppelwendel-Fadens einer Glühlampe. Der gesamte Faden besitzt etwa 2500 kleine und 150 große Windungen. (General Electric Company.)

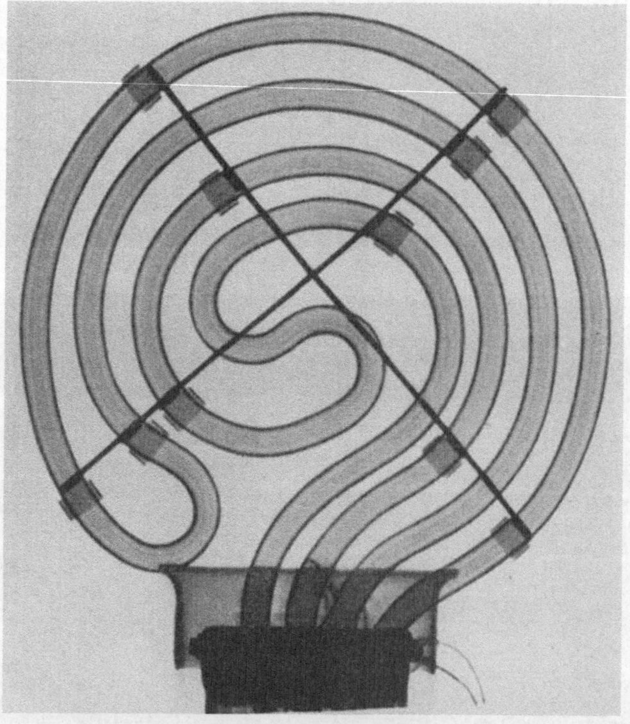

Abb. 30. Röntgenaufnahme des Heizkörpers eines elektrischen Herdes. Die feinen, in isolierendes Pulver eingebetteten Windungen des Heizdrahtes sind im Innern des Eisenrohres sichtbar. (Metropolitan-Vickers.)

genannten „tierischen Elektrizität" zuzuschreiben, für welche die Metalle einen Stromkreis bildeten, die aber an sich vom Frosch herrührte. Volta dagegen glaubte, die Elektrizität entstehe durch Berührung der beiden verschiedenen Metalle und wurde so dazu geführt, seine Säule zu bauen. Jeder der Gegner hatte teilweise recht. Die zwei Metalle bilden, wie wir heute sagen würden, mit den Säften des Froschkörpers ein Element; berühren sie einander, so wird ein Strom durch den Kreis getrieben. Der Strom ist schwach, doch stark genug, die Nerven zu reizen und eine Zusammenziehung der Muskeln zu bewirken. Die Kraft, die den Strom treibt, kommt von der geringfügigen chemischen Einwirkung zwischen den Metallen und den von ihnen berührten Muskeln oder Nerven. In der Voltaschen Säule rührt sie von der Einwirkung der Flüssigkeit auf die Metalle her. Volta freilich war überzeugt, daß sie von der Berührung der Metalle selbst ausgehe. In der Tat bemerken wir bei der Betrachtung der Bilder in Abb. 24 an einem Ende seiner Säule eine besondere Silberplatte, am anderen eine Zinkplatte, die beide in Wirklichkeit überflüssig sind und zur Verstärkung der Säule keinen Beitrag liefern.

Man kann aus einfachem Material leicht eine Säule bauen. Kupfer- und Silbermünzen, dazu noch einige Stückchen Löschpapier mit einer Lösung von gewöhnlichem Salz getränkt, genügen. Die Anordnung ist folgende: Kupfer — Löschblatt — Silber — Kupfer — Löschblatt — Silber usw. In meiner Vortragsreihe baute ich eine solche Säule (Abb. 27, Tafel 5) mit dem Kleingeld aus meiner Tasche (und einigen geliehenen Silbermünzen) und wir konnten den Unterschied der Potentiale der beiden Säulenenden mit einem Goldblattelektroskop nachweisen. Die Säule gewinnt an Wirksamkeit, wenn man die Silbermünzen durch Zinkstücke ersetzt, da Kupfer und Silber eine sehr geringe Potentialdifferenz ergeben. Man kann ein kleines Lämpchen kurze Zeit aufleuchten lassen, wenn man Kupfer- und Zinkstücke und mit verdünnter Schwefelsäure getränktes Löschpapier verwendet. Die Volt a sche Entdeckung erweckte ungeheures Interesse und führte bald zur Herstellung kräftiger Batterien. Das obere Bild in Abb. 24 zeigt einen Vorläufer der modernen Batterien, von V o l t a „Becherkranz" genannt, da die Gefäße häufig ringförmig angeordnet wurden. Bald begann man mit den anhaltenden starken Strömen, die diese Batterien lieferten, Versuche anzustellen und entdeckte die von uns in späteren Abschnitten beschriebenen Wirkungen. Hier begann in Wahrheit die Verwendung des elektrischen Stromes im Dienste der Menschheit. Das von der Natur so eifersüchtig gehütete Geheimnis war entdeckt worden; die Folgen waren unübersehbar. Und doch kann der Versuch, der das Geheimnis lüftete, mit einigen Münzen und etwas Salz von jedermann wiederholt werden!

2. Wärmewirkung des elektrischen Stromes.

Was geht in Wirklichkeit vor, wenn ein elektrischer Strom, wie wir sagen, durch einen Leiter, etwa einen Metalldraht, fließt? Der Draht ist durch und durch massiv und besitzt keinerlei Kanäle, durch die etwas fließen könnte. Dennoch fließt der Strom nur, solange er einen fortlaufenden metallischen Weg findet. Die Verwendung von Draht als Zuleitung des Stromes zu den Lampen, zum Telephon und zur Glocke in unserer Wohnung ist uns vertraut. Wird der metallische Weg unterbrochen, so kann der Strom nicht fließen. Wir versperren den Weg, wenn wir das Licht „ausschalten" und öffnen ihn, wenn wir den Knopf einer Glocke drücken. Dies legt die Vermutung nahe, daß tatsächlich etwas durch den Draht fließt, so wie Wasser durch ein Rohr. Anderseits ist nichts Bewegtes zu sehen und der Draht sieht nach dem Durchgang des Stromes genau so aus, wie vorher. Er ist weder schwerer noch leichter geworden und zeigt keinerlei Zeichen von Abnützung.

Und dennoch geschieht mit dem Draht wirklich etwas: er e r w ä r m t s i c h beim Hindurchgehen eines Stromes. Ist der Draht dick und der Strom schwach, so ist das durchaus nicht augenfällig. Schicken wir aber einen starken Strom durch einen dünnen Draht, so wird dieser sehr heiß.

Diese Erscheinung läßt sich gut zeigen, wenn man einen Draht zwischen zwei starren Stützen vom einen Ende eines langen Tisches zum anderen spannt. Der Draht soll straff sein, aber nicht unter Spannung. Ein Kärtchen wird an ihm befestigt, um seine Bewegung besser sichtbar zu machen. Schickt man einen Strom durch den Draht, so senkt es sich, wie Abb. 28 zeigt. Wird der Strom unterbrochen, so hebt

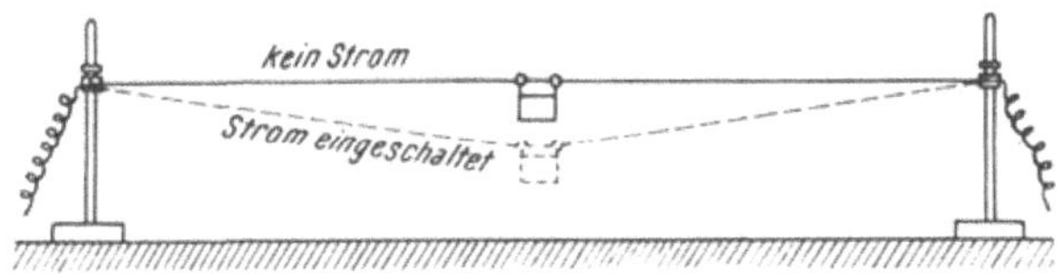

Abb. 28. Erwärmung eines Drahtes durch den Strom. Die Ausdehnung zeigt die Wärmewirkung.

sich das Kärtchen wieder. Der Draht wird durch den Strom erwärmt und verlängert sich in der Wärme, wodurch die Senkung verursacht wird.

Um diese Wirkung zu zeigen, brauchen wir keinen besonderen Versuch anzustellen, da wir einen solchen jedesmal beim Einschalten der elektrischen Beleuchtung ausführen. Eine Glühlampe enthält einen sehr feinen Draht (Faden), der durch den Strom bis zur Weißglut erhitzt wird und Licht aussendet. Die Kunst bei der Herstellung einer Glühlampe besteht nun darin, einen Faden zu erzeugen, der möglichst heiß wird. Nur ein geringer Bruchteil (ein bis zwei Prozent) der elektrischen Energie, die man in eine Lampe hineinsteckt, wird in Licht verwandelt, der größte Teil erscheint als Wärme, die in diesem Fall ohne Nutzen ist. Je höher wir den Draht erhitzen können, desto größer ist das Verhältnis von Licht und Wärme. Man verwendet Wolframdraht, da Wolfram einen sehr hohen Schmelzpunkt (3655° C) hat, so daß die Lampen bei etwa 2700° C brennen können. Der Faden darf nicht zu stark erhitzt werden, sonst wird er weich und bricht; die Lampe „brennt aus". Aus dem Glaskolben muß alle Luft entfernt werden, da sonst das Wolfram oxydiert. Früher pflegte man im Innern der Lampe ein möglichst hohes Vakuum zu erzeugen, um sicher zu sein, daß kein Sauerstoff vorhanden ist. Man fand aber, daß Wolfram in einem hohen Vakuum in der Hitze rasch verdampfte, so daß der Faden bald dünn wurde und ausbrannte. Diese Verdampfung wird durch Einfüllen eines Edelgases (Argon) in die Lampen verzögert und es gibt jetzt „gasgefüllte" Lampen, in denen, wenn sie brennen, der Gasdruck ungefähr ebenso groß ist wie der äußere Luftdruck. Wenn man den Draht, anstatt ihn gestreckt zu lassen, zu einer Spirale einrollt, halten die Windungen einander warm, wir erzielen dann eine höhere Temperatur bei geringerem Strom; man verwendet jetzt sogar „Doppelwendel-Lampen", bei denen der Faden zunächst aus feinen Windungen eine Spirale bildet, die dann neuerlich zu einer Spirale eingerollt wird. Abb. 29 (Tafel 6) zeigt eine stark vergrößerte Aufnahme von einem Stück eines solchen Fadens. Die allerersten Glühlampen hatten Kohlenfäden, die nur eine mäßige Temperatur vertrugen. Sie gaben ein angenehm gelbliches Licht, waren aber nicht sehr wirksam, verglichen mit den modernen Lampen, die wegen ihres überaus heißen Fadens ein bläulich-weißes Licht spenden und bei gleichem Energieverbrauch fünfmal so hell leuchten. Wenn wir eine Glühlampe betrachten, bemerken wir auf dem Glas ihre Kennzeichnung, z. B. etwa 220 Volt, 40 Watt. Die Anzahl der Watt erhält man, indem man die Spannung in „Volt" mit der Stärke des durch die Lampe fließenden Stromes, gemessen in „Ampere", multipliziert. Eine moderne Lampe liefert etwas mehr als eine Kerzenstärke je Watt. Könnten wir die gesamte von ihr verbrauchte elektrische Energie in sichtbares Licht verwandeln, so würden wir etwa fünfzig Kerzen pro Watt erhalten.

Auch in elektrischen Heizkörpern wird die Wärmewirkung

ausgenützt. Eine verbreitete Ausführung verwendet einen Draht, der auf einem Zylinder aus hitzefestem Material aufgewickelt ist; er erhitzt sich beim Einschalten des Stromes auf Rotglut. Eine solche „elektrische Heizsonne“ ist ein „Strahler“: sie sendet strahlende Wärme aus, die uns selbst und die Gegenstände im Zimmer erwärmt, ohne die Luft zu erwärmen, und wir haben dieselbe angenehme Empfindung wie bei warmem Sonnenschein an einem kühlen Tag. Die Warmwasser- oder Dampfheizung funktioniert gerade umgekehrt, indem sie in erster Linie die Zimmerluft erwärmt, die dann ihrerseits die Gegenstände im Zimmer warm macht. Da die strahlende Wärme bei der elektrischen Heizsonne eine so bedeutende Rolle spielt, stellt man hinter dem Heizkörper einen Reflektor auf, der die gesamte Strahlung nach vorne wirft. Die Wirksamkeit des Wärmestrahlers hängt zum großen Teil von der Form und Glätte der Reflektoroberfläche ab.

Heizplatten elektrischer Kochherde und elektrische Bügeleisen haben im Innern Drahtspulen, die durch den Strom geheizt werden. Das Bild in Abb. 30 (Tafel 6) zeigt eine Röntgenaufnahme einer Heizkörpertype für elektrische Herde. Der Leser kennt gewiß die Röntgenbilder, die die menschlichen Knochen zeigen. Die aus der Röntgenröhre kommenden Strahlen gehen durch unseren Körper hindurch und erzeugen ein Schattenbild der Knochen, die dichter sind als das Fleisch; der Schatten wird auf einer photographischen Platte festgehalten. Im vorliegenden Fall entspricht dem Patienten ein Heizkörper. Er besteht aus einem eisernen Rohr, in dessen Innerem sich eine feine Drahtspule befindet, wie man in der Aufnahme deutlich erkennen kann. Die Spule selbst ist in ein isolierendes Pulver eingebettet, das ihre Windungen vor der Berührung mit dem Eisenrohr und vor gegenseitiger Berührung schützt und so einen „Kurzschluß“ verhindert. Wenn der Strom die Drahtspule durchfließt, wird das Eisenrohr rotglühend und erwärmt das daraufgestellte Kochgeschirr.

Wenn ein Strom in einem Draht fließt, zeigen sich in der Umgebung magnetische Wirkungen. Von ihnen wird in späteren Kapiteln die Rede sein. Vorläufig möchte ich über die Vorgänge im Draht selbst sprechen; die Erwärmung des Drahtes ist ein wichtiger Beweis dafür, daß irgend etwas in seinem Innern vorgeht.

3. Was ist elektrischer Strom?

Was ist dieses geheimnisvolle Etwas, das den elektrischen Strom ausmacht, mit der Fähigkeit, einen Metalldraht entlangzulaufen, ohne ihn dauernd zu verändern? Um es beobachten zu können, müssen wir es irgendwie ans Licht bringen, denn im Inneren des Drahtes können wir es nicht untersuchen. Bei einem Ausflug auf das Land verrät uns manchmal ein Rascheln im Gras oder im Gestrüpp das Dahineilen eines kleinen Tieres, wir können aber erst wahrnehmen, was es ist, bis es genötigt wird, einen offenen Platz zu überqueren. Ebenso muß der Strom gezwungen werden, den Leiter zu verlassen, damit wir ihn uns gut betrachten können.

Es gibt verschiedene Möglichkeiten, einen Strom über einen offenen Spalt fließen zu lassen, z. B. in den Röhren eines Radioapparates. Die Batterie treibt einen Strom von der Anode zum Heizfaden durch einen möglichst hoch evakuierten Raum. Auch beim Überspringen eines Funkens bei einer elektrischen Entladung verläßt der Strom einen massiven Leiter und nimmt seinen Weg durch die Luft. Indem man den Übertritt des Stromes unter solchen Bedingungen untersuchte, konnte man seine Natur feststellen.

Man fand, daß der elektrische Strom von einer Anzahl negativ geladener Teilchen, „Elektronen" genannt, fortgeleitet wird. Die im Draht dahineilenden Elektronen stoßen bei ihrer Bewegung mit den Atomen zusammen und vergrößern deren Bewegungsenergie, wodurch der Draht sich erwärmt. Die Entdeckung des Elektrons durch J. J. Thomson und die Bestimmung seiner Ladung und Masse bedeutet eine große Wende und bereitete den Weg für die rasche Entwicklung der Atomphysik in diesem Jahrhundert. Bis dahin hatte man das Atom für die kleinste Einheit der Materie gehalten und die Chemiker hatten ihre Bemühungen auf die Feststellung der verschiedenen Arten von Atomen und auf das Studium ihrer Verbindungen gerichtet. Die Versuche von Thomson zeigten, daß Elektronen viel kleiner als Atome sind und in der Tat eine Art von Einheiten darstellen, aus denen alle Atome aufgebaut sind. In diesem und den folgenden Kapiteln werden wir auf einige wesentliche Merkmale des Atombaues zu verweisen haben, ich gebe daher hier eine kurze Beschreibung. Im Mittelpunkt eines jeden Atoms befindet sich ein positiv geladener Kern, der nahezu die gesamte Masse des Atoms enthält. Dieser positive Kern ist von einer Gruppe negativer Elektronen umgeben. Die Natur des Atoms, d. h. ob es sich um Kohlenstoff, Kupfer oder Gold handelt, wird durch den Kern bestimmt, durch die Größe seiner positiven Ladung, die unverändert bleibt, welche Abenteuer auch immer dem Atom im Laufe seines chemischen Wandels zustoßen mögen. Anderseits ist die Zahl der den Kern umgebenden Elektronen nicht konstant. Ein Atom kann ein oder mehrere Elektronen verlieren oder aufnehmen oder mit einem anderen Atom Elektronen austauschen, genau so, wie eine Person zusätzlich Kleidungsstücke an- oder ausziehen kann, ohne ihre Individualität zu verlieren. Im normalen oder völlig bekleideten Zustand hat das Atom gerade soviel negativ geladene Elektronen, daß sie die positive Ladung des Kernes ausgleichen und das Atom im ganzen elektrisch neutral ist. Verliert es Elektronen, so wird es positiv geladen, gewinnt es Elektronen, so erhält es eine negative Ladung.

Zusammenfassend stellen wir fest: Man muß zwei Merkmale des Atomaufbaues im Gedächtnis behalten: Erstens sind die Einheiten, aus denen das Atom aufgebaut ist, alle geladen. Wir können weder das Elektron von seiner negativen noch den Kern von seiner positiven Ladung trennen. Der Leser sieht nun ein, warum wir nicht sagen dürfen, daß wir „Elektrizität erzeugen“, wenn wir elektrische Ladungen oder elektrische Ströme hervorrufen. Wir erzeugen ja nicht die Ladungen, wir bewegen sie bloß von einem Ort zum anderen. Weiter verstehen wir jetzt, warum ein Draht nach dem Durchgang des Stromes keine Veränderung zeigt. Beim Fließen des Stromes treiben die Elektronen dahin, von einem Atom zum anderen. Einige verlassen den Draht an einem Ende, aber eine gleiche Anzahl tritt am anderen Ende wieder ein. Die Atome haben eine Garnitur Elektronen gegen eine zweite ausgetauscht, weil aber alle Elektronen gleich sind, sind auch Anfangs- und Endzustand gleich. Sowohl Leiter als Isolatoren bestehen aus Elektronen, aber während in einem Leiter die Elektronen sich frei bewegen können, ist dieser Vorgang in einem Isolator auf das äußerste verlangsamt.

Ein Punkt ist noch unklar: Wir sind übereingekommen, zu sagen, daß der Strom in der Richtung „vom Positiven zum Negativen“ fließt. Dieser Brauch hat sich eingebürgert, bevor man noch etwas von den Elektronen wußte. Nun sind die Elektronen, die Träger des Stromes, *negativ* geladen und bewegen sich natürlich vom Negativen zum Positiven. Wenn man sagt, ein Strom fließe vom positiven zum negativen Pol einer Batterie, so eilen in Wirklichkeit Elektronen in der entgegengesetzten Richtung.

Es ist ein unglücklicher Zufall, daß die ursprüngliche Wahl der Worte „positiv“ und „negativ“ und damit unsere Beschreibung des Fließens eines Stromes der wirklichen Bewegung der Elektronen gerade zuwiderläuft. Vielleicht wird die folgende Analogie die Verwirrung klären. Ein „positiv geladener“ Körper ist ein Körper, dem Elektronen entzogen wurden, er ist „arm“ an Elektronen. Ein „negativ geladener“ Körper hat mehr als den ihm zukommenden Anteil an Elektronen, er ist „reich“ an Elektronen. Nehmen wir nun an, daß ich das Bargeld aus meiner Börse dem Leser einhändige. Soll ich dann sagen, daß ein Strom von Reichtum von mir zu ihm gegangen ist, oder ein Strom von Armut von ihm zu mir? Im Fall des elektrischen Stromes hatte man unglücklicherweise vereinbart, zu sagen, daß ein Strom von Armut von ihm zu mir fließt, und bemerkte erst später, daß das wirkliche Geld, die Elektronen, in der entgegengesetzten Richtung von einer Tasche zur anderen wanderte. Hoffentlich sieht der Leser gleichwohl, daß es nichts ausmacht, für welche Sprechweise wir uns entscheiden, solange wir uns nur darüber klar sind, was in Wirklichkeit vorgeht. In Zukunft werden wir stets sagen, daß der Strom vom Positiven zum Negativen fließt, uns aber zugleich erinnern, daß die Elektronen in der entgegengesetzten Richtung wandern.

Es fehlt hier der Raum zur Schilderung der Versuche, die die Bestimmung der Eigenschaften des Elektrons ermöglichten, ich darf aber vielleicht einen Effekt erwähnen, der ihr Wesen beleuchtet. Man kann ihn vor der Zuhörerschaft leicht zeigen, indem man einen elektrischen Lichtbogen auf die Leinwand projiziert. Den meisten Projektionsapparaten dient eine Bogenlampe als Lichtquelle. Zwei Kohlestäbe werden an die elektrische Leitung angeschlossen. Man nähert sie einander bis zur Berührung ihrer Spitzen und trennt sie dann bis auf etwa einen Zentimeter Entfernung. Der Strom fließt auch nach der Trennung der Stäbe weiter und die Spitzen werden weißglühend. Wenn man die Lage des Lichtbogens entsprechend einstellt, erscheint sein Bild auf dem Schirm und wir können die leuchtenden Enden der Kohlen und eine Flamme zwischen ihnen erkennen. Der positive Stab erhitzt sich stärker, sein Ende wird allmählich ausgehöhlt und sieht dann aus wie ein Krater; der negative Stab bekommt eine Spitze (s. Abb. 31 a, Tafel 7). Der Strom wird durch einen Strahl von Elektronen getragen, die den negativen Stab verlassen, über den Spalt zum positiven Stab hinüberfliegen und durch ihren Aufprall sein Ende kraterförmig aushöhlen. Wird nun ein Magnet an den Lichtbogen herangebracht, so sieht man, wie der weißglühende Teil des Bogens nach der einen Seite abgelenkt wird (Abb. 31 b, Tafel 7); bei einem genügend starken Magneten wird der Bogen sogar

„ausgeblasen"; der Elektronenstrahl wird eben durch das magnetische Feld völlig aus der Bahn geworfen.

Ich möchte auch noch die geniale Bestimmung der Elektronenladung erwähnen (Versuch von Millikan). Wir haben gesehen, wie man eine elektrisch geladene Seifenblase oder einen anderen leichten Körper entgegen der Schwerkraft schwebend erhalten oder sogar aufwärts bewegen kann, indem man einen geladenen Körper in seine Nähe bringt und ihn so einem elektrischen Feld aussetzt. Wäre beispielsweise das Gewicht der Seifenblase bekannt, so könnten wir in der Tat ihre Ladung bestimmen, indem wir feststellen, wie stark das elektrische Feld sein muß, um sie schwebend zu erhalten. Nun ist die Ladung eines einzelnen Elektrons genügend groß, um einen winzigen Wasser- oder Öltropfen in einem elektrischen Feld schwebend zu erhalten. Ein Nebel von Öltröpfchen wird auf ähnliche Weise wie bei der Zerstäubung von Parfum erzeugt und dann durch ein Mikroskop beobachtet. Durch die Luft, in der die Tröpfchen schweben, werden Röntgenstrahlen hindurchgeschickt; sie bewirken bei einigen Luftatomen ein Ablösen von Elektronen, und von Zeit zu Zeit heftet sich ein solches Elektron an ein Tröpfchen an. Die Tröpfchen befinden sich zwischen zwei Platten, die geladen werden können. Das elektrische Feld, das erforderlich ist, um den geladenen Tropfen schwebend zu erhalten, wird gemessen. Sodann wird das Feld abgeschaltet und die Masse des Tropfens aus seiner Fallgeschwindigkeit geschätzt, da der Zusammenhang zwischen dieser und der Größe des Tropfens bekannt ist. Daraus ergibt sich sofort die Ladung des Elektrons.

Wir haben das Elektron ein negativ geladenes Teilchen genannt, aber wir dürfen es uns nicht als kleine runde Kugel vorstellen, mit einer Ladung, wie sie eine Elektrisiermaschine erteilt. Was wir über das Elektron wissen, ist, daß es ein bestimmtes Verhalten zeigt, das wir am besten charakterisieren, wenn wir sagen: Das Elektron verhält sich so, als ob es eine bestimmte Masse und negative Ladung hätte. Masse und Ladung gehören immer zusammen, sie sind Teile ein und desselben Ganzen. Wir können das Elektron nicht mit Ausdrücken beschreiben, die Greifbares oder Sichtbares bezeichnen. Denken wir uns, daß wir versuchten, jemandem ein Haus zu beschreiben, der Ortschaften nur aus der Höhe eines Flugzeuges kennen würde, aus der die Häuser wie kleine Punkte aussehen. Wir könnten ihm sagen, daß Häuser aus Ziegeln gebaut sind, aber auf seine Frage, was denn Ziegel seien, würde unsere Antwort, ein Ziegel sei ein kleiner Stein, ihm wenig nützen. Ebensowenig können wir ein Bild zeichnen, das den Aufbau eines Atoms wiedergibt. Ein Bild erweckt immer die Vorstellung, daß die einzelnen dargestellten Teile in derselben Weise aufeinander einwirken wie die Teile einer Maschine, die wir sehen oder anfassen können, aber gerade das tun sie nicht. Mechanische Teile bestehen aus Atomen, aber Atome bestehen nicht aus mechanischen Teilen. Da ein Gedankenbild immer eine Hilfe bedeutet, kann man sich den schweren Kern und den durch seine Anziehung festgehaltenen Elektronenschwarm als eine Sonne mit ihren Planeten vorstellen, oder als Kopf, den eine Wolke von Mükken umschwärmt. Die Bilder sind gleich gut und gleich schlecht; sie sind so lange zulässig, als wir sie nicht wörtlich zu deuten versuchen.

4. Stromlieferung durch Batterien.

Nachdem wir nunmehr festgestellt haben, daß der elektrische Strom in einem Draht nichts anderes ist als ein Strom negativ geladener Teilchen, der Elektronen, die im Metall frei beweglich sind, können wir zur Betrachtung der Wirkungsweise der Voltaschen Zelle oder Batterie zurückkehren. Wie schon erwähnt, glaubte Volta, daß seine Säule imstande wäre, ihre Ladung beliebig oft nach einer Entladung zu erneuern. Wenn wir mit ihrer Hilfe elektrostatische Versuche anstellen und ihr bei jedem Versuch eine kleine Ladung entnehmen, scheint das in der Tat der Fall zu sein. Wenn der Batterie aber ein anhaltender Strom entnommen wird, geht sie schließlich zu Ende, sie ist verbraucht wie die Hochspannungsbatterie in einem Radioapparat. Eine Batterie kann insgesamt eine Elektrizitätsmenge liefern, die, mit den durch Reibung erzeugten Ladungen verglichen, einer ungeheuren Ladung gleichkommt, aber doch nicht unbegrenzt ist. Das muß ja so sein, denn wir können von der Batterie keine unerschöpfliche Energielieferung erwarten. das Prinzip von der „Erhaltung der Energie" fand aber zu Voltas Zeit noch keine Beachtung.

Ein Metall gleicht einem Behälter für Elektronen. Sie können in ihm von einer Stelle zur andern fließen und ihre Anzahl kann durch Erteilen einer negativen Ladung vermehrt, durch Erteilen einer positiven Ladung vermindert werden. Angenommen, wir hätten eine isolierte Kugel aus Metall, etwa aus Zink, mit einem Radius von etwa einem Zentimeter. Diese Kugel denken wir uns mit einer Elektrisiermaschine, z. B. einer kleinen Wimshurst-Maschine, verbunden, die sie auf 30 000 Volt auflädt. Die gesamte elektrische Ladung auf der Kugel beträgt dann 100 elektrostatische Einheiten, und diese Ladung fließt zur Erde, wenn die Kugel durch einen Leiter oder durch die Entstehung eines Funkens entladen wird.

Nehmen wir anderseits an, daß wir imstande wären, sämtliche freien Elektronen aus der Metallkugel abzuziehen, wobei wir je Atom zwei solcher Elektronen annehmen. Man berechnet leicht, daß ungefähr 260,000,000,000.000 Ladungseinheiten zustande kämen, im Gegensatz zu den 100 Einheiten bei der Aufladung durch die Elektrisiermaschine. Genau dasselbe geschieht aber, wie wir sehen werden, bei der Entladung einer Zelle. Der einen Metallplatte der Zelle werden alle freien Elektronen entzogen und sie löst sich bei diesem Vorgang auf; die dabei entstehende ungeheure Ladung hält bei ihrem Übergang von einer Platte der Zelle zur anderen stundenlang einen Strom aufrecht.

Das Modell in Abb. 32 stellt eine Zinkplatte und eine Kupferplatte in einer Lösung von Zink- und Kupfersalzen dar. Jede der beiden Platten wird durch Reihen nebeneinan-

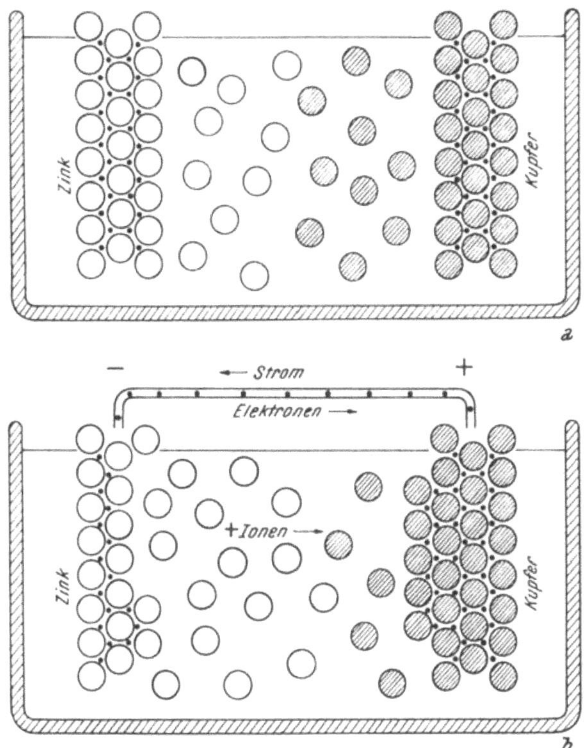

Abb. 32. Wirkungsweise einer elektrischen Zelle (schematisch). Die Kreise stellen positiv geladene Metallatome (Ionen) dar, die Punkte Elektronen. Im unteren Bild können Elektronen vom Zink zum Kupfer fließen.

dergeschichteter Scheiben dargestellt, mit schwarzen Punkten in den Zwischenräumen. Die Scheiben stellen positiv geladene Atome der beiden Metalle dar, die Punkte bedeuten die freien, beweglichen Elektronen. In Wirklichkeit besteht jedes Metallatom aus einem positiv geladenen Kern und einer großen Anzahl von Elektronen, von denen ein neutrales Kupferatom 29, ein Zinkatom 30 hat. Bei jedem der beiden sind aber zwei von diesen Elektronen viel weniger fest gebunden als die übrigen. Diese locker gebundenen Elektronen werden leitende Elektronen, sobald die Atome ein massives Stück Metall bilden, daher haben wir sie eigens als schwarze Punkte angedeutet, während die restlichen, fest gebundenen Elektronen zusammen mit dem Kern durch eine Kreisscheibe dargestellt sind. Diese hat also, als Metallatom, dem zwei Elektronen fehlen, eine doppelt so große positive Ladung, als die negative Ladung eines Elektrons beträgt.

Das Wasser, in dem sich die Metalle befinden, enthält gelöste Zink- und Kupfersalze, z. B. Zinksulfat in der Nähe der Zinkplatte, Kupfersulfat in der Nähe der Kupferplatte. In einer Zinksulfatlösung befindet sich das Zink in der Form positiv geladener Zinkatome, wie wir sie vorhin (im Metall) durch Scheiben dargestellt haben. Diese geladenen Atome oder — in wissenschaftlicher Ausdrucksweise „Ionen“ — treiben im Wasser dahin; ihnen entspricht eine gleiche Anzahl negativ geladener „Sulfat“-Ionen, die sich ebenfalls frei herumbewegen. Die negativen Sulfationen spielen bei den von uns betrachteten Vorgängen lediglich die Rolle eines Partners der positiven Metallionen, daher haben wir sie in die bildliche Darstellung nicht aufgenommen.

Nun werden aber die Elektronen viel stärker vom Kupfer festgehalten als vom Zink. Anschaulich ausgedrückt: die Elektronen sind im Gefüge des Kupfers verhältnismäßig fest eingelagert, beim Zink dagegen nur locker gebunden. Wenn daher die Elektronen im Zink eine Gelegenheit finden, zum Kupfer überzugehen, ergreifen sie diese. Durch die Lösung können sie ihren Weg nicht nehmen, da diese, ungleich einem Metall, ihren freien Durchgang nicht zuläßt. Wenn wir aber das Zink mit dem Kupfer durch einen Draht verbinden, ist für die Elektronen ein freier Weg geschaffen; sie fließen vom Zink zum Kupfer. Beim Abfließen der Elektronen vom Zink zerfällt dieses und hört auf, metallisches Zink zu sein. Seine positiven Ionen (die Scheiben) gehen in die Lösung über, da sie keine Elektronen mehr haben, die sie aneinander binden könnten. Anderseits ziehen die zusätzlichen Elektronen im Kupfer Kupferionen aus der Lösung an und bauen weiteres metallisches Kupfer auf, wie das Bild zeigt. Der Vorgang dauert an, bis alles Zink aufgezehrt und in Lösung gegangen ist.

Das ist der Vorgang, der sich in einem Element abspielt. Wenn wir die Elemente betrachten, die eine Hausklingel betreiben, so bemerken wir, daß durch die Stromentnahme der Zinkstab allmählich aufgezehrt wird. Ist alles Zink verbraucht, dann ist die Batterie erschöpft und wir müssen ihre Elemente erneuern. Im Leclanché-Element, das für Hausklingeln verwendet wird, befindet sich an Stelle der Kupferplatte eine Mischung von Kohle mit anderen Chemikalien. Auf die chemischen Prozesse, die sich darin abspielen, können wir hier nicht eingehen, aber das Prinzip ist dasselbe.

Wie gesagt, bezeichnen wir üblicherweise als Richtung eines Stromes diejenige, in der positive Ladung fließt, die also der Bewegungsrichtung der negativen Elektronen entgegengesetzt ist. Da die Elektronen vom Zink zum Kupfer wandern, fließt der Strom vom Kupfer zum Zink; wir bezeichnen daher das Kupfer als den +-Pol, das Zink als den —-Pol einer Batterie.

Setzen wir nun voraus, daß eine Dynamomaschine oder eine stärkere Batterie außerhalb der von uns betrachteten Zelle die Elektronen vom Kupfer zum Zink treibt, also entgegen der Richtung, in der sie, sich selbst überlassen, fließen würden. Dann löst sich dieses in dem Maße, als Elektronen aus dem Kupfer abfließen, auf, während das Zink entsprechend zunimmt, so daß wir schließlich dort aufhören könnten, wo wir begonnen haben. Die Batterie ist dann „aufgeladen“ und wieder betriebsbereit. Auf diesem Prinzip beruhen die Akkumulatorenbatterien, die nach ihrer Entladung wieder aufgeladen werden können, obwohl die in der Praxis verwendeten Akkumulatoren Bleiplatten haben und wir später noch ein paar Worte über die in ihnen vorgehenden Veränderungen zu sagen haben werden.

Der Begriff des Elementes ist so wichtig, daß ich mir erlauben möchte, einen Vergleich zu wiederholen, den ich in meiner Vortragsreihe heranzog. Ich verglich damals die Zink- und Kupferplatte des Elementes mit zwei Bällen, die in benachbarten Häusern stattfinden. Die Scheiben stellen die jungen Damen dar, die schwarzen Punkte die jungen Herren. Jedes der beiden Metalle stellt einen Saal mit Tänzern dar (die Tatsache, daß bei unserem Modell jedes Mädchen mit zwei Partnern gesegnet ist, wollen wir außer acht lassen). Die in der Lösung umherwandernden Metallionen sind Mädchen ohne Partner, Mauerblümchen also, die sitzengeblieben sind. Die Sulfationen stellen lediglich Stühle dar, auf denen jene entlang der Mauer sitzen, und nehmen nicht aktiv an den Vorgängen teil. Aus irgend einem Grund ist der Besuch des Kupferballes viel erstrebenswerter als der des Zinkballes. Wir können uns nach Belieben denken, daß etwa die Partner angenehmer sind oder das Büfett reichhaltiger. Solange keine Verbindung zwischen den Bällen besteht, bleibt alles, wie es ist. Ab und zu können einige der in Lösung befindlichen Ionen sich an eine Metallplatte anschließen, aber zugleich muß eine entsprechende Anzahl das Metall verlassen und in Lösung gehen, da die Zahl der Elektronen-Partner begrenzt ist. Sowie aber eine Verbindung hergestellt wird, durch welche die Elektronen von einem Ball zum andern gelangen können, entschlüpfen die unverschämten Schlingel durch diese Hintertüre zu dem unterhaltenderen Ball. Die Kupfer-Mauerblümchen freuen sich über den neuen Zustrom von Partnern, gesellen sich zum Tanz und vermehren so die vorhandene Kupfermenge, während untröstliche Zink-Mädchen die Reihen der Mauerblümchen vermehren müssen. Wir können den Vergleich auf das Aufladen einer Batterie ausdehnen, indem wir die äußere Einwirkung, welche die Elektronen zurücktreibt, mit einer energischen Wirtin vergleichen, die die Eindringlinge zwingt, zu ihrem eigenen Ball zurückzukehren.

Der Leser könnte sagen: Wenn das alles so einfach ist, warum dann nicht einfach ein Stück Zink mit einem Stück Kupfer durch einen Draht verbinden und die Lösung in der Zelle weglassen? Dann müßte man doch einen Strom bekommen, da die Elektronen das Zink verlassen und zum Kupfer übergehen. Dies geschieht auch in der Tat für einen kurzen Augenblick, wenn wir mit zwei ungeladenen Metallstücken beginnen, hört aber fast augenblicklich auf. Die übergehenden Elektronen lassen das Zink mit einer positiven Ladung zurück und erteilen dem Kupfer eine negative Ladung; beide Ladungen wachsen an und verhindern schließlich jegliche weitere Zuwanderung von Elektronen in das Kupfer. Befinden sich anderseits die Metalle in einer Lösung, die negative Ionen, wie etwa in unserem Beispiel die Sulfationen, enthält, so kann der Austausch von Elektronen weitergehen, bis alles Zink aufgezehrt ist. Jedes Sulfation kann sich entweder mit einem Zinkatom oder mit einem Kupferatom zusammentun. Um auf unseren Vergleich mit dem Ball zurückzukommen: Wenn Mauerblümchen-Kupferatome sich am Tanz beteiligen, weil mehr Elektronen-Partner verfügbar sind, so können die leeren Stühle, die sie freigeben, von den Zinkatomen besetzt werden, die ihre Partner verloren haben. Es sammeln sich daher keine Ladungen auf den Metallplatten an, und die Elektronen fahren fort, von einem Metall zum anderen zu fließen.

Wenn die Platten eines Elementes durch einen Draht verbunden werden, entstehen zwei Arten von Strömen: Elektronen wandern außen durch den Draht vom Zink zum Kupfer und bewirken einen Strom vom Kupfer zum Zink. Gleichzeitig findet im Inneren des Elementes eine Bewegung positiver Ionen vom Zink zum Kupfer statt, so daß durch die Flüssigkeit in der Zelle ein Strom vom Zink zum Kupfer fließt. Mit anderen Worten: es geht ein Strom gleichmäßig durch den ganzen Kreis.

Was ist nun mit unserer Definition des Potentials? Wir sagten, ein Leiter sei auf höherem Potential als ein anderer, wenn bei der Herstellung einer leitenden Verbindung zwischen ihnen ein Strom vom ersten zum zweiten fließt. Im vorliegenden Fall fließt außen ein Strom vom Kupfer zum Zink und im Inneren der Zelle ein Strom vom Zink zum Kupfer. Ist nun das Zink oder das Kupfer auf höherem Potential?

Es lohnt sich, auf dieses Paradoxon, das auch schon viele Studierende verblüfft hat, kurz einzugehen. Zahlreiche Lehrbücher gehen über diese Schwierigkeit hinweg, indem sie von „Kontaktpotentialen" zwischen der Plattenoberfläche und der Lösung sprechen und von ihrer „Erhaltung durch chemische Vorgänge". Ich glaube, daß eine andere Art, dieses Problem zu betrachten, vielen Leuten verständlicher ist und ihnen die Lösung dieses scheinbaren Widerspruches näherbringt[7]. Die Sache ist ein wenig verzwickt, und ich kann es dem Leser nicht verübeln, wenn er die nächsten paar Abschnitte überspringt, ich hoffe aber, er wird wieder auf sie zurückkommen. Wir definierten Potentialunterschiede durch den Betrag der Arbeit, die geleistet werden muß, um eine positive Einheitsladung vom Körper mit geringerem Potential zu dem mit höherem Potential zu bringen, genau so, wie man Höhen durch die Arbeit messen könnte, die erforderlich ist, um Wasser bergauf zu pumpen. Der Widerspruch entsteht durch die Definition, die in einer Studierstube geboren wurde, nicht in einem Laboratorium. In welcher Form soll die Ladung transportiert werden? Tatsächlich muß es sich entweder um eine negative Ladung auf Elektronen oder eine positive Ionenladung handeln, denn Ladung an sich gibt es nicht. Die Schwierigkeit, in die wir im Hinblick auf unser Element geraten sind, rührt einfach daher, daß wir nicht be-

[7] Für die Diskussionen mit Herrn G u r n e y, der diese Formulierung des Problems vorschlug, möchte ich an dieser Stelle meinen Dank aussprechen.

merkt haben, daß wir *verschiedene Antworten erhalten*, je nachdem, ob wir das Potential durch Bewegen einer mit Elektronen oder einer mit Ionen verknüpften Ladung messen.

Diese Schwierigkeit entfällt bei der Messung des Potentialunterschiedes zweier Körper von gleicher Beschaffenheit, etwa zweier Kupferstücke. Wenn sich zwischen ihnen keine Kraftlinien erstrecken, haben sie nach jeder Meßmethode dasselbe Potential. Der Leser möge beispielsweise an die Übertragung der Ladung durch Elektronen denken. Ein bestimmter Arbeitsaufwand muß geleistet werden, um einem der Kupferstücke ein einzelnes Elektron zu entziehen, aber man gewinnt diese Arbeit zurück, wenn man das Elektron dem anderen Stück zuführt; und da im Zwischenraum kein elektrisches Feld besteht, so ist die insgesamt geleistete Arbeit Null[8].

Stellen wir uns nun ein Stück Kupfer und ein Stück Zink vor, zwischen denen keine Kraftlinien verlaufen. Da kein elektrisches Feld besteht, könnte man versucht sein, zu sagen, sie seien auf „demselben Potential", aber die Elektronen belehren uns eines Besseren. Wenn wir ein Elektron vom Kupfer zum Zink befördern, haben wir weit mehr Arbeit zu leisten, um es aus dem Kupfer zu lösen, als wir bei seiner Aufnahme in das Zink zurückgewinnen, da Kupfer seine Elektronen fester hält als Zink. Es ist also Arbeit erforderlich, um eine *negative* Ladung in Form von Elektronen vom Kupfer zum Zink zu bringen, und auf Grund einer Potentialmessung durch Übertragung von Elektronen müßten wir sagen, daß das Kupfer ein höheres Potential besitzt als das Zink. Lassen wir nun das Kupfer und das Zink einander berühren: Sofort werden Elektronen das Zink verlassen und

---

[8] Genau genommen, erzeugt der Übergang des Elektrons ein elektrisches Feld, aber die auf diese Weise geleistete Arbeit ist verschwindend klein.

den angenehmeren Verhältnissen im Kupfer zustreben, und zwar so lange, bis das Kupfer eine negative Ladung erhalten hat, die gerade ausreicht, weitere Zuwanderer abzuhalten. Mit anderen Worten: wenn ein Stück Kupfer ein Stück Zink an einer Stelle berührt, verlaufen auch von allen anderen Stellen des Zinkstückes Kraftlinien zum Kupfer und stellen so in der Tat eine Potentialdifferenz von der Größenordnung eines Volts dar. Man nennt dies eine „Kontakt-Potentialdifferenz".

Anderseits können im Inneren der Batterie Ladungen nur durch die Ionenbewegung in der Lösung von einer Metallplatte zur anderen gelangen. Um positive Ladung vom Zink zum Kupfer zu befördern, muß ein Zinkion vom Metall losgelöst werden und in die Lösung übergehen und ein Kupferion aus der Lösung austreten und sich an die Kupferplatte anheften. Die zum Austausch eines Metallions zwischen Metall und Lösung erforderliche Arbeit ist natürlich von der zum Abtrennen eines Elektrons erforderlichen verschieden. Man sagt, eine Batterie arbeite im Leerlauf, wenn ihre Pole nicht verbunden sind und kein Strom fließt. Unter diesen Umständen stellt sich das Potential der Platten von selbst so ein, daß beim Übergang einer kleinen positiven Ladung auf Ionen keine Arbeit geleistet würde. Mit anderen Worten: die Ionen können darauf bestehen, daß ihre Potentialdefinition die richtige ist. Demgemäß befinden sich die Platten einer im Leerlauf arbeitenden Batterie auf d e m s e l b e n Potential.

Vielleicht kann der Leser nun die Folgen dieser heftigen Meinungsverschiedenheit zwischen Elektronen und Ionen erkennen, der Meinungsverschiedenheit darüber, was „auf demselben Potential befindlich" bedeutet. Beide können nicht recht haben. Wenn wir den Elektronen ebenfalls Gelegenheit geben, ihren Standpunkt zu vertreten, indem wir das Zink mit dem Kupfer verbinden und so einen Austausch von Elektronen zwischen den Platten ermöglichen, beginnt ein Kampf. Elektronen eilen aus dem Zink in das Kupfer;

dieser Vorgang stört das Gleichgewicht im Inneren des Elementes, denn weil das Kupfer stärker negativ wird, verlassen positive Ionen das Zink und eine entsprechende Anzahl schließt sich dem Kupfer an. Der Kampf geht weiter, bis die Kämpfer erschöpft sind oder, wie man zu sagen pflegt, die Batterie „verbraucht" oder „entladen" ist.

Wir haben gesehen, daß die Elektronen bestrebt sind, das relative Potential der Platten auf einen bestimmten Wert einzustellen, die in der Lösung befindlichen Ionen aber einen anderen Wert vorziehen. Der Unterschied zwischen ihren Ansichten darüber, was „auf demselben Potential befindlich" heißt, ist die Spannung oder elektromotorische Kraft des Elementes. Sie ist der Druck, der den Strom durch den Stromkreis treibt, wenn die beiden Pole der Batterie verbunden werden. Wir erinnern uns daran, wie erstaunt V o l t a war, daß eine Säule aus L e i t e r n eine Potentialdifferenz zwischen ihren beiden Enden aufweisen konnte, und es ist auf den ersten Blick wirklich sehr erstaunlich, da doch ein Leiter die Eigenschaft hat, das Potential auf seiner ganzen Oberfläche auszugleichen. Das Geheimnis liegt in der Verwendung zweier Arten von Leitern, 1. von Metallen, in welchen nur Elektronen, 2. von Lösungen, in welchen nur Jonen wandern können.

Bei der Messung kleiner elektromotorischer Kräfte und Ströme mit empfindlichen Instrumenten haben die Studierenden oft Schwierigkeiten mit „schlechten Kontakten". Wenn etwas nicht stimmt, so kommt das im allgemeinen daher, daß sie eine Klemme nicht ganz festgeschraubt oder eine schlechte, verschmutzte Lötverbindung hergestellt haben. Nun haben wir gesehen, daß gemäß der einen Art, Potentialunterschiede zu definieren, bei der Berührung zweier verschiedener Metalle große „Kontaktpotentiale" von der Größenordnung von einem Volt entstehen. Wie ist es überhaupt möglich, empfindliche elektrische Messungen auszuführen, wenn diese Potentialsprünge an so vielen Stellen auftreten? Die Antwort ist die: Solange die Metalle an allen Stellen gute

Berührung miteinander haben und ein freier Austausch der Elektronen stattfinden kann, heben die Kontaktpotentiale einander gerade auf. Ein Strom kann nicht, lediglich vom Kontaktpotential verursacht, dauernd in einem Kreis von verschiedenen Metallen herumfließen, denn ein Potentialsprung nach abwärts an einer Stelle wird durch einen Sprung nach aufwärts an einer anderen Stelle wieder ausgeglichen. Wenn wir bei der Definition des Potentialunterschiedes Elektronen zum Transport der Ladung verwenden, verschwinden in der Tat alle „Kontaktpotentiale". Wenn aber bei einer schlecht angezogenen Schraube die metallischen Berührungsflächen verschmutzt oder bei einer unsachgemäßen Lötverbindung durch das Flußmittel verunreinigt sind, dann sind die Elektronen nicht länger Herr der Lage. Der Schmutz enthält Ionen, die sich nun bemerkbar machen, und wir haben tatsächlich eine winzige Batterie vor uns, die jede empfindliche Messung vereitelt. Deshalb ist die Herstellung guter metallischer Kontakte an allen Stellen so wichtig.

Die gebräuchlichsten Elemente sind Akkumulatoren und Trockenzellen. Eine Akkumulatorenbatterie ist ein wenig komplizierter als die einfachen Elemente, die wir bisher betrachtet haben. Im geladenen Zustand ist die eine Platte reines Blei in einer sehr schwammigen Form, mit einem Gerippe aus festem Blei im Innern zur Erzielung größerer Festigkeit. Die zweite Platte besitzt ebenfalls ein Bleigerüst, welches aber mit Bleisuperoxyd (PbO_2) überzogen ist. Die Flüssigkeit ist verdünnte Schwefelsäure. Beim Entladen des Elementes verwandelt sich sowohl das metallische Blei als auch das Bleisuperoxyd in unlösliches Bleisulfat, welches auf den Platten zurückbleibt. Metallisches Blei verbindet sich mit den Sulfationen zu Bleisulfat und gibt Elektronen ab (wie das Zink im früheren Fall), während das Bleisuperoxyd zu seiner chemischen Umwandlung zusätzliche Elektronen braucht. Daher fließt ein Strom von der Oxydplatte (positiv) zur Bleiplatte (negativ). Der Vorgang dauert an, bis das Bleisuperoxyd erschöpft ist. Die Batterie kann dann wieder aufgeladen werden, indem man den Strom in der entgegengesetzten Richtung fließen läßt. Die elektromotorische Kraft ist etwas größer als zwei Volt. Der Grad der Entladung einer Batterie läßt sich durch Messung des spezifischen Gewichtes der Zellenflüssigkeit feststellen. Schwefelsäure ist schwerer als Wasser; die Säure wird bei der Bildung von Bleisulfat verbraucht, so daß die Flüssigkeit mit fortschreitender Entladung leichter wird. Vielleicht ist dem Leser das zur Prüfung der Säuredichte benützte Instrument aufgefallen, wenn er beim Überprüfen einer Autobatterie in einer Garage zugesehen hat.

Die Trockenbatterien, die man für Taschenlampen oder in Rundfunk-Hochspannungsbatterien verwendet, haben einen äußeren Behälter aus Zink, der den negativen Pol darstellt, und in der Mitte eine Kohle als positiven Pol. Der Kohlestab ist von einer Paste aus Kohle und Manganoxyd umgeben und das Ganze mit einer Lösung von Ammonchlorid befeuchtet. Die Paste hat den Zweck, die aus dem Zink in die Kohle übergehenden Elektronen aufzusaugen; man könnte sie als eine Art „Elektronen-Löschpapier" bezeichnen[9]. Eine solche Zelle ist nicht umkehrbar. Durch Umkehr der Stromrichtung können wir die Elektronen nicht aus der Paste und zurück in das Zink treiben, da sie chemische Veränderungen bewirken, die sich nicht rückgängig machen lassen. Eine entladene Hochspannungs-Trockenbatterie ist nicht weiter verwendbar.

5. Elektrolytische Leitung.

Die Volta sche Batterie bietet ein Beispiel für zwei Arten von Stromleitung. Im äußeren Stromkreis findet ein Strom von Elektronen längs des Leitungsdrahtes statt. Im Inneren der Zelle wird der Strom durch den Transport positiv und

---

[9] Man beachte, daß trotz der Absorption von Elektronen durch die Paste diese keine negative Ladung annimmt, da positive Ionen aus der Lösung ebenfalls an dem chemischen Vorgang teilnehmen.

negativ geladener Ionen im Wasser dargestellt, wobei die positiven Ionen in der einen, die negativen Ionen in der entgegengesetzten Richtung wandern. Eine Lösung, die wegen ihres Gehaltes an entgegengesetzt geladenen Ionen den elektrischen Strom zu leiten vermag, heißt ein „Elektrolyt“, und man sagt, der Strom fließt vermöge elektrolytischer Leitung. Die gewöhnlichen Arten von Elektrolyten sind wässerige

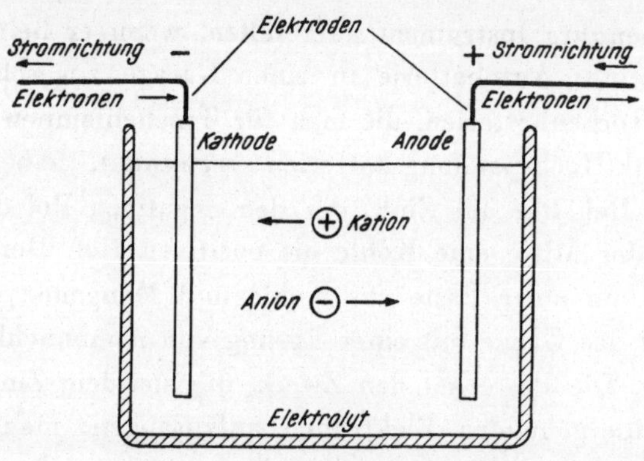

Abb. 33. Schema zur Erläuterung der bei der Elektrolyse vorkommenden Fachausdrücke.

Salzlösungen und verdünnte Säuren oder Basen, aber auch Lösungen in anderen Flüssigkeiten als Wasser sind Elektrolyte, ebenso auch viele Salze in geschmolzenem Zustand.

Der große Unterschied zwischen den beiden Formen der Leitung ist der, daß beim Fließen eines Stromes durch Bewegung von Elektronen der Leiter nach dem Stromdurchgang sich in demselben Zustand befindet wie vorher, wogegen beim Durchgang des Stromes durch einen Elektrolyten Ionen oder geladene Atome sich durch die Lösung bewegen und sich an der Ein- und Austrittsstelle des Stromes ansammeln. Die positiven Ionen eilen zu dem Leiter hin, durch den der Strom die Lösung verläßt, zur „Kathode“, die negativen Ionen zur Eintrittsstelle des Stromes, zur „Anode“ (Abb. 33).

Es findet also eine Bewegung der Materie statt, und die Verhältnisse ändern sich beim Stromdurchgang.

Die durch das Fließen eines Stromes in einem Elektrolyten entstehende Ionenbewegung wird vielfach nutzbringend verwertet. Man verwendet sie zum Beispiel, um ein Metall mit einem anderen zu überziehen. Löffel und Gabeln aus einer billigen Legierung, etwa aus Neusilber, werden mit einer dünnen Schicht von echtem Silber überzogen; sie erhalten dadurch ein gefälliges Aussehen und bleiben sauber und glänzend. Eiserne Lenkstangen und Naben von Fahrrädern werden vernickelt und so vor dem Rosten geschützt. Neuerdings ist das Verchromen sehr beliebt, besonders für Autokühler und Badezimmerarmaturen. In allen diesen Fällen wird der metallische Überzug durch Elektrolyse erzeugt.

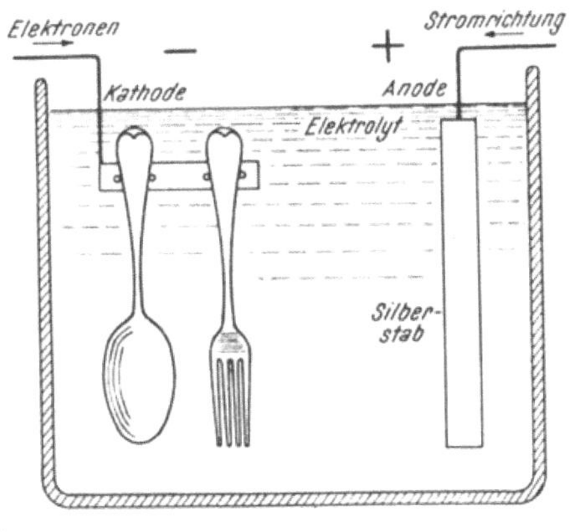

Abb. 34. Plattieren.

Beim Plattieren mit Silber bildet der zu überziehende Gegenstand die Kathode, z. B. ein Löffel, der an zwei kleinen Stiften aufgehängt ist, so daß der Strom von allen Seiten an ihn herankommen kann; ein Silberstab ist die Anode (Abb. 34). Der Elektrolyt ist eine Lösung eines Silbersalzes. Wenn wir sagen, daß ein Strom vom Silberstab zum Löffel übergeht, so pumpen wir in Wirklichkeit Elektronen in das Metall des Löffels. Silberionen aus der Lösung verbinden sich mit diesen Elektronen zu metallischem Silber, das sich als dünne Schicht auf dem ganzen Löffel ablagert. Der Anode werden Elektronen entzogen, daher wird der Silberstab aufgezehrt und neue Silberionen gehen als Ersatz für die von der Kathode verbrauchten in die Lösung. Der Strom befördert also tatsächlich metallisches Silber vom Stab zum Löffel.

Praktisch geschieht das Plattieren folgendermaßen: Hunderte von Löffeln und Gabeln werden auf Stiften an einem Rechen in das Plattierbad gehängt; ein großer Silberblock dient als Anode. Während des Plattiervorganges wird der Rechen auf- und niederbewegt und die Lösung gut umgerührt, damit ein gleichmäßiger Überzug zustande kommt. Bevor die zu überziehenden Gegenstände in das eigentliche Plattierbad kommen, werden sie in einer Reihe von anderen Bädern sorgfältig gewaschen, damit der Silberüberzug fest auf der Oberfläche haften kann. Auch die Zusammensetzung der Lösung spielt eine wichtige Rolle. Es ist ferner wünschenswert, den Überzug auf Löffeln und Gabeln an manchen Stellen etwas zu verstärken. Ein Löffel, der in einer Schublade oder auf dem Tisch liegt, ruht meist auf der Außenfläche seiner Wölbung auf, so daß der Überzug an dieser Stelle einer größeren Abnützung ausgesetzt ist. Man sieht daher in Plattierungswerkstätten Reihen von Löffeln, die einen ersten, gleichmäßigen Silberüberzug erhalten haben, sich durch einen Trog bewegen, wobei nur der untere Teil ihrer Wölbung die Oberfläche des Elektrolyten berührt und so nochmals einen Überzug erhält. Die zu überziehenden Löffel und Gabeln aus billigem Material werden aus langen Streifen Neusilber ausgestanzt und zwischen Matrizen in die richtige Form gepreßt.

Bei einem anderen Plattierverfahren befinden sich die Gegenstände in einem Metallkorb. Ließe man sie ruhig liegen, so würden die Stellen, an denen sie einander und den Korb berühren, einen zu dünnen Überzug erhalten; dadurch, daß man sie in Bewegung hält, wird der Überzug gleichmäßig.

Abb. 35 (Tafel 8) zeigt die Herstellung von Schallplatten. Die Originalaufnahme wird mit einer Nadel in eine weiche Wachsplatte eingeschnitten. Der Schall versetzt die Nadel in Schwingungen, so daß sie im Wachs eine wellenförmige Spur aufzeichnet, wie man sie auf jeder Schallplatte sehen kann. Legt man nun diese Aufnahme oder eine Kopie in ein Grammophon und läßt die Nadel der Spur folgen, so wird der aufgenommene Schall wiedergegeben. Die ursprüngliche Wachsaufnahme wird mit einer dünnen Graphitschicht — Graphit ist ein Leiter — überzogen und wird dann elektrolytisch verkupfert. Die Kupferplatte läßt sich abschälen. Sie stellt ein „Negativ“ der Originalaufnahme dar; die Nadelspur erscheint als Grat auf ihrer Unterseite. Sie läßt sich als Matrize zur Herstellung der uns wohlbekannten Schallplatten verwenden, indem sie auf runde Scheiben aus einer durch Erwärmen weich gewordenen Masse aufgepreßt wird.

Eine weitere wichtige Anwendung findet die elektrolytische Leitung bei der Gewinnung gewisser Metalle, insbesondere des Aluminiums. Während Metalle, wie Eisen, Kupfer und Zinn, seit Jahrtausenden in Verwendung stehen, hat der Mensch erst seit ganz kurzer Zeit mit der Herstellung von Gegenständen aus Aluminium begonnen. Dies scheint auf den ersten Blick verwunderlich, da Aluminium in der Erdrinde von allen Metallen am häufigsten vorkommt, z. B. als Bestandteil von Granit, Tonerde und vielen anderen weitverbreiteten Mineralien. Die prozentuelle Verteilung der am häufigsten vorkommenden Elemente beträgt ungefähr: Sauerstoff 50, Silizium 26, Aluminium 8, Eisen 4 Prozent. In jedem Garten könnte man tonnenweise Aluminium gewinnen. Die Schwierigkeit lag bisher in der Darstellung des Aluminiums aus seinen Mineralien, da seine Affinität zum Sauerstoff, mit dem es verbunden ist, sehr groß ist. Andere Metalle, wie Eisen, kommen in der Natur ebenfalls in Form von Sauerstoffverbindungen vor, man kann aber das Erz zu metallischem Eisen reduzieren, indem man den Sauerstoff zwingt, sich mit Kohlenstoff zu verbinden, zu dem er eine noch größere Affinität besitzt. Eisenerz wird mit Kohlenstoff in Form von Koks im Hochofen erhitzt; dabei verbindet sich der Kohlenstoff mit dem Sauerstoff zu Kohlenoxyd, das als Gas entweicht, das geschmolzene Eisen aber sammelt sich auf dem Grunde des Ofens und kann abgelassen werden. Mit anderen Worten: im Kampf um den Sauerstoff zwischen

Kohlenstoff und Eisen bleibt der Kohlenstoff Sieger und das Eisen muß nachgeben. Hingegen gewinnt das Aluminium im Kampf um den Sauerstoff gegen jedes der Elemente, die uns heute zu tragbaren Preisen zur Verfügung stehen; deshalb hatte man schon die Hoffnung aufgegeben, jemals billiges Aluminium zu gewinnen. Ich bringe hier ein Zitat aus dem Werk: Roscoe and Schorlemmer, Chemistry (1878).

„Auf der Londoner Ausstellung im Jahre 1862 wurde eine große Anzahl der verschiedensten Gegenstände aus Aluminium gezeigt. Die Erwartungen, die man damals bezüglich seiner allgemeinen Verwendbarkeit hegte, haben sich leider nicht erfüllt — der hohe Preis des Metalls und seiner Legierungen scheint für seine allgemeine Verwendung verhängnisvoll zu sein. und gegenwärtig scheint keine Aussicht dafür zu bestehen, daß die Herstellungskosten wesentlich gesenkt werden könnten."

Dennoch ist Aluminium heute sehr billig und wird in großen Mengen für vielerlei Zwecke verwendet. Die Drähte der Freileitungen z. B. sind aus Aluminium. Diese Änderung der Verhältnisse wurde durch die Verwendung des elektrischen Stromes bewirkt. Kryolith, eine Aluminiumverbindung, wird in einem mit Kohle ausgekleideten eisernen Gefäß geschmolzen; Aluminiumoxyd wird zur Schmelze hinzugefügt und löst sich in ihr. In diese geschmolzene Mischung tauchen Kohlestäbe, die die Anode bilden, während das Gefäß selbst als Kathode dient. Leitet man einen elektrischen Strom hindurch, so sammelt sich geschmolzenes Aluminium auf dem Boden des Gefäßes. Der Sauerstoff wird an den Kohlestäben ausgeschieden; sie verbrennen und verbinden sich mit ihm. Hier liegt der Fall eines geschmolzenen Elektrolyten vor. Fünf bis sechs Volt reichen zur Trennung des Aluminiums vom Sauerstoff aus und die vom Strom entwickelte Wärme hält die Mischung in geschmolzenem Zustand. Von Zeit zu Zeit wird neues Aluminiumoxyd zugesetzt. Der Kryolith wird nicht verbraucht und hat nur den Zweck, das Schmelzen der Mischung zu ermöglichen. Für die fabriksmäßige Herstellung

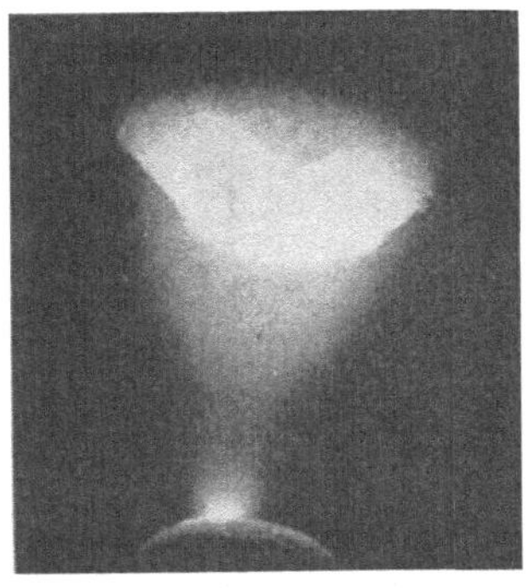

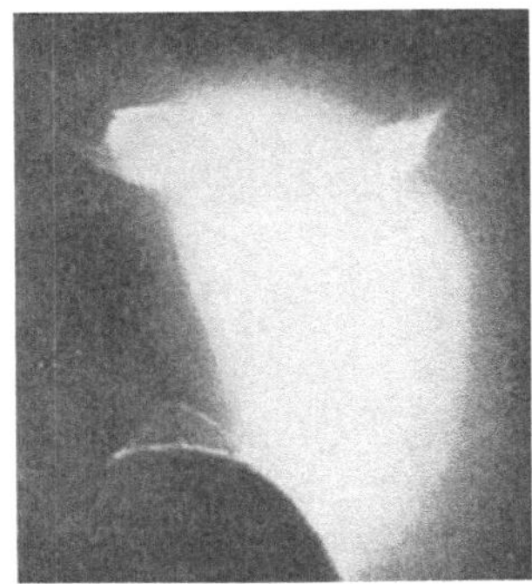

a *b*

Abb. 31.

a Elektrischer Lichtbogen. Man beachte den Krater in der oberen (positiven) Kohle.

b Ablenkung des Lichtbogens durch ein Magnetfeld.

Abb. 36. Bleibaum, in einer elektrolytischen Zelle gewachsen. Das untere Bild zeigt eine vergrößerte Aufnahme des Baumes.

Tafel 8

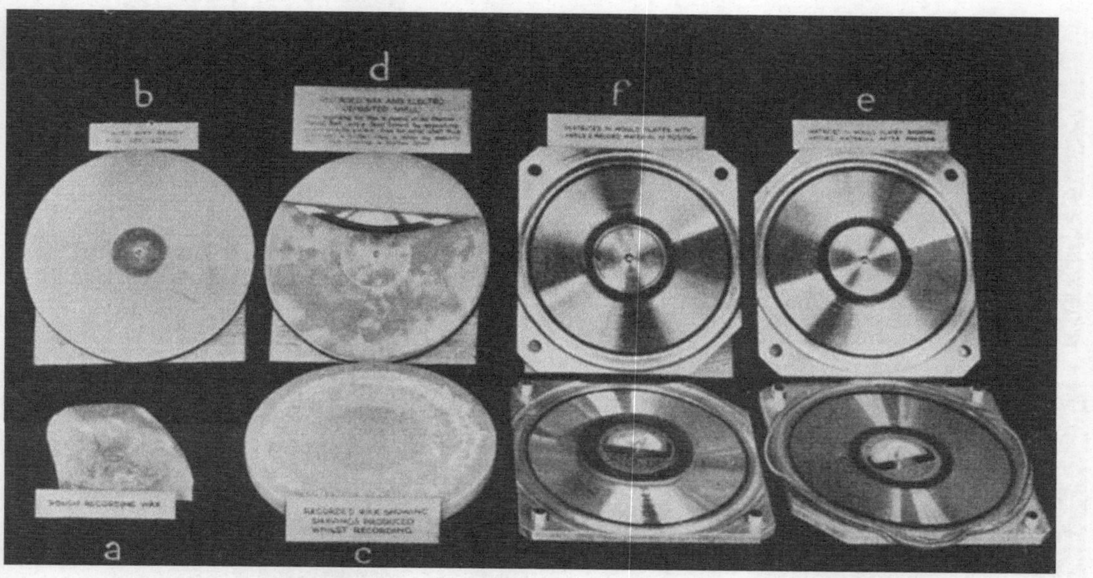

Abb. 35. Herstellungsgang einer Grammophonplatte.

a Rohes Wachs, *b* zur Aufnahme der Nadelspur vorbereitete Wachsplatte, *c* Wachsplatte nach der Aufnahme mit den von der Nadel erzeugten Spänen, *d* Abschälen des Kupferüberzuges von der Wachsplatte, *e* obere und untere Hälfte der Form, den Kupferüberzug bzw. die zur Aufnahme des Abdruckes vorbereitete Scheibe enthaltend, *f* fertige Platte.

(The Grammophone Company, Hayes, Middlesex.)

sind große Mengen elektrischer Energie erforderlich; man errichtet daher die Anlagen dort, wo solche verfügbar ist.

Die Abscheidung eines Metalls an der Kathode einer elektrolytischen Zelle kann man in schlagender Weise durch das Wachsenlassen eines „Bleibaumes" zeigen (Abb. 36 a, Tafel 7): Man stellt eine schmale Zelle mit flachen Glaswänden her und bildet sie mittels eines Projektionsapparates auf der Leinwand ab. Die Zelle wird mit einer Lösung von Bleiazetat oder einem anderen löslichen Bleisalz gefüllt und erhält Bleidrähte als Anode und Kathode. Wird nun ein Strom hindurchgeschickt, so wachsen auf der Kathode Bleikristalle, die sich zu einem verästelten, moosähnlichen Gebilde zusammenschließen. Kehrt man die Stromrichtung um, so löst sich dieses Gebilde wieder auf und der Bleibaum erscheint auf dem anderen Draht. Abb. 36 b (Tafel 7) zeigt eine vergrößerte Aufnahme. Sie ist ein überzeugender Beweis für die kristalline Natur der Metalle. Außerdem lehrt sie, wie wichtig es ist, die richtigen Bedingungen bei einem Plattierbad einzuhalten, wenn man gleichmäßige, gut haftende Überzüge erzielen will. Der Bleibaum hat einen so lockeren Zusammenhalt, daß seine Zweige abfallen, sobald sie eine bestimmte Größe erreicht haben; er besitzt also gerade jene Eigenschaften, die beim Plattieren vermieden werden sollen.

Die Veränderungen, welche beim Durchgang des Stromes durch einen Elektrolyten vor sich gehen, können bedeutend komplizierter sein. Nehmen wir die an einer früheren Stelle dieses Kapitels beschriebene Trockenzelle als Beispiel! Am Zinkende der Zelle liegen die Verhältnisse einfach: wenn die Zelle Strom abgibt, verlassen Elektronen das Zink und Zinkionen gehen in die Lösung über. Am anderen Pol der Zelle dagegen strömen Elektronen in einen Kohlestab. Die Kohle muß diese Elektronen auf irgend eine Art loswerden. Hier greift nun die mit einer Lösung von Ammonchlorid getränkte Paste ein. Sie enthält Mangandioxyd (MnO_2), das unter der Einwirkung der strömenden Elektronen zusammen mit den in der Lösung befindlichen Ammonionen Manganoxyd (MnO),

Ammoniak und Wasser bildet. Diese Wirkung der Paste ist es, die uns früher zu der Bezeichnung „Elektronen-Löschpapier“ veranlaßt hat.

6. Der Durchgang des Stromes durch einen freien Raum.

Wenn ein metallischer Stromkreis durch eine Lücke unterbrochen ist, so ist unter normalen Bedingungen eine elektromotorische Kraft nicht imstande, einen Strom durch den Kreis zu treiben. Die Elektronen sind an das metallische Gefüge gebunden, und obwohl sie sich im Metallinnern frei bewegen können, können sie doch die Oberfläche nicht verlassen.

Es gibt für die Elektronen zwei Wege, diese Fesseln zu sprengen und aus dem Metall zu entkommen; gelingt ihnen die Flucht, so können sie den Zwischenraum durcheilen und den Strom tragen. Beide Möglichkeiten kommen im Prinzip auf dasselbe hinaus: man versetzt dem Elektron einen Stoß, der ihm hilft, die Metalloberfläche zu verlassen. Wenn man will, kann man sich die Elektronen als einen Haufen von Schwimmern am Rande eines Schwimmbeckens an einem kühlen Tag vorstellen; sie können sich nicht entschließen, den Sprung ins Wasser zu tun. Stößt sie aber einmal jemand hinein, dann schwimmen sie eiligst an das andere Ende. Den Elektronen kann man diesen Stoß versetzen, indem man entweder das Metall auf eine hohe Temperatur erhitzt, so daß sie durch die stärkere Bewegung der Metallatome herumgestoßen werden, oder indem man einen Lichtstrahl auf die Metalloberfläche richtet. Beide Effekte haben sehr wichtige Anwendungen.

Das Freiwerden von Elektronen durch Erhitzen eines Metalls auf hohe Temperatur ist als Glühelektronenemission bekannt. Die Temperatur eines Körpers ist ein Maß für die Intensität der Bewegung seiner Atome oder Moleküle. Bei hohen Temperaturen ist diese Bewegung sehr stark; die Atome werden so heftig geschüttelt, daß der Körper zunächst schmilzt, schließlich aber völlig auseinanderbricht und gasförmig wird. Wenn wir zum Beispiel Wasser erhitzen, vermehren wir die Bewegung der Wassermoleküle. Ab und zu erhält ein Wassermolekül einen besonders heftigen Impuls, der es befähigt, sich ganz von der Wasseroberfläche zu lösen und in die Luft überzugehen; das Wasser wird auf diese Weise in Dampf verwandelt. Genau so nehmen beim Erhitzen eines Metalles die Elektronen an der Wärmebewegung der Atome teil. Zeitweise erhält dann ein Elektron einen so kräftigen Impuls, daß es die Metalloberfläche verlassen kann; wir dampfen tatsächlich die Elektronen aus dem Metall heraus.

Wenn man also das auf der einen Seite einer Unterbrechungsstelle befindliche Metall auf Weißglut erhitzt, so daß seine Elektronen austreten können, wird der Strom imstande sein, den Zwischenraum zu überbrücken. Seine wichtigste Anwendung findet dieses Prinzip beim Bau von Elektronenröhren, wie man sie in Radioapparaten verwendet. Diese Röhren werden manchmal als „elektrische Ventile“ bezeichnet. Nun ist ein Ventil einer Pumpe oder eines Automobilmotors eine Vorrichtung, die das Strömen in der einen Richtung gestattet, in der anderen aber sperrt. Ein elektrisches Ventil wirkt auf den elektrischen Strom in derselben Weise: Elektronen können wohl aus dem heißen Metall entweichen und zum kalten Metall übergehen, sie können aber nicht in der umgekehrten Richtung wandern. Wir haben es also mit einer Anordnung zu tun, die ein Fließen des Stromes nur in einer Richtung zuläßt.

Eine Röhre, die eine Glühelektrode und eine kalte Elektrode besitzt und lediglich den Zweck hat, den Strom auf eine Richtung zu beschränken, heißt Gleichrichterröhre. Eine geringfügige Konstruktionsänderung verleiht einer solchen Röhre außerordentlich nützliche Eigenschaften. Die sogenannte „Dreipolröhre“ („Triode“) und kompliziertere Röhrentypen, die auf demselben Prinzip beruhen, haben die Möglichkeiten elektrischer Apparate mehr gesteigert als je irgendeine andere Erfindung.

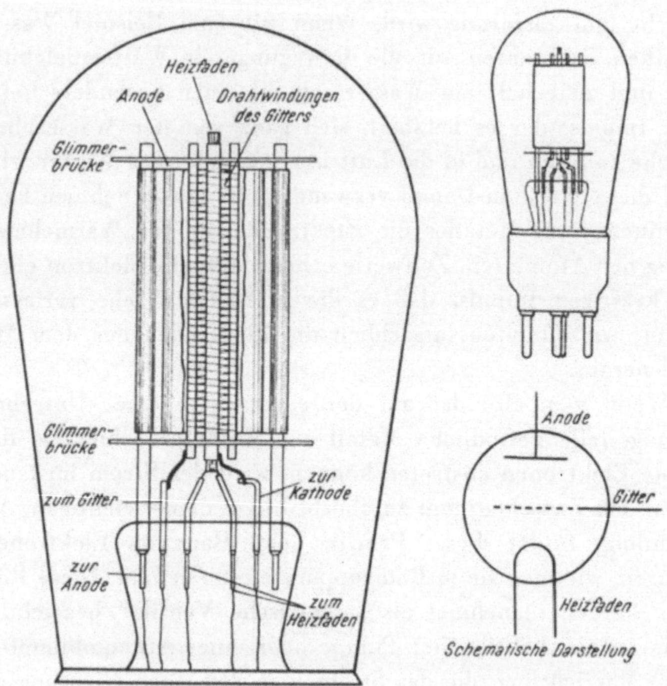

Abb. 37. Elektronenröhre. Die Elektronen emittierende Kathode wird mittels eines feinen Drahtes in ihrem Innern, durch den ein Strom hindurchgeschickt wird, geheizt. Die Kathode ist von einem Gitter aus Drahtwindungen umgeben, die um zwei isolierende Haltestäbe gewunden sind. Die Anode ist ein abgeflachter Zylinder, der im Bild teilweise entfernt wurde, um Kathode und Gitter sichtbar zu machen. Die Verbindungen zur außen befindlichen Schaltung werden durch Stifte am unteren Teil der Röhre hergestellt. Das Bild rechts unten zeigt die übliche Art der Darstellung einer Röhre in Schaltbildern. (Ferranti.)

Eine solche Röhre ist in Abb. 37 zu sehen: Die Elektroden befinden sich in einem hochevakuierten Glaskolben[10]. Der

[10] Beim Evakuieren der Röhre beseitigt man die letzten Gasreste, indem man ein Stückchen Metall, meist Magnesium, im Innern des Kolbens verdampft. Dadurch kommt der bekannte metallische Überzug auf der Innenseite des Glaskolbens zustande.

Heizfaden ist ein feiner Draht (Wolfram oder Nickel), der durch einen Strom mit niedriger Spannung geheizt wird, so daß Elektronen aus seiner Oberfläche austreten können. Man hat festgestellt, daß der Austritt der Elektronen erleichtert wird, wenn der Draht einen Überzug aus Thoriumoxyd oder aus einer Mischung von Barium- und Strontiumoxyd erhält. Überzogene Heizdrähte brauchen nämlich nicht auf so hohe Temperatur erwärmt zu werden und sind bezüglich Stromverbrauch wirtschaftlicher. Bei der im Bild dargestellten Röhre wird die Kathode, aus der die Elektronen austreten, durch eine eigene, in ihrem Innern untergebrachte Heizwicklung erwärmt, während bei anderen Röhrentypen die Heizung auf induktivem Wege durch Wechselstrom erfolgt (siehe das IV. Kapitel); das Prinzip ist dasselbe. Anode heißt jene Elektrode, der die aus dem Heizfaden freigewordenen Elektronen zufliegen. Dieser Strom wird durch ein bedeutend höheres Potential (ein- bis zweihundert Volt) hervorgerufen, wobei natürlich die Anode in bezug auf den Heizfaden positiv ist, so daß sie die Elektronen anzieht.

Außerdem ist eine weitere Elektrode vorhanden, das sogenannte Gitter, welches im allgemeinen den Heizfaden umgibt. Es wird in verschiedenen Formen ausgeführt, z. B. als Drahtspirale, Netz, durchlöcherte Platte oder auch nur als einfacher Leiter in der Nähe des Heizfadens, immer aber mit der Bestimmung, auf die vom Faden kommenden Elektronen eine elektrostatische Wirkung auszuüben. Der Leser muß sich vorstellen, daß eine Wolke solcher freigewordener Elektronen den heißen Faden umgibt. Geraten sie unter den Einfluß der Anode, dann eilen sie auf diese zu und tragen den Strom durch die Röhre. Das Gitter bestimmt nun die Anzahl der Elektronen, die diese Reise antreten dürfen. Umgibt ein stark negatives Gitter den Faden, so werden alle Elektronen am Aufbruch verhindert und zum Heizfaden zurückgetrieben. Macht man das Gitter weniger negativ, vielleicht sogar schwach positiv in bezug auf die Kathode[11], so steht es den Elektronen frei, aufzubrechen, ja, sie werden sogar dazu ermutigt, und der Strom in der Röhre wächst. Man kann das Gitter mit dem Wehrtor vergleichen, das den Fluß des Wassers von einem Staubecken in eine talwärts zu einem Kraftwerk führende Rohrleitung regelt. Das Wasser sammelt beim Bergabfließen eine gewaltige Energie an, ähnlich wie die durch den Energieaufwand der Hochspannungsbatterie durch die Röhre getriebenen Elektronen. Genau so wie es aber keine nennenswerte Kraft erfordert, das Tor oben am Beginn der Leitung, das dem Wasser den Weg freigibt, zu öffnen oder zu schließen, kann man durch geringfügige Potentialänderungen des Gitters, wie sie etwa durch den Anschluß an eine Empfangsantenne für Radiowellen entstehen, starke Ströme steuern.

Die Röhre ist also ein ideales Gerät zur Verstärkung schwacher Strom- oder Spannungsschwankungen. Sie hat keine beweglichen Teile, die sich abnützen oder brechen könnten. Ist eine sehr große Verstärkung erwünscht, so schaltet man eine Anzahl von Röhren hintereinander, indem man den Anodenstrom der einen auf das Gitter der nächsten wirken läßt und so fortfährt, die ganze Reihe entlang. Diese Anordnung hat uns eine nahezu unglaubliche Macht verliehen, kleine Wirkungen zu verstärken und es so zu erreichen, daß ein Ereignis in einem Teil der Welt ein anderes in einem anderen Teil der Welt zur unmittelbaren Folge hat. So wurde z. B. bei der Eröffnung des neuen Traktes des Museums für Wissenschaft und Industrie in New York am 11. Februar 1936 die gesamte Beleuchtung des Hauses durch das Anzünden einer Kerze in Faradays Laboratorium in der Royal Institution in London eingeschaltet. Die Kerze rief in einer lichtelektrischen Zelle einen Strom hervor, der, durch Röhren verstärkt und drahtlos übertragen, den Schalter in

---

[11] D. h. hebt man sein Potential, bis es um ein Geringes über dem der Kathode liegt.

New York schloß. Dieses Beispiel gibt uns eine Vorstellung von den neuen Möglichkeiten, die durch die Röhre, eine der erstaunlichsten Erfindungen unserer Zeit, geschaffen wurden.

Das Freiwerden von Elektronen aus einer Metalloberfläche durch Lichtwirkung heißt lichtelektrischer Effekt. Abb. 38 zeigt eine lichtelektrische Zelle. Die Metalloberfläche, aus der die Elektronen austreten, ist eine dünne Schicht des Metalls Zäsium; die Elektronen fliegen zur positiven, in der Abbildung als Anode bezeichneten Elektrode. Im Dunkeln können keine Elektronen aus dem Zäsium entweichen, es kann also kein Strom durch die Röhre fließen. Läßt man Licht auf das Zäsium auffallen, so werden Elektronen frei und liefern einen Strom, der der Intensität des Lichtes proportional ist. Daß man gerade Zäsium verwendet, hat seinen Grund in einer kennzeichnenden Eigenschaft des lichtelektrischen Effekts. Weißes Licht besteht aus Licht verschiedener Wellenlängen, und zwar stellt das rote Ende des Spektrums die langen, das blaue Ende die kurzen Wellen dar. Wird das Spektrum in seine verschiedenen Farben aufgespalten und läßt man diese einzeln auf die lichtelektrische Zelle einwirken, so zeigt sich, daß Elektronen erst dann emittiert werden, wenn die Wellenlänge kleiner ist als ein bestimmter Grenzwert. Rotes Licht bewirkt keine Emission; der Grenzwert liegt im gelben Gebiet, und alles Licht, welches dem blauen Ende des Spektrums näher liegt, ist wirk-

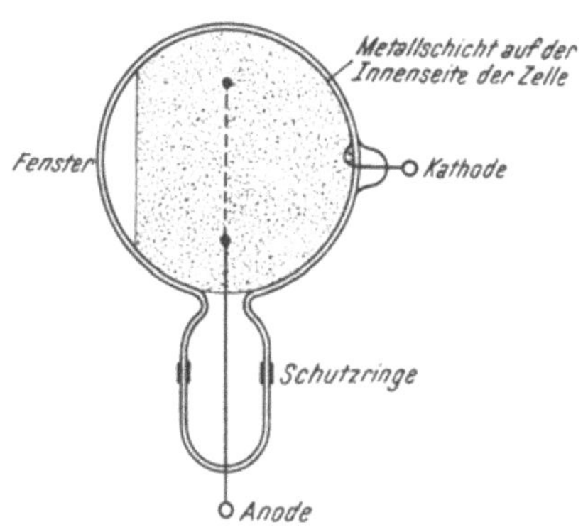

Abb. 38. Lichtelektrische Zelle. Wenn auf den im Innern befindlichen Überzug aus Zäsium Licht auftrifft, welches durch den als „Fenster“ bezeichneten klaren Teil des Glaskolbens eingefallen ist, werden Elektronen frei und wandern zum Gitter in der Mitte, zur „Anode“.

sam. Bei den meisten Metallen müssen wir über das blaue Ende des Spektrums hinausgehen, in das unsichtbare, sogenannte ultraviolette Gebiet, damit der Effekt eintritt. Die Alkalimetalle Natrium, Kalium, Rubidium und Zäsium aber reagieren auf Lichtwellen im sichtbaren Teil des Spektrums. Am besten eignet sich Zäsium, da aus diesem Metall nahezu alle im weißen Licht vertretenen Farben Elektronen freimachen können.

Eine Untersuchung des lichtelektrischen Effekts hat gezeigt, daß das Licht seine Energie an die Elektronen abgibt, indem es hier und dort einem Elektron einen gewaltigen Stoß versetzt, seine Nachbarn aber ungestört läßt. Je kürzer die Wellenlänge des Lichtes, desto größer ist die von einem Elektron aufgenommene Energiemenge. Wenn die Energie genügend groß ist, kann das Elektron sich vom Metall loslösen. Die meisten Metalle aber halten ihre Elektronen so fest, daß nur ultraviolettes Licht sie lockern kann. Zäsium dagegen gibt sie verhältnismäßig leicht frei und ist daher im größten Teil des sichtbaren Spektrums lichtempfindlich. Was die Art und Weise betrifft, in der das Licht diese Energiepakete an die Elektronen weitergibt, so sind die Physiker übereingekommen, sie als eine Naturgegebenheit hinzunehmen, ohne eine „Erklärung“ zu versuchen. Es ist eben jene Art, in der Energie in Form von Strahlung, wie etwa strahlende Wärme, Licht oder Röntgenstrahlung, der Materie mitgeteilt wird.

Die lichtelektrische Zelle ist wichtig, da man mit ihrer Hilfe Lichtsignale in elektrische Signale verwandeln kann. Wir wollen hier einige ihrer Verwendungsmöglichkeiten anführen.

T o n f i l m. Bei der Bildaufnahme im Atelier wird gleichzeitig auf dem Filmstreifen eine photographische Aufnahme der Schallwellen gemacht. Die Schallschwingungen öffnen und schließen einen schmalen Spalt, durch welchen Licht auf den bewegten Film auffällt, so daß nach dem Entwickeln des Films die „Tonspur“ von dunklen und hellen Linien überdeckt ist, wie man in Abb. 39 (Tafel 9) sieht. Beim Abspielen des Films läßt man Licht durch die Tonspur auf eine lichtelektrische Zelle fallen. Die dunklen und hellen Flecken ziehen am Licht vorbei und der Strom in der Zelle wird entsprechend schwächer oder stärker; er schwankt tatsächlich im selben Rhythmus wie der Druck der ursprünglichen Schallwellen. Wenn wir ihn mit Hilfe von Röhren verstärken und ihn einem Lautsprecher zuführen, erhalten wir eine Wiedergabe des Schalles.

Fernsehen. Ein Lichtfleck wird über den ganzen abzubildenden Gegenstand hin- und her- bzw. auf- und niederbewegt. Wenn er auf eine helle Stelle des Gegenstandes fällt, so wird auf eine in der Nähe aufgestellte lichtelektrische Zelle viel Licht geworfen und diese liefert einen starken Strom. Fällt der Lichtfleck auf eine dunkle Stelle, so ist der Strom schwach. Die Ströme der Photozelle werden durch Röhren verstärkt und in die Empfangsstation geschickt, wo sie eine Änderung der Helligkeit eines zweiten Lichtfleckes bewirken, der sich über einen Bildschirm in genau derselben Weise hinwegbewegt wie der erste Lichtfleck über den Gegenstand. Daher erscheinen helle und dunkle Stellen des Gegenstandes auf dem Bildschirm entsprechend hell und dunkel; wir sehen den Gegenstand. Dieses sogenannte „Abtasten" geht so schnell vor sich, daß der ganze Schirm augenblicklich aufleuchtet.

Türöffner, Zählmaschinen, Rauchwarnanlagen usw. Diese verschiedenen Vorrichtungen beruhen auf der Verwendung von Zellen, die den Strom freigeben, wenn ein Licht brennt, und ihn sperren, wenn das Licht nicht leuchtet. Abb. 40 zeigt die Verwendung einer Zelle zum Öffnen von Türen: Eine Lampe, die auf der einen Seite des Zuganges zur Türe montiert ist, schickt ihre Strahlen in eine Photozelle auf der anderen Seite. Solange die Zelle Licht erhält, fließt in ihr ein Strom; dieser hält einen Schalter geöffnet und verhindert so das Fließen des starken Stromes, der den Öffnungsmechanismus der Türe betätigt. Sowie aber jemand vorbeigeht, wie auf unserem Bild die Kellnerin mit

Abb. 40. Öffnen einer Tür mittels lichtelektrischer Zellen. Zwei kleine Scheinwerfer sind auf der linken Seite im Vordergrund montiert, zwei Photozellen-Aggregate auf der rechten Seite nehmen die Lichtstrahlen auf. Nähert sich jemand der Tür, dann wird durch die Unterbrechung der Lichtstrahlen der Öffnungsmechanismus der Türe, der sich in dem Kasten rechts von ihr befindet, betätigt. Man verwendet zwei Zellen, da man dann erreichen kann, daß die Tür sich nur öffnet, wenn der weiter von ihr entfernte Lichtstrahl als erster unterbrochen wird, d. h. wenn jemand sich der Tür nähert. Wird der näher der Tür befindliche Strahl durch jemand, der die Tür bereits passiert hat, unterbrochen, so bleibt sie geschlossen. (Witton-Kramer.)

dem Servierbrett, der es offensichtlich unangenehm wäre, die Tür selbst zu öffnen, wird das Licht für einen Augenblick unterbrochen. Der Strom in der Zelle hört auf, der Schalter schließt sich und setzt einen Elektromotor in Tätigkeit, der artig die Tür öffnet. Es ist Vorsorge getroffen, daß der Motor wieder abgeschaltet wird, wenn die Tür ganz geöffnet ist; sie wird dann langsam durch eine Feder geschlossen, so daß man genug Zeit hat, vorher hindurchzugehen. Rauchwarnanlagen funktionieren ähnlich. Lichtstrahlen durchqueren nahe der Zimmerdecke den Raum und fallen auf eine Zelle. Solange diese Licht erhält, wird ein Schalter in Ausschaltstellung gehalten. Füllt sich der Raum bei einem Brand mit Rauch, so werden die Lichtstrahlen unterbrochen, der Schalter schließt sich und eine Alarmglocke ertönt. Beim Zählen von Gegenständen, etwa von Brotlaiben, werden diese auf einem Förderband vorbeigeführt und jeder Laib unterbricht beim Vorbeilauf den Lichtstrahl. Der Strom betätigt ein Zählwerk, ähnlich einem Umdrehungszähler. Mit lichtelektrischen Zellen lassen sich vielerlei technische Kniffe ausführen, so daß sich hier ein herrlich weites Jagdgebiet für Erfinder auftut.

Zum Schluß möchte ich noch ein paar Worte darüber sagen, wie der Strom offenen Raum überspringen kann, auch wenn er dabei nicht durch Wärme oder Licht unterstützt wird. Wir haben im ersten Kapitel gesehen, daß bei genügend großem Potentialunterschied zwischen zwei Leitern ein Funken durch die Luft übergeht. Die Entladung vollzieht sich ohne Hilfe von außen, wenn die Stärke des elektrischen Feldes größer ist als 30 000 Volt pro Zentimeter. In Wirklichkeit handelt es sich um einen sehr komplizierten Vorgang, den wir erst teilweise verstehen. Daher wollen wir ihn hier nur ganz allgemein skizzieren. In der Luft sind stets einige geladene Moleküle, Ionen, vorhanden. Wenn das elektrische Feld sehr stark ist, fliegen die positiven Ionen in der einen, die negativen Ionen in der anderen Richtung durch die Luft. Sie stoßen mit den übrigen neutralen Molekülen so heftig zusammen, daß sie aus ihnen Elektronen herausschlagen, genau so, wie grobe Leute, die zum Zug eilen, ruhigeren Reisenden bisweilen das Gepäck aus der Hand schlagen. Diese Moleküle, die ihre Elektronen verloren haben, werden nun zu Ionen, nehmen an dem wilden Ansturm teil und erzeugen weitere Ionen. Schließlich entstehen so viele Ionen, daß sich ein leitender Weg bildet und ein Funken überspringt.

Setzt man den Luftdruck herab, so wird der Überschlag eines Funkens zunächst erleichtert. Die stoßenden Ionen können schneller durch das Gedränge eilen, ihre Zusammenstöße mit den anderen sind entsprechend heftiger, so daß sie viele weitere Ionen erzeugen. Wenn wir den Druck durch Herauspumpen der Luft aus einem Gefäß weiter verringern, dann wird es wieder viel schwieriger, einen Funken zu bekommen: der Bahnsteig ist so leer geworden, daß die groben Reisenden reichlich Platz haben und an niemanden anrennen!

Fassen wir abschließend unsere Vorstellungen von dieser geheimnisvollen Erscheinung, welche wir elektrischen Strom nennen, zusammen! Alle Materie besteht aus geladenen Teilchen, den Atomkernen, die positiv geladen sind, und den sie umgebenden negativ geladenen Elektronen. Bei manchen Körpern, die wir Leiter nennen, können die Elektronen von einem Atom zum anderen weitergegeben werden. Legt man eine Spannung an, so treiben die Elektronen den Leiter entlang. In fast allen Fällen, von denen wir noch sprechen werden, ist der elektrische Strom von dieser Art. Die Elektronen fließen einen geschlossenen Stromkreis entlang, in stetiger Bewegung, ohne sich an irgend einer Stelle anzuhäufen.

Die elektrolytische Leitung ist ein Sonderfall. Wenn wir Materie von einer Stelle zur anderen bewegen, erzeugen wir keinen Strom, obwohl die Materie aus elektrisch geladenen Teilchen besteht und wir diese in Bewegung setzen. Es kann kein Strom entstehen, da gleich große positive und negative Ladungen miteinander bewegt werden. Wir können es aber so einrichten, daß bei der Bewegung der Materie von einer

Stelle zur anderen ein Teil der Elektronen auf einem Wege geht und die Atome minus diesem Elektronenanteil einen anderen Weg einschlagen. Wenn der Leser den Gedanken verfolgt, wird er erkennen, daß dies der eigentliche Vorgang ist, der sich in einer Batterie oder in einem Plattierbad abspielt. Der Strom, den die im Innern der Lösung befindlichen geladenen Atome weiterleiten, wird durch einen Strom bewegter Elektronen im äußeren Stromkreis ausgeglichen. In diesem Fall fließen die Elektronen nicht immer im Stromkreis herum; sie gehen vielmehr von einem Behälter in den anderen über. Natürlich muß sich Materie mitbewegen, um ihnen ein neues Heim zu schaffen.

Schließlich haben wir gesehen, wie man Elektronen zwingen kann, freien Raum, in welchem keine Materie vorhanden ist, zu überqueren. Ein Strom, der solcherart einen offenen Spalt überbrückt, läßt sich in der vollkommensten und empfindlichsten Weise in einer Elektronenröhre steuern. Diese Art der Steuerung hat uns eine Welt neuer Möglichkeiten eröffnet, von der im letzten Kapitel dieses Buches noch genauer die Rede sein wird.

III. Motor und Dynamomaschine.

1. Magnetismus.

In den beiden ersten Kapiteln betrachteten wir das Verhalten elektrischer Ladungen sowie die Art und Weise, wie diese Ladungen sich als elektrischer Strom von einem Ort zum andern bewegen. In diesem Kapitel wollen wir dem Zusammenhang zwischen Elektrizität und Magnetismus nachgehen oder, genauer gesagt, die Beziehung zwischen elektrischen Strömen und magnetischen Feldern aufdecken.

In alten Zeiten war die magnetische Anziehung ein großes Rätsel und eine Quelle der philosophischen Spekulation, genau so wie die elektrische Anziehung. Die Alten kannten zwei Erscheinungsformen, in denen sie sich äußerte. Ein bestimmtes Eisenerz, Magnetit (Fe_3O_4) genannt, hat die Fähigkeit, Gegenstände aus Eisen anzuziehen. Steine mit dieser Eigenschaft lassen sich auch, wie wir sehen werden, dazu verwenden, die Himmelsrichtung anzuzeigen. Ein berühmter alter Fundort war der Ort Magnesia in Kleinasien, daher der Name „Magnet". Überstreicht man ein Stück Stahl mit einem Magneten, etwa einem Magneteisenstein, so wird es selbst zum Magneten. Magnetisch gewordene Stahlstückchen nannte man „künstliche" Magnete, im Gegensatz zum „natürlichen" Magneten, d. h. zum Magneteisenstein. Wenn man ferner Magneteisenstein oder einen künstlichen Magneten an einem dünnen Faden aufhängt oder auf einem Holz- oder Korkstückchen in einem Becken mit Wasser schwimmen läßt, stellt er sich so ein, daß ein Ende nach Norden, das andere nach Süden zeigt. Diese Eigenschaft war den Chinesen schon vor mindestens 3000 Jahren bekannt; ihre geschicht-

Tafel 9

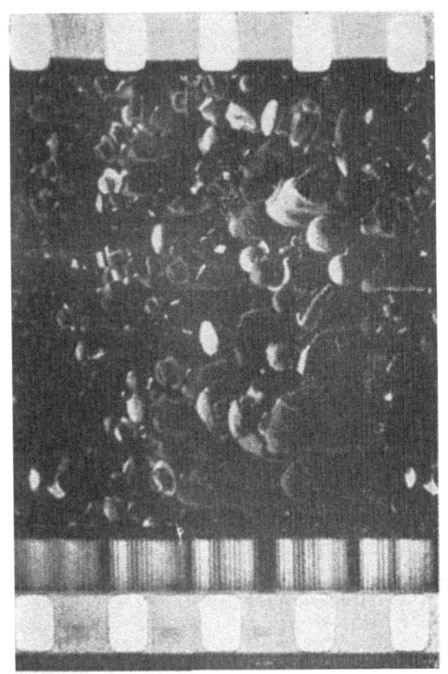

Abb. 39. Tonspur am Rand der Filmaufnahme. Links Vergrößerung der Spur.

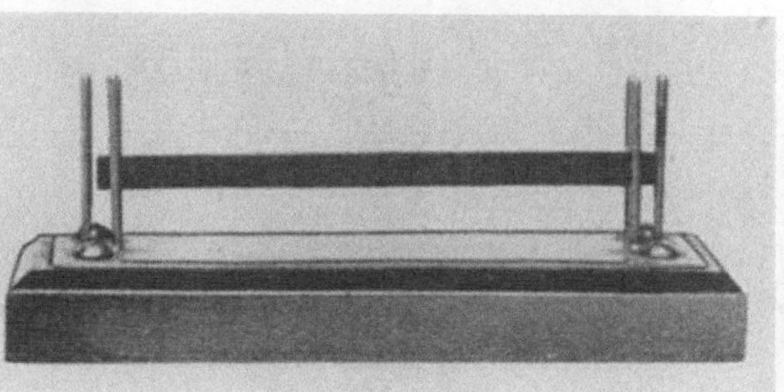

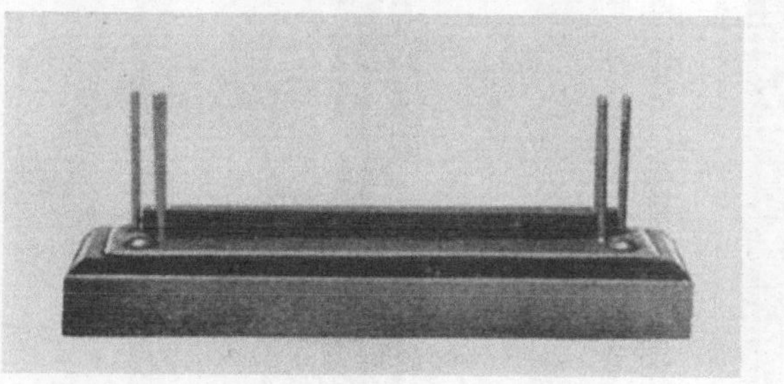

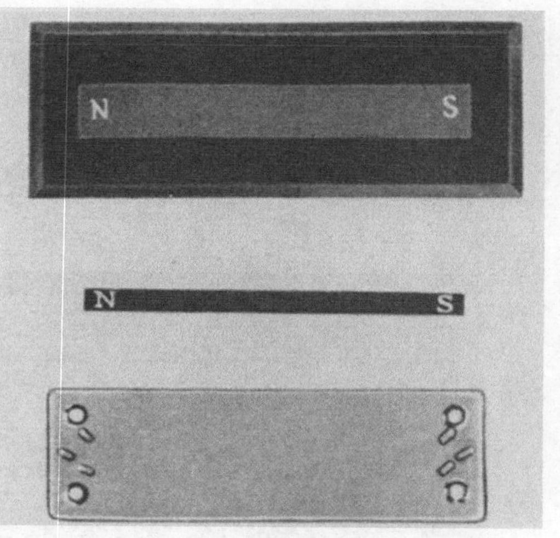

Abb. 43. „Wobbly Bar.“ Der Magnet wird durch die Abstoßung eines zweiten, unter der Grundplatte verborgenen Magneten in der Luft schwebend erhalten. Das rechte Bild wurde nach dem Entfernen der Grundplatte aufgenommen. (Bell Telephone Company, N. Y.)

lichen Aufzeichnungen enthalten Hinweise, auf Grund derer sich der Gebrauch eines kompaßähnlichen Gerätes, eines „Wagens des Südens", bis 2600 v. Chr. zurückverfolgen läßt. In dem Buch von Kipling: Puck of Pook's Hill findet sich eine Erzählung „Das fröhliche Wagnis", in der die Abenteurer eines Wikingerschiffes von einem Zauberkästchen, welches einem gelben Mann (Chinesen) gehörte, gelenkt werden. Eine im Kästchen aufgehängte Stahlnadel ist der Sitz eines bösen Geistes, der stets trachtet, nach dem Süden zurückzukehren, von wo ihn der gelbe Mann durch Zauberei gebracht hat. Allmählich begann die Kenntnis des Kompasses vom zivilisierten China zum barbarischen Europa durchzusickern und ermöglichte es den Seefahrern, sich auf die Meere hinauszuwagen.

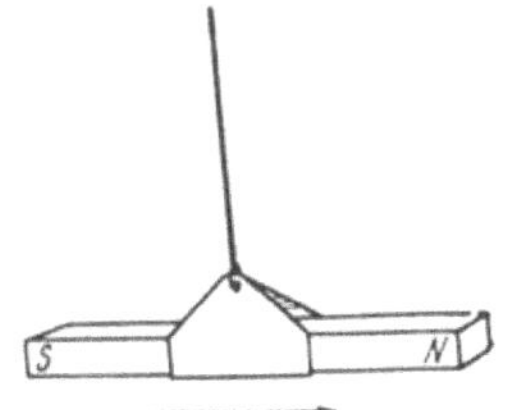

Abb. 41. Das nach Norden zeigende Ende eines aufgehängten Magneten heißt sein Nordpol.

Ein Stück Stahl, welches magnetisch geworden ist, hat eine Veränderung erfahren, die seinen beiden Enden entgegengesetzte Eigenschaften erteilt. Für die jetzt zu schildernden Versuche benötigen wir einen Kompaß und einen „Stabmagneten", das ist ein gerader, magnetisierter Stahlstab, im Gegensatz zum allbekannten U-förmigen Magneten (Hufeisenmagnet). Abb. 41 zeigt einen Stabmagneten, der mittels einer Papierschlaufe an einem Faden aufgehängt ist. Wenn der Faden nicht verdrillt ist, weisen die Enden des Magneten nach Norden und Süden. Das nach Norden zeigende Ende heißt „Nordpol" des Magneten; wir denken es uns mit einem N bezeichnet oder rot bemalt. Das andere Ende, der „Südpol", wird mit einem S oder mit blauer Farbe gekennzeichnet. Ferner denken wir uns einen Kompaß, in welchem ein ähnlicher Stabmagnet an der Unterseite einer runden, drehbaren Scheibe so befestigt ist, daß sein Nordpol unter die auf der Scheibe sichtbare große Pfeilspitze zu liegen kommt. Nähert man nun den Magneten der Kompaßnadel, so gerät diese in Bewegung und dreht sich im Kreise herum. Nähert man dem Kompaß den Nordpol des Magneten, so strebt der Südpol des Kompasses wie unter dem Einfluß einer Anziehung zu ihm hin, während der Nordpol zurückgestoßen wird. Vertauscht man die Enden des Magneten, so kehrt sich die Kompaßnadel um, da das Ende, welches vorhin angezogen wurde, jetzt zurückgestoßen wird. Wir können uns leicht davon überzeugen, daß „Nord" des einen Magneten „Nord" des anderen abstößt und ebenso „Süd" des einen Magneten „Süd" des anderen, wogegen Nord- und Südpol einander anziehen (s. Abb. 42).

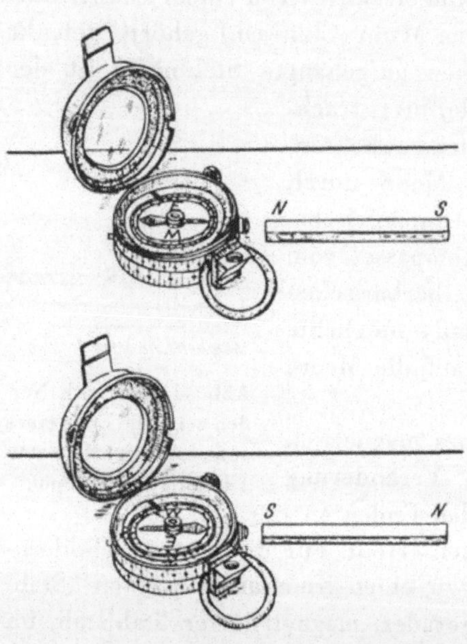

Abb. 42. Gleichnamige Pole stoßen einander ab, ungleichnamige ziehen einander an.

Anziehung und Abstoßung werden in lebendiger Weise durch ein Spielzeug veranschaulicht, „Wobbly Bar" genannt, welches von der Bell Telephone Company in den Vereinigten Staaten hergestellt wird; eine Aufnahme zeigt Abb. 43 a (Tafel 10). Man sieht lediglich einen kleinen Stahlstab, der über einer hölzernen Grundplatte wie durch Zauber ohne jede Stütze in der Luft schwebt. Die im Bild sichtbaren Führungen an den beiden Enden tragen den Stab nicht; sie sollen nur seine Quer- oder Längsbewegung beschränken. Drückt man den Stab nieder, so schnellt er unverzüglich wieder nach oben und kommt nach ein paar Schwankungen schön oberhalb der Grundplatte zur Ruhe. Das Geheimnis liegt darin, daß der Stahlstab ein Magnet ist und daß ein ähnlicher Magnet in der Grundplatte verborgen ist. Die beiden Nordpole und die beiden Südpole liegen einander gegenüber (siehe Abb. 43 c, Tafel 10); ihre Abstoßung ist so kräftig, daß der obere Magnet in der Luft schwebt. Das Kunststück gelingt, weil beide Magnete aus einer Stahlsorte hergestellt sind, die sehr stark magnetisiert werden kann. Kehrt man den oberen Magneten um, so daß N gegenüber S und S gegenüber N zu liegen kommt, so wird er mit beträchtlicher Kraft zur Grundplatte gezogen (Abb. 43 b, Tafel 10).

Magnetische Anziehung und Abstoßung erinnern uns sehr stark an die Art und Weise, wie gleichnamige elektrische Ladungen einander abstoßen und ungleichnamige einander anziehen; dennoch besteht ein wichtiger Unterschied: Nord- und Südpol treten immer gleichzeitig auf. Es ist unmöglich, ein Stück Eisen in derselben Weise mit „Nordmagnetismus" zu laden wie einen Leiter mit positiver Elektrizität. Wir können bloß sein eines Ende nordmagnetisch und sein zweites südmagnetisch machen. Das eine ohne das andere ist ebenso unmöglich wie ein Stab mit nur einem Ende.

Die Erde selbst verhält sich wie ein riesiger, aber schwacher Magnet. Das ist der Grund, warum die Kompaßnadel nach Norden und Süden zeigt. Da der Norden den Süden anzieht, müssen wir sagen, daß die Erde sich so verhält, als ob an der auf der Landkarte mit N o r d p o l bezeichneten Stelle ein magnetischer S ü d p o l wäre. Diese Verwechslung kommt von der unglücklichen Wahl der Bezeichnung der beiden entgegengesetzten Enden eines Magneten, zu deren Änderung es jetzt zu spät ist[12]. Die magnetische Wirkung der Erde ist nicht ganz symmetrisch; eine Kompaßnadel weicht vom wahren Norden und Süden um einen Winkel ab, der von Ort zu

---

[12] Diese Schwierigkeit sucht man manchmal zu umgehen, indem man das, was wir als Nordpol eines Magneten bezeichnet haben, als den „nordsuchenden" Pol bezeichnet.

Ort verschieden ist und sich im Laufe der Jahre langsam ändert.

Die Richtung, in welche eine Kompaßnadel sich von selbst einstellt, heißt die „Richtung des magnetischen Feldes“ an der betreffenden Stelle. Je stärker das magnetische Feld, um so größer ist die Kraft, die eine Kompaßnadel in die Richtung des Feldes dreht. Magnetische Felder werden in Einheiten gemessen, die man „Gauß“ nennt. Das Erdfeld beträgt in England etwas weniger als $^1/_5$ Gauß, das Feld in der Nähe eines starken Elektromagneten hingegen bis zu 30 000 Gauß.

Vielleicht lohnt es sich, an dieser Stelle die Anziehung eines Magneten auf ein Stück Eisen etwas genauer zu betrachten. Wir haben gesehen, daß Nord- und Südpol einander anziehen; ein Stück Eisen jedoch erfährt eine Anziehung auch dann, wenn es ursprünglich keine Magnetpole besitzt; es bekommt Pole bei der Annäherung des Magneten. Der dem Nordpol des Magneten zunächst befindliche Teil des Eisens wird zum Südpol, das entfernte Ende zum Nordpol. Da der Südpol dem Magneten näher ist, überwiegt seine Anziehung die Abstoßung des Nordpols am entfernten Ende des Eisens und das Eisen bewegt sich zum Magneten hin. Jeder kennt die Art, in der ein Magnet seinen Magnetismus auf ein an ihm haftendes Eisenstück zu übertragen scheint: wir können an einen Magneten einen Nagel heften, an diesen wieder einen und so fort, bis eine Kette von einem halben Dutzend Nägel von einem Pol herabhängt. Jeder Nagel wird durch das Feld des großen Magneten selber zum Magneten.

Man könnte auch sagen, das Stück Eisen ist stets bestrebt, sich von einer Stelle, an der das Feld schwach ist, zu einer Stelle mit starkem Feld hinzubewegen, wobei das Feld natürlich in der Nähe des Magneten stärker ist. In einem gleichförmigen Feld bewegt sich das Eisen als Ganzes weder nach der einen noch nach der anderen Richtung; es versucht nur, sich mit seiner Längsachse zum Feld parallel zu stellen. Wenn wir kleine Eisenstückchen auf leichter Unterlage in einem

Wasserbecken schwimmen lassen, so werden sie nicht das Bestreben haben, nach Norden zu treiben, da das Erdfeld an jeder Stelle praktisch gleichförmig ist. Gleichwohl erinnere ich mich an eine herrliche Geschichte aus Boy's Own Paper aus meinen Kindertagen, in der so etwas wirklich vorkam. Die Helden der Geschichte wagten sich auf ihrer Reise zu weit nach Norden und gelangten schließlich in so große Nähe des magnetischen Nordpols, daß die Nägel aus ihrem Schiff herausgezogen wurden und dieses unterging; sie selbst sausten fort durch die Luft, mitgerissen von dem Eisen der Flinten auf ihrem Rücken. Wenn ich mich recht entsinne, wurden sie von Eskimos gerettet, die ihre Kanus glücklicherweise mit Sehnen zusammengebunden hatten. In dieser Geschichte geht das Erdichtete wohl weit über die Wahrheit hinaus.

Die magnetischen Kräfte und auch die Beziehungen zwischen elektrischem Strom und magnetischem Feld sind so rätselhaft und ungleich jeder mechanischen Kraftwirkung, daß es schwierig ist, sie zu verfolgen und sich von ihnen einen Begriff zu machen, was ich bereits in der Einführung betont habe. Wieder müssen wir zugeben, daß sie sich nicht erklären lassen, sondern als ein Teil des grundsätzlichen Verhaltens aller Dinge hingenommen werden müssen. Wir werden sehen, daß eine Trennung von Elektrizität und Magnetismus unmöglich ist. Sie sind ein und dasselbe, von verschiedenen Gesichtspunkten gesehen, oder, anders ausgedrückt, sie sind zwei Bezeichnungen für die Art und Weise, in der alle Dinge sich verhalten, wenn wir ihr Verhalten genügend genau untersuchen. Ich habe dieses Kapitel mit der Überschrift „Motor und Dynamomaschine" versehen, es handelt aber in Wirklichkeit von den elektrischen und magnetischen Erscheinungen, auf denen die Wirkungsweise von Motoren und Dynamomaschinen beruht. Die Kenntnis dieser Erscheinungen ist ein Bestandteil jenes natürlichen elektrischen Empfindens, das zu erwerben wir bestrebt sind.

2. Die Erzeugung eines Magnetfeldes durch den elektrischen Strom.

Wir kommen nun zu einer weiteren großen Entdeckung in der Geschichte der Elektrizität und des Magnetismus, einer Entdeckung, die unter den übrigen hervorragt und neue, unermeßliche Gebiete eröffnet wie die Entdeckung Amerikas durch Columbus. Im Jahre 1820, zwanzig Jahre, nachdem Volta die nach ihm benannte Säule erfunden hatte, ent-

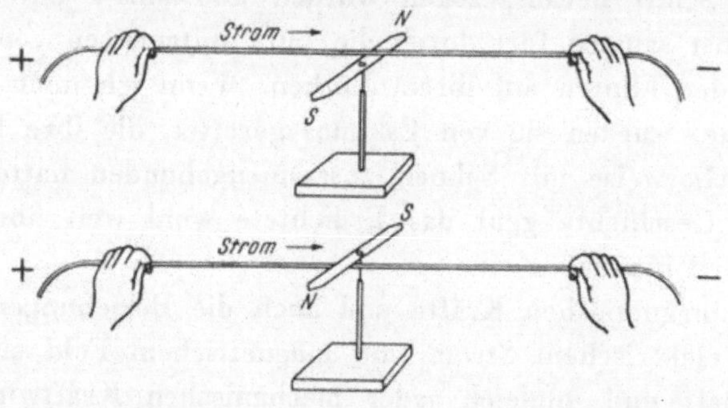

Abb. 44. Wirkung eines Stromes auf eine Magnetnadel.

deckte der dänische Forscher Oersted, daß ein elektrischer Strom auf einen in seiner Nähe befindlichen Magneten eine Kraft ausübt. Man hatte schon früher versucht, einen Zusammenhang zwischen Elektrizität und Magnetismus zu finden, die Versuche waren aber mit geladenen Körpern oder mit den Polen einer leerlaufenden Batterie unternommen worden. Es blieb Oersted vorbehalten, zu zeigen, daß elektrische Ladung nur dann auf den Magneten wirkt, wenn sie sich an ihm vorbei bewegt oder, mit anderen Worten, daß der Magnet nur dann beeinflußt wird, wenn in seiner Nähe ein Strom durch einen Leiter fließt. Es heißt, daß Oersted den Effekt entdeckte, als er gerade eine Vorlesung über Elektrizität und Magnetismus hielt. Im Verlauf der Vorlesung verfiel er darauf, auszuprobieren, wie eine Magnetnadel sich in der Nähe eines Drahtes verhält, der die Pole einer Voltaschen Batterie verbindet. Er fand, daß die Nadel sich rechtwinklig zum Draht einzustellen versuchte. Abb. 44 veranschaulicht den Versuch von Oersted. Um den Effekt in entscheidender Weise darzutun, nehmen wir einen langen, geraden Leiter und schicken durch ihn einen starken Strom von etwa fünf Ampere hindurch. Wenn der Strom, dem Pfeil entsprechend, von links nach rechts fließt und der Draht über die Nadel gehalten wird, so dreht sich ihr Nordpol vom Beobachter fort. Wird derselbe Draht unter die Nadel gehalten, dann dreht sich der Nordpol zu ihm hin. Nach einer Regel von Ampère kann man sich den Effekt leicht merken. Wenn wir uns vorstellen, daß unser Körper ein Leiter ist, in welchem ein Strom von den Füßen zum Kopf fließt, dann wird ein vor uns befindlicher Nordpol nach links, ein Südpol nach rechts abgelenkt.

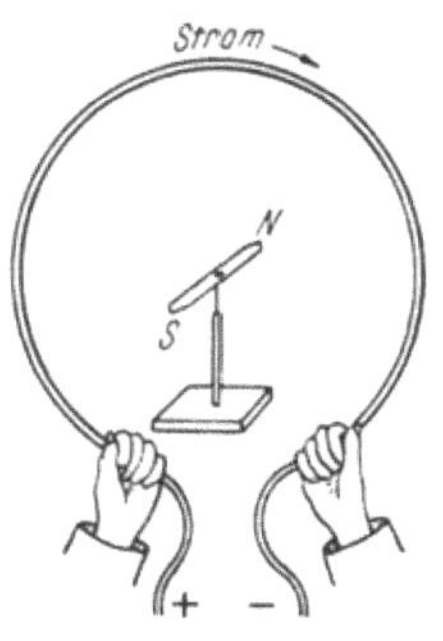

Abb. 45. Magnetisches Feld im Innern einer stromdurchflossenen Schleife.

Gewiß ist dies die sonderbarste und verwickeltste aller Naturkräfte. Die komplizierte Regel zu ihrer Beschreibung erinnert uns an die Geschichte von der alten Dame, die folgendermaßen die Zeit von ihrer Uhr ablas: „Wenn die Zeiger auf halb acht stehen und es drei schlägt, dann weiß ich, es ist zwanzig vor neun.“ Die Anziehung der Schwerkraft und die Anziehung und Abstoßung geladener Körper wirken *in der Richtung* der Verbindungslinie der Körper. Diese Kraft dagegen wirkt *im rechten Winkel* sowohl zur Stromrichtung als auch zur Verbindungslinie vom Leiter zum Magneten. Der Strom erzeugt ein magnetisches Feld, dessen Richtung wir nicht mehr durch Linien darstellen können. die vom Draht ausgehen, sondern durch Kreise, die den Draht umgeben.

Angenommen, wir nehmen denselben Draht und biegen ihn zu einer Schleife um die Nadel, wie Abb. 45 zeigt. Wenn wir uns an unsere Regel erinnern, sehen wir, daß der Strom in allen Teilen der Schleife dieselbe Wirkung auf die Nadel ausübt, so daß ihr Nordpol von uns weg, ihr Südpol auf uns weist. Der Strom in der Schleife bewirkt, daß durch sie ein magnetisches Feld hindurchläuft. Der nächste Schritt wird offenbar darin bestehen, daß man die Wirkung verstärkt, indem man den Strom durch eine aus vielen Schleifen bestehende Spule hindurchschickt. Die Schleifen summieren

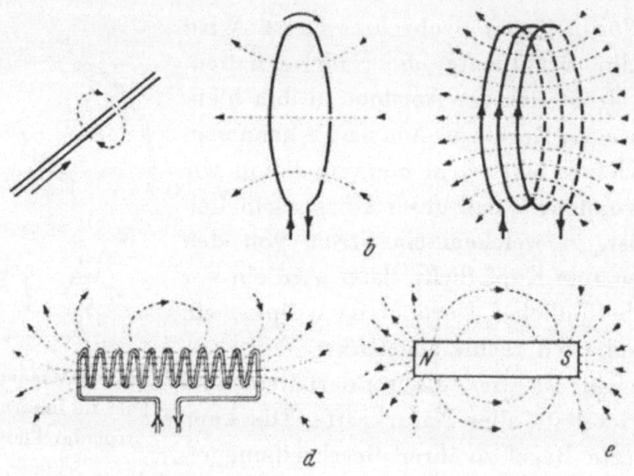

Abb. 46. Magnetische Felder von Strömen, durch Kraftlinien dargestellt.

sich dann in ihrer Wirkung und wir erhalten ein bedeutend stärkeres magnetisches Feld.

Es ist zweckmäßig, sich einer bildlichen Darstellung des magnetischen Feldes zu bedienen. Wir zeichnen die magnetischen Kraftlinien ähnlich wie die elektrischen Kraftlinien des elektrischen Feldes im I. Kapitel. Die Magnetnadel zeigt stets in der Richtung einer Kraftlinie, und das Feld ist am stärksten, wo sich die Linien am dichtesten zusammendrängen. Wir vereinbaren, daß die Richtung der Kraftlinien diejenige sein soll, in die der Nordpol weist, und deuten sie im Bild durch Pfeile an. Abb. 46 a veranschaulicht die Wirkung eines in einem geraden Leiter fließenden Stromes. Da die Nadel sich stets senkrecht zum Draht einstellt, erscheinen die Kraftlinien als Kreise um den Leiter. In b wurde der

Leiter zu einer Schleife gebogen. Die Linien verlaufen durch das Innere der Schleife und kehren außen kreisförmig wieder zurück. In c sehen wir mehrere Schleifenwindungen. Die Linien verlaufen genau so, aber das Feld ist viel stärker; das ist durch die vermehrte Anzahl der Linien angedeutet. Endlich ist in d der Draht zu einer langen Spirale, einem sogenannten Solenoid, aufgespult. Die Kraftlinien treten am einen Ende heraus, laufen außen zurück und wieder in das andere Ende hinein. Der Leser möge besonders beachten, daß das von einem solchen Solenoid erzeugte Kraftlinienbild genau das gleiche ist, wie wenn es von einem Magneten e herrührte. Man kann die Kraftlinien eines Stabmagneten aufzeichnen, indem man einen starken permanenten Magneten auf ein Blatt Papier legt, einen kleinen Kompaß an verschiedene Stellen seiner Umgebung bringt und Linien so einzeichnet, daß sie an jeder Stelle parallel zur Richtung der Nadel verlaufen. Da die Kraftlinien ein anschauliches Mittel zur Beschreibung magnetischer Wirkungen sind, bedeutet die Gleichheit der beiden Kraftlinienbilder, daß ein stromdurchflossenes Solenoid sich genau wie ein Magnet verhält. Der große französische Physiker Ampère war es, der als erster auf diese Tatsache hinwies, nur drei Monate nach der Bekanntmachung der Entdeckung Oersteds. Ampère ging noch weiter und äußerte den genialen Gedanken, ein Magnet verdanke seine Eigenschaft dem Umstand, daß er winzige elektrische Ströme enthalte, die im Innern der Stahlmoleküle kreisen. Diese Ströme sind immer vorhanden, aber für gewöhnlich sind ihre Kreisbahnen in alle möglichen Richtungen gekippt, so daß im Durchschnitt ihre Wirkungen einander aufheben. Beim Magnetisieren des Stahles werden die kreisenden Ströme gedreht, so daß sie alle in derselben Richtung rotieren. Ampère sah in der Tat den Zusammenhang zwischen Elektrizität und Magnetismus. Er erkannte, daß der Magnetismus nicht eine Erscheinung für sich, etwas von der Elektrizität Verschiedenes ist, sondern eine Bezeichnung für die Wirkung bewegter elektrischer Ladungen.

Der in Abb. 47 dargestellte Versuch zeigt das Verhalten einer stromführenden Spule. Die Spule aus dünnem, isoliertem Draht ist auf einem hölzernen Floß befestigt. Ihre beiden Enden sind mit einer Zink- und einer Kupferplatte auf der Unterseite des Flosses verbunden; das Floß schwimmt in einem mit schwach angesäuertem Wasser gefüllten Becken. Die beiden Platten bilden eine Batterie, die einen Strom

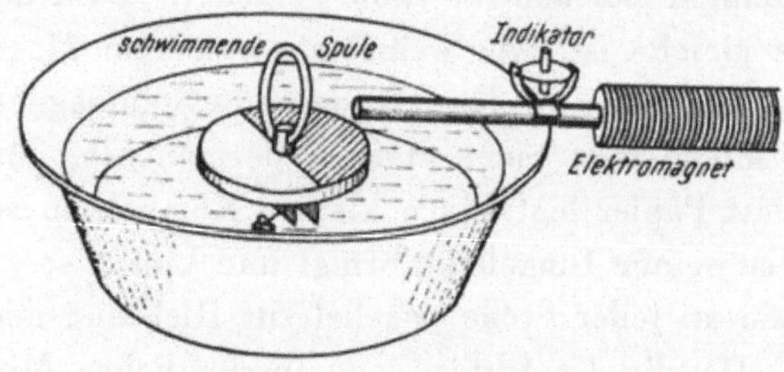

Abb. 47. Eine schwimmende stromführende Spule wird wie ein Magnet angezogen oder abgestoßen.

durch die Spule schickt und so bewirkt, daß diese sich wie ein kurzer Elektromagnet verhält, mit Nord- und Südpol auf den gegenüberliegenden Flächen. Man kann auch eine kleine Trockenbatterie zu diesem Zweck verwenden. Ein kräftiger Elektromagnet (s. den nächsten Abschnitt) ragt über den Rand des Beckens hinaus. Schaltet man in ihm den Strom ein, so daß sein Ende zum Nordpol wird, so dreht sich die Spule so, daß die ihren Südpol darstellende Fläche sich zum Elektromagneten hinwendet, sich dann auf ihn zu bewegt und sich über sein Ende schiebt. Kehrt man nun die Stromrichtung im Elektromagneten um, dann entfernt sich die Spule würdevoll, wendet sich um und fädelt sich verkehrt auf den Pol auf. Der Versuch ist fesselnd, denn das Benehmen der Spule scheint durchaus vernünftig zu sein. Hier noch ein Wink zur Ausführung des Versuches: Wenn das Floß den Rand des Beckens berührt, neigt es wegen der kapillaren

Anziehung zum Haften. Diesen Mangel kann man beheben, indem man das Floß mittels eines Fadens und eines kleinen Gewichtes in der Mitte des Beckens verankert. Der Faden ist lang genug, daß der Spule Bewegungsfreiheit bleibt, aber zu kurz, um das Floß den Rand berühren zu lassen.

Abb. 48 zeigt einen anschaulichen Versuch zum Nachweis des Feldes im Innern eines Solenoids. Ein eisernes Rohr von etwa einem Meter Länge steht auf dem Fußboden, sein oberes Ende ragt gerade in das Innere des auf dem Schemel stehenden Solenoids. Schickt man einen Strom von mehreren Ampere durch die Spule, so wird das Eisenrohr emporgezogen und bleibt im Innern des Solenoids hängen. Es wird nach aufwärts in das starke Feld hineingezogen und fällt wieder zu Boden, sobald man den Strom abschaltet.

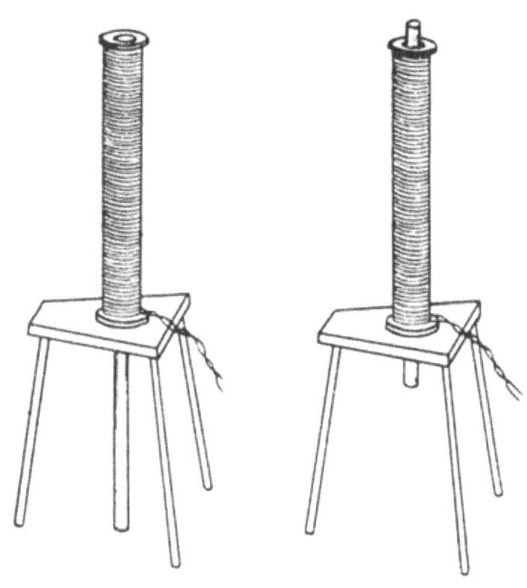

Abb. 48. Beim Durchgang des Stromes durch das Solenoid wird das eiserne Rohr in das magnetische Feld im Innern des Solenoids emporgesaugt.

E l e k t r o m a g n e t e. Wenn ein Stab aus weichem Eisen in das Innere eines stromdurchflossenen Solenoids gebracht wird, wird er zu einem kräftigen Magneten. „Weiches" Eisen scheint übrigens eine etwas unrichtige Benennung zu sein, denn jedes Eisen ist doch offensichtlich ziemlich hart! Dennoch pflegt man Eisen, welches nahezu rein ist und insbesondere weniger als 0,1 Prozent Kohlenstoff enthält, als weich zu bezeichnen; es läßt sich leicht hämmern und biegen. Hingegen wird Eisen bei größerem Kohlenstoffgehalt (0,5 bis 1,5 Prozent) federnd und hart, man nennt es dann Stahl.

Man muß natürlich hinzufügen, daß diese ursprünglichen Bezeichnungen heutzutage nur geringe Bedeutung haben, da man Eisen mit zahlreichen anderen Metallen legiert, um ihm verschiedene gewünschte Eigenschaften zu geben, und alle diese Legierungen bezeichnet man als Stahl. Man kann Elektromagnete herstellen, die weit stärker sind als jeder permanente Magnet. Abb. 49 (Tafel 11) zeigt eine einfache Ausführung eines Elektromagneten, bestehend aus einem geraden Eisenstab, um den eine Spule aus starkem Draht gewunden ist. Der Draht besitzt eine Isolierung aus Papier oder Baumwolle und Gummi, so daß der Strom den Draht entlangfließt und keine Abkürzung zwischen den Windungen findet. Der abgebildete Magnet wurde in einen Haufen eiserner Nägel getaucht und dann herausgehoben; aus der Zahl der an ihm haftenden Nägel kann man ermessen, wie stark er ist. Abb. 50 (Tafel 11) zeigt einen Elektromagneten auf einem Kran zum Heben von Schrott. Beim Einschalten des Stromes haftet das Eisen am Magneten, beim Ausschalten fallen die Eisenstücke wieder ab. In Abb. 51 a (Tafel 12) ist ein winziger Elektromagnet zu sehen, der so klein ist, daß man ihn in die Tasche stecken kann. Und doch vermag er, wenn der Strom einer Akkumulatorzelle durch seine Windungen fließt, ein Gewicht von 25 kg zu tragen. Das Gewicht ist mit einem Ring an einem kleinen Weicheisenstück befestigt, welches dicht auf den Polen des Magneten aufsitzt und dadurch die volle Stärke der Anziehung erfährt (Abb. 51 b, Tafel 12). Schließlich sieht der Leser in Abb. 52 a (Tafel 13) einen riesigen Magneten, der für Prof. Blackett, Birkbeck College, eigens hergestellt wurde. Er wiegt 11 Tonnen und wird für Versuche mit kosmischer Strahlung verwendet. Die vom oberen Ende der Spule fortführenden Rohre leiten den Luftstrom, der die Spulen kühlt. Abb. 52 b zeigt eine Skizze des Magneten. Für Versuche, zu deren Ausführung man sehr starke Magnetfelder benötigt, wurden in anderen Laboratorien noch bedeutend größere Magnete gebaut.

Tafel 11

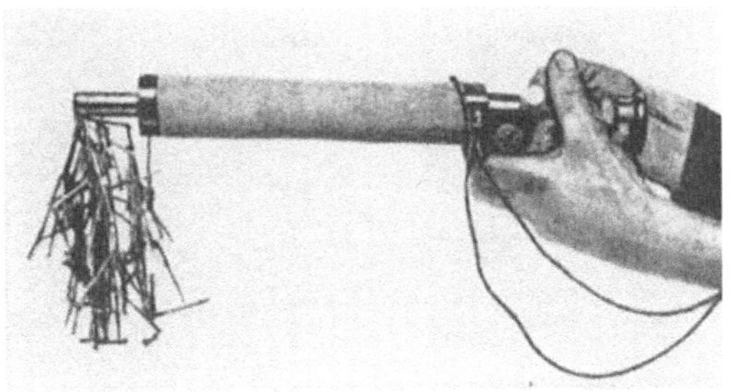

Abb. 49. Nägel, von einem Elektromagneten herabhängend.

Abb. 50. Elektromagnet auf einem Kran zum Heben von Schrott. (Rapid Magnetting Machine Company.)

Tafel 12

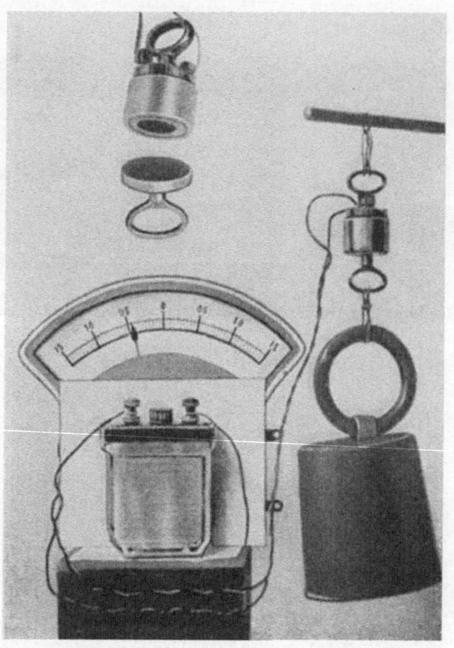

Abb. 51. Kleiner Elektromagnet, eine 25 kg schwere Last tragend. Der eine Pol des Magneten wird von einem inneren Eisenkern gebildet, der die Wicklung trägt, der andere Pol vom äußeren Eisengehäuse.

Abb. 55. Betriebsfähiges Modell zur Erläuterung des Prinzips eines Motors oder einer Dynamo.

Abb. 52 a. Großer Elektromagnet für Versuche mit kosmischer Strahlung. (Metropolitan-Vickers.)

Der Weicheisenkern eines Elektromagneten ist stark magnetisch, solange der Strom fließt, er verliert hingegen nahezu allen Magnetismus, sobald man den Strom ausschaltet. Ein Stück Stahl hingegen wird in einem Solenoid nicht so stark magnetisch, behält aber beim Aufhören des Stromes einen

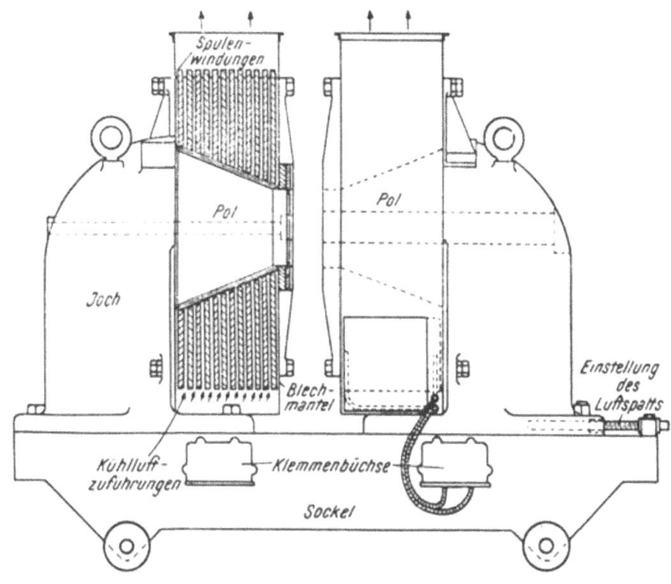

Abb. 52 b. Skizze des in Abb. 52 a gezeigten großen Elektromagneten.

hohen Anteil seiner Magnetisierung zurück. Permanente Magnete werden hergestellt, indem man einen Stahlstab in das Innere einer von einem starken Strom durchflossenen Spule bringt. Wenn man Versuche mit starken Magneten anstellt oder in einem Kraftwerk sich in der Nähe eines großen Generators aufhält, der einen starken Feldmagneten besitzt, so ist es ratsam, die Uhr in sicherer Entfernung abzulegen, denn sonst wird die Uhr infolge der auf die Feder einwirkenden magnetischen Kräfte falsch gehen. Für die Zündmagnete von Verbrennungskraftmaschinen braucht man starke permanente Magnete, und zahlreiche Versuche wurden angestellt, um eine Stahlsorte zu finden, welche die größtmögliche Magnetisierung zurückbehält. Häufig wird Magnetstahl mit einem Gehalt von 35 Prozent Kobalt verwendet. Eine noch bessere Legierung, die erst vor kurzem entdeckt wurde, enthält nahezu kohlenstofffreies Eisen mit 25 bis 30 Prozent Nickel, 12 Prozent Aluminium, 5 Prozent Kobalt und 3 Prozent Chrom.

3. Strom- und Spannungsmesser.

Die gebräuchlichsten Instrumente zur Messung von Spannung und Strom beruhen auf der Wirkung zwischen einer beweglichen stromführenden Spule und einem festen permanenten Magneten. Abb. 53 zeigt den Aufbau eines Weston-Instrumentes.

An den Enden eines in Form eines maurischen Gewölbes gebogenen permanenten Magneten sind zwei Polschuhe aus weichem Eisen befestigt. Zwischen ihnen befindet sich ein zylindrischer Spalt. In diesem Spalt sitzt, mit geringem Spielraum rundherum, ein zylindrischer Kern aus weichem Eisen. Der Weicheisenkern bildet für die Kraftlinien zwischen den Polen einen passenden Weg, so daß das magnetische Feld in dem Spalt gleichförmig ist. Die drehbar gelagerte Spule, an der ein Zeiger befestigt ist (Abb. 53 b), umgibt den Kern und kann sich im Spalt frei drehen. Die Zu- und Ableitung des Stromes zur Spule erfolgt durch Spiralfedern an ihrem oberen und unteren Ende. Wenn ein Strom durch die Spule fließt, sucht sie sich entgegen der Kraft der Federn so zu drehen, daß ihr eigenes Magnetfeld zu dem vom permanenten Magneten erzeugten parallel wird (Abb. 53 c). In einem gut konstruierten Instrument ist die Drehkraft nahezu genau proportional dem Strom, so daß die Einteilung der Skala, die in gleichen Stromschritten fortschreitet, fast gleichförmig ausfällt.

Ein solches Instrument läßt sich entweder als Strommesser oder als Spannungsmesser verwenden. Als Strommesser wird es mit einem „Nebenschluß“ versehen. Wenn wir einen Strom von vielen Ampere messen wollen, so können wir diesen Strom natürlich nicht durch die Windungen der empfindlichen Spule senden, sondern der Strom geht in der Hauptsache durch einen starken Leiter, den Nebenschluß, der

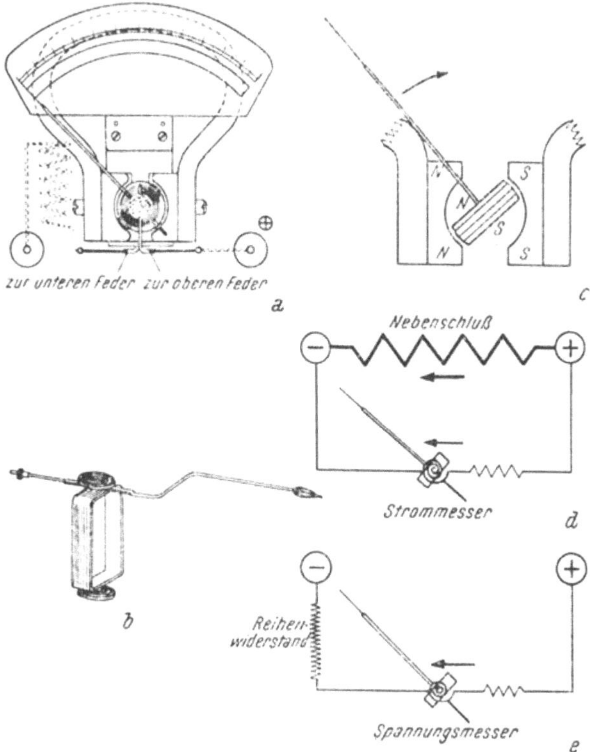

Abb. 53 a, b, c, d, e. Aufbau und Schaltung von Drehspul-Strom- und Spannungsmessern. (W e s t o n.)

geringen Widerstand besitzt (Abb. 53 d). Ein Bruchteil geht den anderen Weg über den bedeutend höheren Widerstand des Strommessers. Da dieser Anteil aber stets dem Hauptstrom proportional ist, kann er zu dessen Bestimmung verwendet werden. Wenn z. B. der Widerstand des Strommessers 999mal so groß ist als der des Nebenschlusses, so wird ein Strom von 10 Ampère sich in der Weise aufspalten, daß

$^1/_{100}$ Ampere durch die Drehspule fließt, also gerade soviel, als für einen vollen Zeigerausschlag nötig ist. Oft wird der Strommesser mit mehreren Klemmen für die Verwendung verschiedener Nebenschlüsse ausgestattet, so daß man Meßbereiche von 0 bis 1 Ampere, 0 bis 10 Ampere usw. erhält.

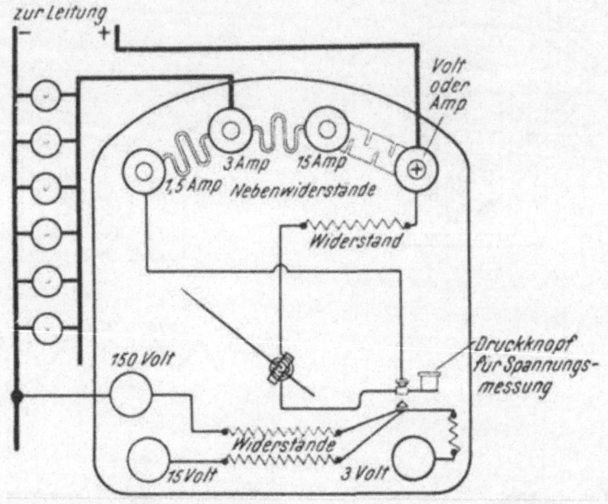

Abb. 53 f. Drehspulinstrument mit den folgenden Meßbereichen: 0 — 1,5 A, 0 — 3 A, 0 — 15 A, 0 — 3 Volt, 0 — 15 Volt, 0 — 150 Volt.
Das Bild zeigt die Verwendung des Instrumentes zur Messung des Stromes (im 3-A-Bereich) und der Spannung (im 150-Volt-Bereich) einer Gruppe von sechs Lampen. (Weston.)

Jeder einzelne Nebenschlußwiderstand ist so bemessen, daß das Instrument auf der entsprechenden Skala richtig anzeigt.

Wird das Instrument als Spannungsmesser verwendet, so schaltet man einen Widerstand in „Serie“ mit der Drehspule, d. h. die zu messende Spannung muß den Strom durch die Spule und auch noch durch den vorgeschalteten hohen Widerstand treiben, der Strom ist daher sehr schwach (Abb. 53 e). Unter der Voraussetzung, daß der Widerstand viel höher ist als der der übrigen Schaltung, ist der durch die Spule fließende Strom ein Maß für die Spannung. Auch hier läßt sich ein und dasselbe Instrument für verschiedene

Spannungsbereiche verwenden, wenn man mehrere Widerstände vorsieht. Abb. 53 f zeigt die Schaltverbindungen in einem Instrument mit mehreren Meßbereichen und seine Verwendung zur Messung der an eine Reihe von Lampen angelegten Spannung und des von ihnen aufgenommenen Stromes.

Die Spule ist auf einem leichten Aluminiumrahmen aufgewunden. Wenn sie sich bewegt, entstehen im Rahmen „Wirbelströme", die wir im nächsten Kapitel beschreiben werden. Diese Ströme dämpfen die Bewegung der Spule und des Zeigers, so daß dieser nur wenige Schwingungen ausführt, bevor er zur Ruhe kommt, wodurch man das Instrument leichter ablesen kann. Ich habe eine ausführlichere Beschreibung dieses typischen Drehspulinstrumentes gegeben, da Strom- und Spannungsmesser für jede praktische Tätigkeit mit elektrischen Apparaten sehr wichtig sind.

4. Der Elektromotor.

Ein Elektromotor wird durch die Anziehungs- und Abstoßungskräfte zwischen Elektromagneten angetrieben. Er besitzt drei wesentliche Teile: Erstens einen ruhenden Elektromagneten, F e l d m a g n e t genannt. Bei kleinen Motoren bildet das runde Eisengehäuse meist selbst einen Teil des Feldmagneten; so wird ein möglichst geschlossener Aufbau des Motors erreicht.

Zweitens besitzt ein Motor einen rotierenden A n k e r aus Eisen, der Windungen aus isoliertem Kupferdraht trägt. Durch Ströme in diesen Windungen wird der Anker magnetisch. Er sitzt auf einer auf Lagern ruhenden Welle zwischen den Polen des Feldmagneten. Schließlich muß eine Möglichkeit vorhanden sein, den Strom in den Anker zu bringen, und dies geschieht (bei den gewöhnlichen Motortypen) mit Hilfe des K o m m u t a t o r s. Die Windungen des Ankers sind mit einer Reihe auf einem Zylinder angeordneter Kupferstäbe verbunden (s. Abb. 54); zwei Kohleblöcke, B ü r s t e n genannt, pressen sich beim Rotieren des Ankers gegen diese Stäbe. Die Bezeichnung der Kohleblöcke als „Bürsten" erscheint sonderbar; der Name stammt aus früheren Tagen, als man noch richtige Bürsten aus Draht verwendete, um den Strom dem Kommutator zuzuführen. Man fand bald heraus, daß Kohle sich viel besser eignet, da sie den Kommutator weniger rasch abnützt, aber der Name blieb bestehen, wie

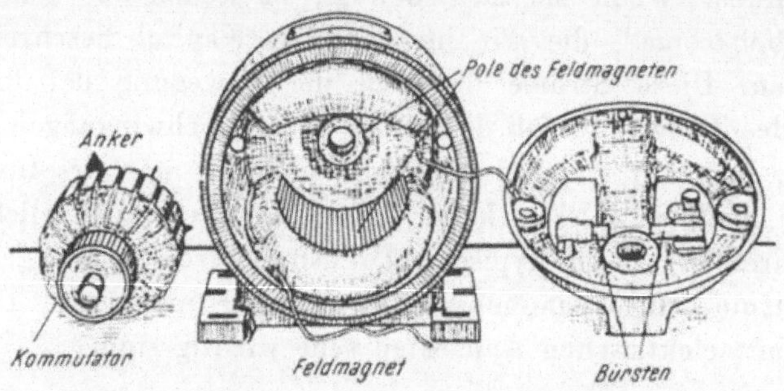

Abb. 54. Kleiner Motor, in seine Teile zerlegt. Man sieht den Feldmagneten, den Anker, den Kommutator und die Bürsten.

das so oft vorkommt. Abb. 54 zeigt einen in seine Teile zerlegten kleinen Motor.

Wenn man einem Motor Strom zuführt, dreht sich der Anker, und diese Drehbewegung läßt sich zum Antrieb verschiedener Vorrichtungen ausnützen. Ein Motor ermöglicht es, elektrische Energie in mechanische Kraft zu verwandeln. Die kleinen Motoren, die zum Antrieb von Ventilatoren oder Staubsaugern verwendet werden, sind uns gut bekannt. Straßenbahnwagen haben starke Motoren, die an beiden Enden des Fahrgestells montiert sind. In vielen Fabriken wird jede einzelne Maschine von einem eigenen Elektromotor angetrieben, während nach dem alten System der Antrieb von einer gemeinsamen Welle durch Riemen erfolgt. Wer sehen will, wie ein Motor funktioniert, betrachte die entzückenden kleinen Spielzeugmotoren, die für Modellboote und -züge erzeugt werden, da sie viel einfacher und ihre Bestandteile deutlich sichtbar sind.

Abb. 55 (Tafel 12) zeigt eine Aufnahme eines Motors, den wir für meine Vortragsreihe bauten. Vom technischen Standpunkt betrachtet, ist er ein ganz schlechter Motor, da er wenig Kraft gibt und eine Menge Strom verbraucht. Hingegen ist er zur Erläuterung der Wirkungsweise eines Motors ausgezeichnet geeignet. Der Leser bemerkt den großen Feldmagneten. Die Spule im Hintergrund erzeugt seinen Magnetismus und macht die beiden Polschuhe zum Nord- und Südpol, wie im Bild angegeben. Man muß sich mit der Art vertraut machen, in der die Kraftlinien, wo es nur angeht, ihren Weg durch das Eisen nehmen. Selbst dann, wenn das Eisen wie auf dem Bild U-förmig gebogen ist, macht eine an einer Stelle angebrachte Spule das ganze U magnetisch und ruft zwischen den mit N und S bezeichneten Polen ein starkes Feld hervor; wir brauchen keine Spule zu verwenden, die über die ganze Länge des U-förmigen Eisenstückes gewunden ist. Der Anker wurde so einfach als möglich ausgeführt. Er ist ein gerader Stab aus weichem Eisen, um den eine Spule gewunden ist, und sitzt auf einer Welle, auf der er mit knappem Spielraum zwischen den Polen des Feldmagneten umlaufen kann. Der Kommutator besteht aus einem Messingzylinder, der durch Schlitze in zwei gleiche Hälften geteilt und auf einer isolierenden Hülse befestigt ist. Jedes der beiden Enden der Ankerwicklung wird mit einer der Kommutatorhälften verbunden. Die Bürsten sind zwei Messingstreifen, die an den Kommutator angepreßt werden.

Abb. 56 zeigt den Verlauf des Stromes im Anker. Angenommen, wir beginnen mit einer in Abb. 56a gezeigten Stellung des Ankers. Der Strom tritt durch die rechte Bürste ein, die sich an die eine Kommutatorhälfte andrückt. Von dort gelangt er zur Wicklung, durchfließt sie und tritt durch die andere Kommutatorhälfte und die andere Bürste wieder heraus. Infolgedessen (der Leser denke an die Regel über die magnetisierende Wirkung eines Stromes) wird das linke Ende des Ankers zum Nordpol, das rechte zum Südpol. Der Nordpol des Feldmagneten stößt den Nordpol des Ankers ab und ebenso stoßen die beiden Südpole einander ab, so daß der Anker sich in der durch den Pfeil angedeuteten Richtung dreht. In b hat er sich etwas weitergedreht. In c ziehen Nord- und Südpol einander an und der Anker wird noch immer in derselben Richtung gedreht. Wenn alles so bliebe,

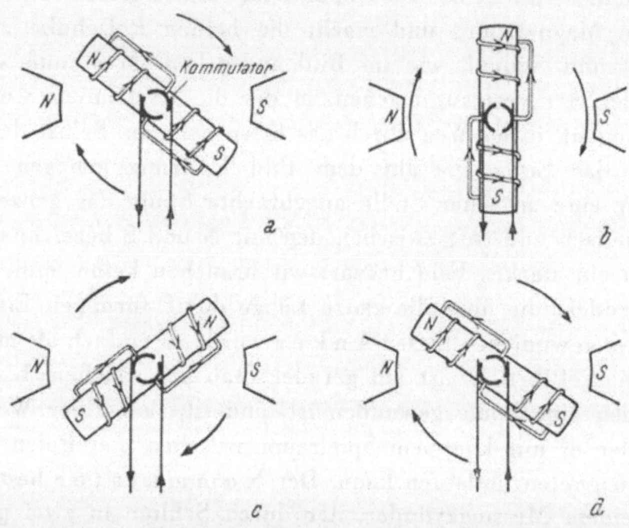

Abb. 56. Vier aufeinanderfolgende Stellungen des Motorankers. Der Anker wird stets in derselben Richtung gedreht.

würde der Anker, sowie seine Enden die Pole des Feldmagneten passiert hätten, wieder zurückgezogen werden. Hier greift nun der Kommutator ein. Der Leser wird bemerken, daß bei einer geringfügigen Weiterbewegung des Ankers die Bürsten ihre Kommutatorhälften wechseln. Die Folge davon ist, daß nun der Strom im Anker in der entgegengesetzten Richtung fließt, wie durch die Pfeile angedeutet wurde, und daß der frühere Nordpol des Ankers jetzt zum Südpol wird. Der Anker setzt daher seine Drehung fort, da seine Enden, die zuvor von den Polen des Feldmagneten angezogen worden waren, nunmehr eine Abstoßung erfahren.

Der Vorgang wiederholt sich, denn Bild d gleicht, wie man sieht, dem Bild a völlig, so daß alles wieder von vorne beginnt.

Es ist wie mit der wohlbekannten Rübe vor des Esels Nase: die Rübe war in Wirklichkeit am Karren befestigt, und als der Esel sich in Bewegung setzte und sie erwischen wollte, blieb sie immer wieder vor seiner Nase. Ich erinnere mich an einen Film vom Kater Felix, der nach einem ähnlichen Prinzip ein Auto baute. Er fing eine Maus und setzte sie auf einen Treibriemen im Innern der Motorhaube. Ein Stück Käse hing gerade vor der Maus, und wenn er den Vergaser leicht berührte, tanzte der Käse in verführerischer Weise hin und her, die Maus rannte den Riemen entlang und Felix jagte in seinem „Sportwagen" davon.

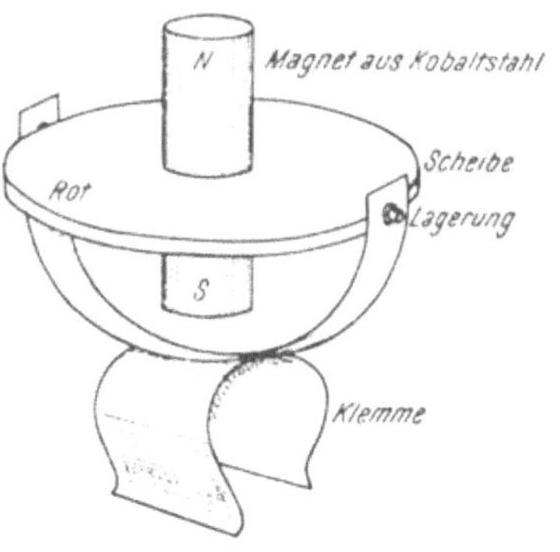

Abb. 57. Indikator zum Anzeigen der Polarität eines Magneten.

Beim Elektromotor ist es ähnlich: Gerade dann, wenn der Anker die Stellung erreicht hat, in der Nord- und Südpol einander gegenüberliegen, kehrt sich die Stromrichtung um und der Anker muß weiterlaufen.

Wir können diesen Wechsel mit Hilfe kleiner Indikatoren (Abb. 57) verfolgen. Ein kleiner, aber sehr kräftiger permanenter Magnet aus Kobaltstahl wird durch eine runde Scheibe gesteckt. Die Scheibe ist auf der einen Seite rot, auf der anderen blau bemalt, damit der Nord- bzw. Südpol kenntlich wird, und ist an einem Halter drehbar befestigt, der sich mittels einer Klemme auf die Pole eines Magneten aufsetzen läßt. Wenn der Nordpol des Magneten sich in einen Südpol verwandelt, kehrt sich die Scheibe um und zeigt die blaue Seite, während vorher die rote Seite zu sehen war. Unser Motor hatte zwei solcher Indikatoren auf den Polen des Feldmagneten und zwei auf den Polen des Ankers. Man konnte sehen, wie die Scheiben auf dem Anker die Farbe wechselten, wenn er die Pole des Feldmagneten passierte. Die Umkehr der Indikatoren erfolgt so rasch, daß man selbst bei schnellem Umlauf des Ankers einen roten Streifen über den Polen des Feldmagneten und einen blauen Streifen unter ihnen wahrnimmt.

Ein Motor wie dieser dreht sich ruckweise, da die Pole einander viel stärker anziehen oder abstoßen, wenn ihre gegenseitige Entfernung gering ist. Richtige Motoren baut man nicht mit Ankern, die aus einer rotierenden Spule bestehen, sondern mit einer auf der Ankeroberfläche gleichförmig verteilten Wicklung. Der Kommutator ist dementsprechend in zahlreiche Streifen unterteilt, wie aus Abb. 54 entnommen werden kann. Ein solcher Motor läuft daher ruhig, genau so, wie ein moderner Achtzylinder-Automobilmotor ruhiger läuft als der Einzylindermotor der ersten Autos. Man gewinnt stärkere Magnetfelder, wenn der Weg der Kraftlinien tunlichst verkürzt wird. Der Feldmagnet wird daher möglichst gedrungen ausgeführt, lediglich mit zwei kurzen Polen, welche Spulen tragen und auf einem kreisförmigen Eisenblock befestigt sind, der gleichzeitig das Motorgehäuse bildet. Aus demselben Grund macht man den Spielraum zwischen Anker und Polen so klein als möglich; das Magnetfeld wird nämlich auch geschwächt, wenn die Kraftlinien einen breiten Luftspalt überqueren müssen.

Ein Elektromotor bringt deutlich die Überlegenheit elektrischer Maschinen gegenüber Dampfmaschinen oder Verbrennungsmotoren mit ihren Kolben, Kurbeln und Ventilen, an denen überall Reibung und Abnützung auftritt, zum Ausdruck. Bei einem Elektromotor entsteht Reibung nur am Kommutator, wo der Druck der Bürsten nur gering ist, und in den Achslagern, die, als Kugellager ausgeführt, jahrelang keiner Wartung bedürfen. Seine „Arbeitsteile" sind allein magnetische Anziehung und Abstoßung. Elektromotoren besitzen einen außerordentlich hohen Wirkungsgrad, da sie nahezu alle zugeführte elektrische Energie in verfügbare Arbeit verwandeln.

5. Erzeugung von Strömen durch magnetische Felder.

Die Krone der Entdeckungen, die Erkenntnis der Beziehungen zwischen Elektrizität und Magnetismus, verdanken wir Faraday.

Tyndall sagt von Faraday, er sei „der größte Experimentalphysiker gewesen, den die Welt je gesehen habe". Es gibt kaum ein Gebiet der Elektrizität und des Magnetismus, auf dem er nicht grundlegende Entdeckungen machte, für deren jede ihm der höchste wissenschaftliche Rang gebührt hätte. Zur Jahrhundertfeier seiner Entdeckung der elektromagnetischen Induktion fand im Jahre 1931 in der Albert Hall eine Ausstellung statt. In der Mitte des Saales wurden die ursprünglichen Faradayschen Versuche gezeigt, in vielen Fällen mit den von ihm verwendeten Apparaten. Strahlenförmig nach außen hatte man Schaustücke angeordnet, die die Weiterentwicklung jeder seiner großen Entdeckungen bis hin zu den gewaltigen Industrien zeigten, welche als letzte Auswirkungen entstanden waren. Seine Arbeiten auf dem Gebiet der elektromagnetischen Induktion, d. h. die Erzeugung von Strömen durch Magnetfelder, waren seine bedeutendste wissenschaftliche Großtat; auf ihnen beruht die moderne Elektrotechnik.

Das Genie Faradays zeigte sich noch in einer anderen Weise, der wir vielleicht ebensoviel verdanken wie seiner Fähigkeit, neue Naturgesetze aufzufinden: es ist die Art, wie er über seine Entdeckungen nachdachte. Wir wissen heute weit mehr als Faraday. Seine ersten Versuche mit einfachen Apparaten wurden von anderen mit größerer Genauigkeit und Gründlichkeit wiederholt. Faraday war kein Mathematiker, in den Tagebuchnotizen über seine experimentellen Untersuchungen findet sich keine Gleichung mit x und y, sondern nur die einfachste Sprache und Zahlenangabe über das Ausmaß der von ihm beobachteten Wirkungen. Dennoch sehen wir sein Werk als ein Beispiel allerbester wissenschaftlicher Arbeit an.

Faraday hatte eine wunderbar klare und einfache Art, die von ihm entdeckten Tatsachen zu sammeln und miteinander zu verbinden. Vielleicht darf ich zur Verdeutlichung ein bescheidenes Beispiel anführen: Wie ist es, wenn wir unter Anleitung eines Fachmannes einen Sport erlernen wollen? Beim Cricket oder Tennis führen wir die Schläge zunächst auf unsere eigene, umständliche Art aus und haben selten Erfolg. Dann zeigt uns jemand, wie der Schlag richtig geführt wird. Sobald wir den Kniff begriffen haben, wird alles wunderbar einfach und wir bringen den Schlag mit jener mühelosen Leichtigkeit zuwege, die man „guten Stil" nennt. Genau dasselbe gilt für das Denken. Uns selbst überlassen, reihen wir unsere Gedanken in verworrener Weise aneinander, bis wir uns in ihrem Gewirr so sehr verstricken, daß wir nicht mehr weiter können. Dann legt uns jemand das Ganze auf neue Art dar. Wir kennen vielleicht schon alle Tatsachen, er aber zeigt uns, wie sie sich zusammenfügen, und ordnet unsere Vorstellungen. Wir werden wieder Herr unserer Gedanken, die wir zuvor nicht einordnen konnten, denn man hat uns gezeigt, wie wir in diesem betreffenden Falle klar denken müssen. Auch im Denken gibt es einen „guten Stil" und einen „schlechten Stil", genau so wie beim Spiel. Meine Aufgabe als Lehrer der Physik besteht nicht darin, meinen Schülern Tatsachen zu sagen — diese würden sie weit genauer aus Büchern als aus meinem Vortrag entnehmen —, sondern ihnen zu zeigen, wie sie über diese Tatsachen nachzudenken haben. Wenn es mir gelungen ist, eine Sache klarzumachen, kann ich manchmal den einen oder anderen Studenten verständnisvoll grinsen sehen, trotz der ungemütlichen Umgebung des Vortragssaales; ich habe bewirkt, daß er sich denkt: „Natürlich, wenn man's von dieser Seite betrachtet, ist es klar."

Dies ist es, was Männer wie Faraday in gereiftester Form der ganzen Welt geben. Wir alle können folgen, wenn uns ein großes Genie führt. Etwas von seiner Kraft geht auf uns über. Wir reisen auf einer breiten Straße der Gedanken, während er einen Weg durch das Dickicht bahnen mußte. Unsere ganze Art des Denkens über Elektrizität und Magnetismus wurde durch Faradays Einfluß geformt.

Die Entdeckung, welche in der Überschrift dieses Abschnittes genannt wurde, läßt sich folgendermaßen zusammenfassen. Wir haben gesehen, wie wir durch Reibung elektrische

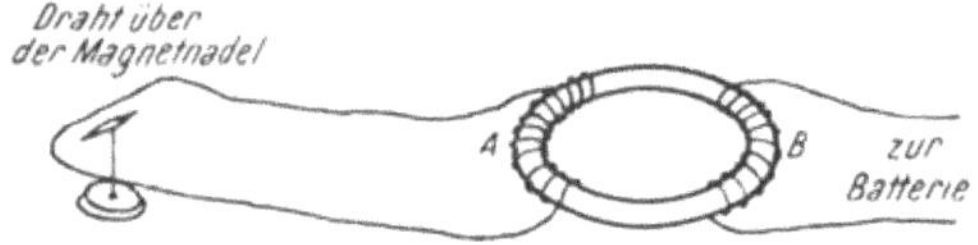

Abb. 58. Entdeckung der elektromagnetischen Induktion durch Faraday.

Ladung erzeugen können und wie diese beim Entladen von Körpern einen Stromstoß verursacht. Auf der nächsten Stufe des Fortschritts ermöglichte die Voltasche Zelle die Erzeugung von Strömen, die während einer beträchtlichen Zeit fließen. Der Strom wird durch chemische Energie getrieben, die davon herrührt, daß die Atome im Inneren der Zelle sich während des Entladevorganges neu gruppieren. Solange man Ströme nur auf diese Weise hervorzurufen wußte, konnten sie niemals sehr stark sein. In den Batterien wurden teure Chemikalien verbraucht, und dadurch war ihre Größe begrenzt. Faraday zeigte nun, wie man einen Strom durch eine Schaltung, etwa einen einfachen Drahtring, fließen lassen kann, ohne eine Batterie zum Antrieb zu verwenden. Diese Entdeckung ist die Grundlage der Erschließung elektrischer Energie in großem Maßstab.

Der von Faraday entdeckte Effekt heißt „elektromagnetische Induktion". Seinen ersten Versuch machte Faraday mit einem Ring aus weichem Eisen, um den er zwei Drahtspulen geschlungen hatte (s. Abb. 58). Die Enden der Spule A waren mit einem Kupferdraht verbunden, der, ein Meter von der Spule entfernt, gerade über einer Magnetnadel verlief. Jeder Strom in diesem Kreis mußte sich durch eine Bewegung der Nadel anzeigen. Die Anordnung war in der Tat eine einfache Form eines Galvanometers, eines Instrumentes zum Anzeigen des Stromes. Die Enden der Spule B verband Faraday mit einer „Batterie aus zehn Plattenpaaren". Beim Herstellen der Verbindung wurde die Nadel nach der einen Seite abgelenkt, pendelte eine Zeitlang und kam dann in ihrer ursprünglichen Stellung zur Ruhe. Wurde die Verbindung geöffnet, so erfolgte die erste Ablenkung der Nadel in der entgegengesetzten Richtung, bevor die Nadel wie oben zur Ruhe kam.

Faraday stellte nun eine Reihe von Versuchen an und zeigte, daß ihre Ergebnisse sich durch ein und dasselbe allgemeine Prinzip erklären lassen. Abb. 59 a veranschaulicht einen Versuch, bei welchem ein Stück Eisen, das eine Spule trägt, zwischen die Pole zweier permanenter Magnete gebracht wurde. Die Magnete waren wie auf dem Bild angeordnet. Jedesmal, wenn die Berührung zwischen den Magneten und dem Eisenstück hergestellt oder unterbrochen wurde, zeigte das Galvanometer einen Stromstoß an. Für den nächsten Versuch stellte Faraday zwei Drahtspulen Seite an Seite, wie Abb. 59 b schematisch zeigt. Wenn in der einen der Strom eingeschaltet oder unterbrochen wurde, zeigte das Galvanometer in der anderen einen vorübergehenden Strom an, das Eisen im Inneren der Spulen war also offenbar überflüssig. Wenn schließlich das eine Ende eines Stabmagneten in eine Spule gesteckt oder aus ihr herausgezogen wurde, konnte man dieselben vorübergehenden Ströme beobachten (Abb. 59 c).

Man beachte, daß in jedem Fall ein Strom in der einen Richtung fließt, wenn das Magnetfeld im Innern einer Spule verstärkt wird, und in der entgegengesetzten Richtung, wenn das Feld geschwächt wird. Der Strom wird ausschließlich durch eine Veränderung des Feldes verursacht; ein gleichmäßiges Feld hat keine Wirkung. Bei dem in Abb. 58 gezeigten Versuch bewirkt das Einschalten des Stromes in der Spule B, daß der Eisenring magnetisch und somit das Magnetfeld im Innern von A geändert wird. Dadurch entsteht in A ein „induzierter“ Strom. Beim Aufhören des Stromes in B verliert der Ring den größten Teil seiner Magnetisierung und in A wird ein Strom in der entgegengesetz-

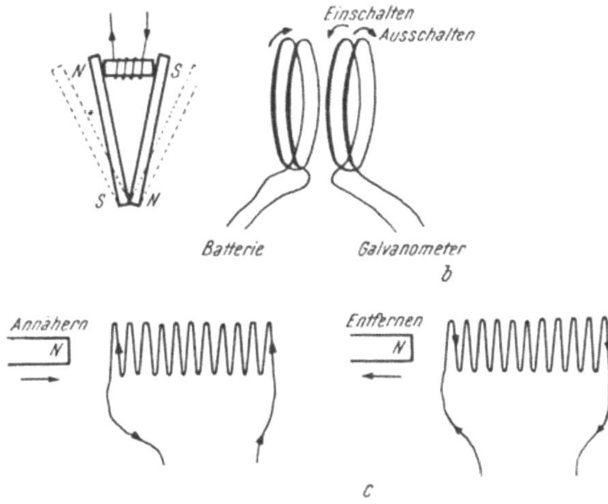

Abb. 59. Verschiedene Versuche zum Nachweis der elektromagnetischen Induktion.

ten Richtung induziert. In Abb. 59a wurde die Magnetisierung des Eisens durch Wegziehen der permanenten Magnete verringert und durch darauffolgendes Berühren vergrößert. In b wurde das Magnetfeld durch die linke Spule hervorgerufen, wenn in ihr der Strom eingeschaltet wurde, und verschwand wieder beim Ausschalten. In c entstand, nach Faradays eigenen Worten, „eine Welle von Elektrizität durch bloße Annäherung eines Magneten und nicht durch Bildung eines Magnetfeldes an Ort und Stelle“. Nähert man den Magneten der Spule, so nimmt das Feld in der Spule zu, zieht man den Magneten zurück, so wird es wieder schwächer.

Die elektromagnetische Induktion ist die letzte der vier Erscheinungen, mit denen wir uns vollkommen vertraut machen müssen, wenn wir jenes „natürliche elektrische Empfinden“ erwerben wollen, welches ich in der Einleitung erwähnte. Diese Erscheinungen bilden eine symmetrische Gruppe. Da sind zunächst 1. die Anziehung und Abstoßung zwischen elektrischen Ladungen, 2. die Anziehung und Abstoßung zwischen Magnetpolen. Nun kommen wir zu den Bindegliedern zwischen Elektrizität und Magnetismus. 3. Eine gleichbleibende elektrische Ladung übt keine Wirkung auf einen Magneten aus, wenn aber elektrische Ladungen sich in Bewegung befinden, wie beim elektrischen Strom, dann wird ein Magnetfeld erzeugt. 4. Endlich zeigte Faraday, daß ein bewegter Magnet oder ein veränderliches Magnetfeld auf eine elektrische Ladung wirkt, obwohl ein ruhender Magnet oder das konstante Magnetfeld eines gleichbleibenden Stromes keine solche Wirkung zeigen. Das sich ändernde Feld übt eben auf die Ladung eine Kraft aus, die sie wie in den soeben beschriebenen Versuchen durch einen Stromkreis treibt.

6. Die Dynamomaschine.

Durch die elektromagnetische Induktion wird es möglich, mit Hilfe mechanischer Energie elektrischen Strom zu erzeugen. Auf den ersten Blick könnte es scheinen, daß wir bei einem Versuch, wie er etwa in Abb. 59 c zu sehen ist, elektrischen Strom umsonst bekommen. Die bloße Bewegung des Magneten zur Spule hin läßt den Strom entstehen, und wenn wir uns vorstellen, daß der Magnet auf reibungslosen Rollen läuft, so sieht es aus, als ob zu seiner Bewegung keine Arbeit erforderlich wäre. Abb. 60 zeigt, daß dies nicht der Fall ist. Die Natur verfährt mit ihrer Energiebilanz so genau wie eine Bank; wir können nicht mehr Energie entnehmen, als wir hineinstecken. Wenn sich der Magnet nähert, entsteht in der Spule ein Strom in der durch den Pfeil bezeichneten Richtung. Dieser Strom bewirkt, daß die Spule sich wie ein Magnet verhält, dessen Nordpol dem sich nähernden Nordpol des bewegten Magneten zugekehrt ist. Die Spule sucht daher den herankommenden Magneten wegzuschieben,

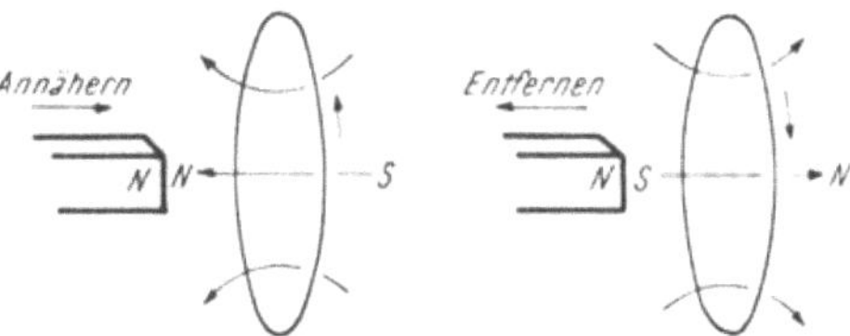

Abb. 60. Ein induzierter Strom fließt in solcher Richtung, daß er der Bewegung, durch die er entsteht, Widerstand entgegensetzt.

und gegen diese Kraft müssen wir Arbeit leisten. Ziehen wir den Magneten fort, so fließt der Strom in der entgegengesetzten Richtung; er ruft dann ein Magnetfeld hervor, welches den Magneten zurückzuhalten sucht, und wir haben wieder Arbeit zu leisten, ihn zu entfernen.

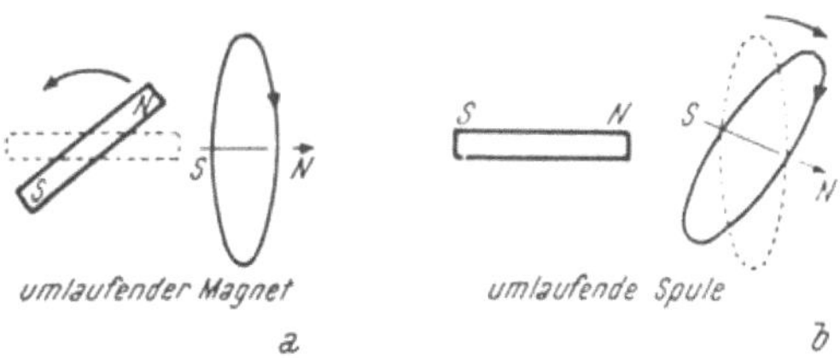

Abb. 61. Durch Umdrehung des Magneten oder der Spule erzeugter Strom.

Beim letzten Versuch wird ein Strom erzeugt, indem man den Nordpol von der Spule wegbewegt. Vielleicht bemerkt der Leser, daß eine ähnliche Wirkung entsteht, wenn wir den Magneten, statt ihn wegzuziehen, drehen, so daß sein Südpol an die Stelle kommt, an der sich vorhin sein Nordpol befand (Abb. 61 a). Statt des Magneten können wir endlich auch die Spule drehen (Abb. 61 b); jede der beiden Bewegungen erzeugt einen Strom in derselben Richtung.

Die in Abb. 58, 59, 60 und 61 gezeigten Effekte sind sämtlich verschiedene Offenbarungen desselben Prinzips. Es lohnt sich, sie sorgfältig durchzudenken und sich mit dem Begriff der elektromagnetischen Induktion völlig vertraut zu machen, denn wir werden in der Folge des öfteren auf ihn verweisen müssen.

Es ist das Prinzip der Dynamomaschine. Wenn der Leser ein großes Kraftwerk besichtigt, so sieht er riesige Generatoren, die, von Dampfturbinen oder anderen Maschinen angetrieben, elektrischen Strom erzeugen. Diese Generatoren haben entweder Drahtspulen, die zwischen den Polen starker Magnete umlaufen, oder, was heute häufiger zutrifft, starke Magnete, die in der Nähe von Drahtspulen rotieren. Die so entstehenden Stromstöße werden in die Leitung gesandt.

Um zu zeigen, wie eine Dynamomaschine arbeitet, können wir dasselbe Modell verwenden, das uns die Wirkungsweise eines Motors klar machte. In der Tat sind ein Motor und eine Dynamo bis auf technische Einzelheiten der Ausführung ganz gleich. In meiner Vortragsreihe kündigte ich an, daß ich den Motor, mit dem wir experimentierten, in eine Dynamo verwandeln würde. Vor ihm hatten wir eine Tafel aufgestellt, die auf der einen Seite die Aufschrift „MOTOR“, auf der anderen die Aufschrift „DYNAMO“ trug, und als wir auf die Dynamo zu sprechen kamen, drehten wir bloß die Tafel um. Wird der Anker durch die Kurbel angetrieben (Abb. 55, Tafel 12), so entsteht ein Strom, der das rechts befindliche Signallicht erhellt.

Dem Leser wird die Ähnlichkeit zwischen den Abb. 62 und 56 aufgefallen sein. Wird beim Motor dem Anker Strom zugeführt, so läuft er um und kann Arbeit leisten. Bei einer Dynamo hingegen wird der Anker durch eine Maschine angetrieben und gibt Strom ab. Ein Anker rotiert zwischen den im Bild mit N und S bezeichneten Polen eines kräftigen Feldmagneten. In a bemerken wir, daß der mit A bezeichnete Pol soeben den Nordpol des Feldmagneten verläßt, der Pol B den Südpol. Das magnetische Feld im Innern der Ankerwicklung ändert sich, daher wird in ihr ein Strom induziert. Wir können stets die Richtung eines induzierten Stromes feststellen, wenn wir uns daran erinnern, daß er sehr konservativ gesinnt ist. Wenn z. B. ein Magnet sich einer Spule nähert, fließt der Strom so, daß er den Magneten wegzuschieben und also den früheren Zustand wiederherzustellen sucht, und wenn der Magnet sich entfernt, sucht der Strom ihn zurückzuhalten. „Keine Änderung" ist sein Wahlspruch. Abb. 60 und 61

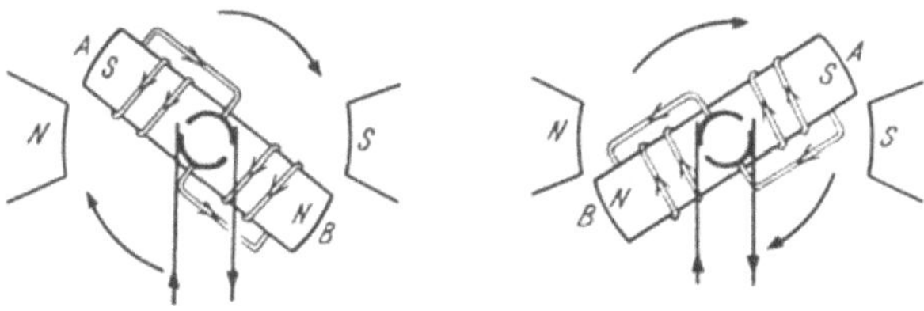

Abb. 62. Prinzip der Gleichstromdynamo.

verdeutlichen dieses Gesetz. Im vorliegenden Fall fließt der Strom im Anker so, daß das mit A bezeichnete Ende zum Südpol wird und das Ende B zum Nordpol. Man könnte sagen, daß er einen boshaften Versuch unternimmt, die Drehung des Ankers zu verhindern. In der in b gezeichneten Stellung nähert sich A dem Südpol des Feldmagneten und die Stromrichtung ist noch immer dieselbe: der Strom sucht A zum Südpol zu machen und dadurch Abstoßung zu erreichen. In dem Augenblick aber, da die Enden des Ankers die Pole des Feldmagneten passieren, ändert der Strom seine Richtung. Er versucht nun, die Enden am Verlassen der Pole zu hindern, genau so, wie er zuvor ihre Annäherung zu verhindern suchte. Wie im Falle des Motors schaltet sich nun auch hier der Kommutator ein. Die Verbindungen zwischen den Bürsten und der Ankerwicklung werden an dieser Stelle vertauscht, und obgleich der Strom seine Richtung in der Ankerspule umkehrt, tritt er doch weiterhin durch die rechte Bürste aus und kehrt durch die linke zurück, wie das Bild zeigt. Wenn der Anker rasch umläuft, wird bei jeder halben Drehung ein Stromimpuls in derselben Richtung ausgesandt.

In dieser einfachen Ausführung würde eine Dynamo, genau wie im Fall des entsprechenden Motors, ziemlich stoßweise arbeiten und man erhielte eine Anzahl aufeinanderfolgender

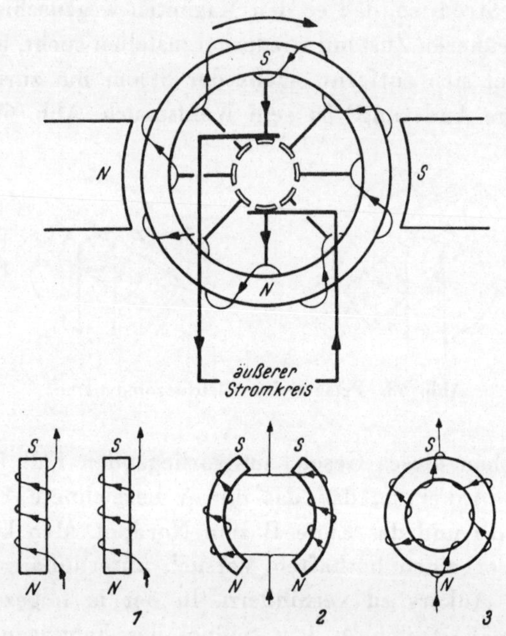

Abb. 63. Grammescher Ringanker. Die unteren Skizzen zeigen, wie die Ankerströme an der höchsten Stelle des Ringes einen Südpol und an seiner tiefsten Stelle einen Nordpol erzeugen.

Stromstöße. In Wirklichkeit besitzt aber eine Dynamo einen komplizierteren Anker, der so konstruiert ist, daß er einen gleichmäßig fließenden Strom ergibt, obwohl er nach genau demselben Prinzip arbeitet. Der Aufbau eines solchen Ankers ist für eine bildliche Darstellung an dieser Stelle zu verwikkelt, aber Abb. 63, die eine früher übliche Ausführung, den sogenannten Grammeschen Anker, darstellt, verdeutlicht das Zustandekommen eines gleichmäßigen Stromes. Der Anker ist ein Eisenring, um den eine endlose Drahtwicklung geschlungen ist. Von den Schleifen der Wicklung führen, wie man der Abbildung entnimmt, Verbindungen zu einer Anzahl von Kommutatorstäben.

Um zu erkennen, wie der Strom in einem solchen Anker fließt, überlegen wir, wie er fließen muß, um uns möglichst viel Arbeit beim Drehen des Ankers zu verursachen, denn dieses Prinzip gibt uns stets die richtige Antwort. Wir nehmen an, daß der Anker in der Richtung des Pfeiles gedreht wird. Offenbar werden wir gegen die magnetische Anziehung und Abstoßung dann viel Arbeit zu leisten haben, wenn der induzierte Strom das obere Ende des Ringes zum Südpol und sein unteres Ende zum Nordpol macht. Es fließt daher in der durch die Pfeile angedeuteten Richtung Strom durch die Spulen auf beiden Seiten des Ankers aufwärts[13]. Die Ströme von beiden Seiten vereinigen sich oben und fließen zu dem in diesem Augenblick gerade zu oberst befindlichen Kommutatorstab, wo sie von der einen Bürste aufgenommen werden. Der Strom fließt dann durch den äußeren Stromkreis und zurück durch die andere Bürste zum tiefsten Punkt der endlosen Wicklung. Es ist klar, daß eine solche Anordnung einen viel gleichmäßigeren Strom ergibt. Sie ist aber nicht leistungsfähig, da das Eisen des Ankers nicht eng an die Polschuhe anschließt. Wenn wir den Luftspalt verkleinern, erhalten wir ein bedeutend stärkeres Magnetfeld, und bei wirklichen Motoren und Dynamos kann man auch bemerken, daß die Wicklung in Nuten des eisernen Ankers untergebracht ist, so daß Anker und Pole einander fast berühren.

Bis jetzt haben wir uns über die Vorgänge im Anker einer Dynamo unterhalten und dabei das Vorhandensein eines starken Feldmagneten als selbstverständlich vorausgesetzt. In den ersten Tagen der Dynamomaschine wurde der Feldmagnet durch eine eigene Batterie „erregt“. Dann kam man

[13] Da es überraschen könnte, daß der Strom das obere Ende des Ringes zum Südpol und sein unteres Ende zum Nordpol macht, habe ich zur Erläuterung in der Figur einige kleine Skizzen hinzugefügt.

auf die glänzende Idee, den Ankerstrom nicht nur zur Speisung des äußeren Stromkreises, sondern auch zur Erregung des Feldmagneten zu verwenden (s. Abb. 68). Für den Magneten ist nur sehr wenig Energie erforderlich, so daß die Leistung des Ankers nicht wesentlich herabgesetzt wird. Damit ist die Dynamo unabhängig geworden. Wenn sie anläuft, ist im Feldmagneten stets ein geringer Restmagnetismus vorhanden, der einen schwachen Strom im Anker verursacht. Dieser Strom macht den Feldmagneten stärker, der nun seinerseits im Anker einen stärkeren Strom hervorruft; und so weiter, bis die Dynamo mit voller Leistung läuft.

7. Die gegenelektromotorische Kraft.

Den in diesem Paragraphen beschriebenen Effekt finden viele schwer verständlich. Er wäre klar, wenn unser natürliches elektrisches Empfinden bereits richtig funktionierte.

Angenommen, wir verbinden einen kleinen Elektromotor, der sich an unsere Gleichstromleitung anschließen läßt, mit der Leitung, verhindern aber die Drehung des Ankers durch Festklemmen der Achse. Dann können wir feststellen, daß ein übermäßig großer Strom den Motor durchfließt. Wenn dieser Zustand etwas länger anhielte, würden die Ankerspulen wahrscheinlich so heiß werden, daß die Isolation verbrennen und der Motor zugrunde gehen müßte. Läßt man hingegen den Anker frei umlaufen, so ist der Strom ganz klein und der Motor bleibt kühl.

Diese Erscheinung können wir auf bessere und weniger kostspielige Art verfolgen, wenn wir einen Strommesser in den Stromkreis schalten und den Strom messen, der durch den Motor hindurchgeht. Wir werden finden, daß beim Einschalten eines ursprünglich ruhenden Motors zunächst ein sehr starker Strom fließt, solange der Motor anläuft. Sobald der Motor unbelastet mit voller Drehzahl läuft, also keine Arbeit leistet, sinkt der Strom auf einen geringen Wert. Wenn wir nun den Motor zur Arbeitsleistung veranlassen, indem wir ihn zum Antrieb eines Mechanismus verwenden oder seine Achse abbremsen, so steigt der Strom wieder an, wenn auch nicht zu solcher Höhe wie beim Anlaufen des Motors.

Um diese Erscheinung zu verstehen, müssen wir uns erinnern, daß ein Motor und eine Dynamomaschine in Wirklichkeit ein und dasselbe sind. Wenn der Anker des Motors sich aus der Ruhelage zu drehen beginnt oder wenn er an der

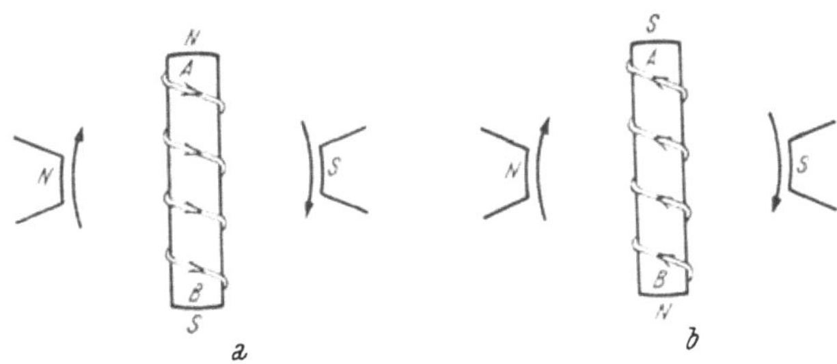

Abb. 64. Erklärung der „Gegen-E. M. K.". Im Fall der Dynamo liefert der Anker einen Strom in der umgekehrten Richtung zur Richtung des Stromes, der zum Antrieb des Motors erforderlich ist.

Drehung gehindert wird, so ist der durch den Anker hindurchgehende Strom lediglich durch den Ankerwiderstand begrenzt. Dieser Widerstand wird absichtlich möglichst klein gehalten, da wir bei seiner Überwindung keine Energie verschwenden wollen; daher geht tatsächlich ein sehr starker Strom durch den Anker hindurch. In dem Maß jedoch, als die Geschwindigkeit des Motors zunimmt, beginnt dieser als Dynamo zu arbeiten und sucht Strom in entgegengesetzter Richtung zu dem Strom, der vom Leitungsnetz geliefert wird, zu treiben.

Dies läßt sich aus Abb. 64 entnehmen. Im Fall des Motors bewirkt der Strom aus der Leitung, daß A zum Nordpol und B zum Südpol wird, so daß der Anker sich in der Richtung des Pfeiles dreht. Angenommen nun, wir schalten den Leitungsstrom aus und betrachten den Motor nunmehr als eine Dynamo, deren Anker sich in demselben Sinne dreht. Der induzierte Strom fließt dann so, daß er die Bewegung des Ankers hemmt; er macht daher A zum Südpol und B zum Nordpol. Der Strom in b fließt in umgekehrter Richtung zum Strom in a.

Vielleicht erkennt der Leser jetzt, was beim Anfahren des Motors vorgeht. Zuerst dreht sich der Anker so langsam, daß praktisch keine Dynamowirkung auftritt. Der Strom in ihm ist allein durch seinen Widerstand begrenzt und ist sehr groß. In dem Maß, als die Geschwindigkeit des Motors zunimmt, wächst die Dynamowirkung. Läuft der Motor unbelastet, so nimmt seine Geschwindigkeit zu, bis die von der Wirkung als Dynamo herrührende „gegen-elektromotorische Kraft“ die elektromotorische Kraft oder Spannung der Leitung nahezu ausgleicht. Der Ankerstrom ist dann klein. Er sinkt niemals ganz auf Null, da etwas Energie zur Überwindung der Reibung nötig ist. Die Leitung behält gerade knapp die Oberhand. Wenn der Motor Arbeit leistet, verlangsamt der Anker seine Drehung. Die „Gegen-E. M. K.“ sinkt, es fließt ein stärkerer Strom und dieser zusätzliche Strom stellt die Energielieferung aus dem Leitungsnetz dar, die in mechanische Arbeit umgesetzt wird.

Abb. 65 und 66 erläutern einen in meiner Vortragsreihe gezeigten Versuch. In Abb. 65 ist ein Motor an die Leitung angeschlossen. Er kann durch den Schalter S_1 eingeschaltet werden. Beim Schließen des Schalters S_2 läßt der Leitungsstrom eine Lampe L aufleuchten. Drei Strommesser ermöglichen uns ein Ablesen des von der Leitung gelieferten, des durch den Motor und des durch die Lampe fließenden Stromes. Die Strommesser, die von der Fa. Weston freundlicherweise eigens für uns hergestellt wurden, hatten ihren Nullpunkt in der Skalenmitte, so daß ein Strom in der einen Richtung den Zeiger nach links, in der entgegengesetzten aber nach rechts bewegte. Bei der Ausführung des Versuches wurde die Welle des Motors zur Steigerung seiner Trägheit mit einem Schwungrad belastet. So konnten alle Wirkungen vergrößert und besser beobachtbar werden. Wird bei ruhendem Motor der Schalter S_1 geschlossen, so nimmt der Motor einen großen Strom auf, der die Zeiger der Instrumente A und B bis zum linken Skalenende ausschlagen läßt (etwa 1.5 Ampere). Während der Motor seine Geschwindigkeit steigert,

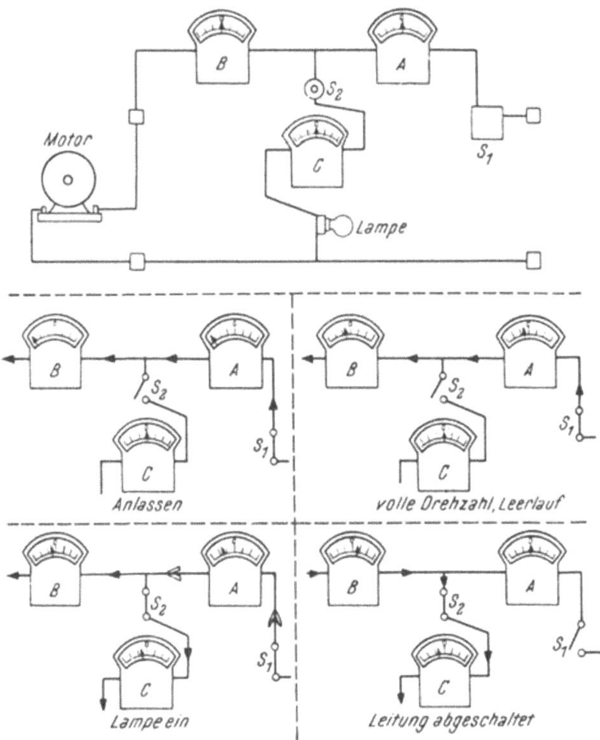

Abb. 65. Versuch zur Erläuterung der „Gegen-E. M. K.".

kriechen die Zeiger zurück; bei voller Drehzahl beträgt der Strom nur mehr einen Bruchteil eines Amperes. Wird durch den Schalter S_2 die Lampe eingeschaltet, so verzeichnet C den schwachen, von der Lampe aufgenommenen Strom und A die Summe der von Motor und Lampe aufgenommenen Ströme. Wir schalten nun die Leitung ab, indem wir den Schalter S_1 öffnen. Die Lampe brennt weiter, fast ebenso hell wie zuvor. Wir können feststellen, woher der Strom kommt, indem wir B beobachten, dessen Zeiger in dem Augenblick nach rechts springt, in welchem die Leitung abgeschaltet wird. Der Motor, der infolge seiner Trägheit weiterläuft, ist zur Dynamo geworden und treibt nun durch B einen Strom, also in der anderen Richtung, der Richtung des Leitungsstromes entgegen. Dieser Strom durchfließt die Lampe, und zwar in der ursprünglichen Richtung. Der Strommesser C zeigt uns, daß dieser Lampenstrom nahezu ebenso groß ist wie der vorhin von der Lampe aus der Leitung bezogene Strom. Dies zeigt, daß die vom rotierenden Motor entwickelte Gegen-E. M. K. der Leitungsspannung fast gleich ist und erklärt die geringe Stromaufnahme eines Motors bei voller Geschwindigkeit. Beim Brennen der Lampe leistet der Motor Arbeit, seine Drehzahl nimmt ab, der Strom wird immer schwächer und hört schließlich zu fließen auf.

Abb. 66 (Tafel 14) zeigt eine Aufnahme der beim Versuch verwendeten Apparatur. Mittels eines Handgriffes, der links vom Motor zu sehen ist, kann man den Motor abbremsen und zur Arbeitsleistung zwingen. Wird die Bremse angezogen, dann läuft der Motor langsamer und der Strom steigt an. Auch eine Kupplung ist vorgesehen, so daß der Motor mittels eines Kranes ein Gewicht heben kann. Beim Aufziehen des Gewichtes nimmt er ebenfalls mehr Strom auf. Ein Motor ist sehr wendig, er paßt sich der zu leistenden Arbeit von selbst an. Man könnte denken, daß viel Strom vergeudet wird, wenn ein Motor in einer Werkstätte den ganzen Tag läuft, obwohl die Drehbänke, Bohrer und Fräsmaschinen nur zeitweise benützt werden; der Verlust ist aber sehr gering. Im „Leerlauf" verringert der Motor den Strom durch seine Gegen-E. M. K. sozusagen bis auf ein Tröpfeln. Sowie ihm eine Arbeit zugeteilt wird, nimmt er mehr Strom auf. Er ist wie ein Auto, das sein Gaspedal selbst betätigt, wenn es an einen Berg kommt. Das charakteristische Geräusch kleiner Motoren, wie sie etwa zum Antrieb der Haarschneidemaschinen im Friseurladen verwendet werden, macht diesen Vorgang recht sinnfällig. Beim Einschalten beschleunigen sie sich rasch mit einem immer höher werdenden Ton, bis sie das gleichmäßige Summen, das für die Leerlaufsgeschwindigkeit charakteristisch ist, ertönen lassen. Wenn das Haarschneiden beginnt, fällt der Ton und steigt jedesmal, wenn das Haarschneiden aufhört, wieder auf seine frühere gleichmäßige Höhe an. Es lohnt sich, die Erscheinungen, die ich soeben genauer beschrieben habe, sorgfältig durchzudenken, da sie uns vieles über Motoren und Dynamos lehren können.

Ein großer Motor braucht wegen seiner trägen Masse lange, um auf volle Drehzahl zu kommen. Wollte man an den ruhenden Motor gleich die volle Spannung der Leitung anlegen, so würde er infolge zu großer Stromaufnahme zu Schaden kommen bzw. der Strom würde die Sicherungen durchbrennen oder den Schutzschalter betätigen, der den Stromkreis unterbricht. Der Motor wird daher mit einem „Anlasser" ausgestattet (Abb. 67). Das ist ein Widerstand, dessen Größe man variieren kann, indem man die Länge des in den Stromkreis eingeschalteten Widerstandsdrahtes ändert; meist geschieht dies mittels eines Gleitkontaktes. Beim Anfahren wird die Kurbel auf den ersten Kontaktknopf gedreht. Der Strom muß einen großen Widerstand durchfließen, so daß er nicht allzu stark werden kann. Während der Motor seine Geschwindigkeit allmählich steigert, wird immer mehr Widerstand ausgeschaltet, indem man die Kurbel nach rechts dreht. Auf der rechten Seite bemerkt der Leser einen kleinen Elektromagneten, der von dem aus der Leitung kommenden Strom erregt wird und beim Ausschalten des gesamten Widerstandes die Kurbel festhält. Man nennt das die „Nullspannungsauslösung". Wenn nämlich zufällig bei laufendem Motor der Leitungsstrom abgeschaltet würde und die Kurbel bliebe nach dem Stehenbleiben des Motors auf der rechten Seite, dann würde nach dem neuerlichen Einschalten des Stromes dieser den Motor mit voller Stärke durchfließen und Schaden anrichten. Der Magnet der Nullspannungsauslösung sorgt für diesen Fall vor, indem er beim Unterbrechen des

Leitungsstromes die Kurbel losläßt; diese wird dann durch eine Feder in die Anfangsstellung zurückgezogen. Der zweite kleine Elektromagnet in der linken unteren Ecke ist der so-

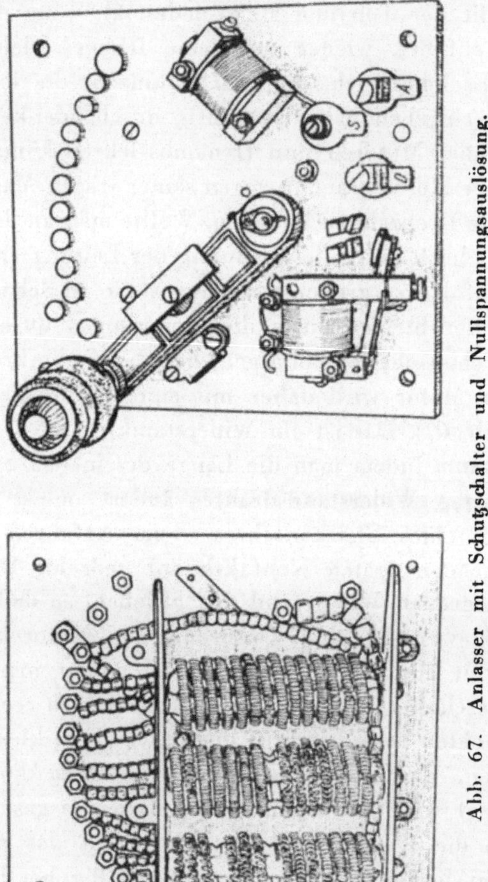

Abb. 67. Anlasser mit Schutzschalter und Nullspannungsauslösung.

genannte Schutzschalter oder das Überstromrelais. Der Leitungsstrom passiert diesen Magneten; wird er zu groß, so öffnet der Magnet einen Schalter, so daß durch zu rasches, unachtsames Anlassen des Motors kein Schaden entstehen kann.

Der Leser weiß vielleicht von der elektrischen Straßenbahn her, daß es manchmal beim Anfahren einen furchtbaren Knall und einen Funken in einem auf der rückwärtigen Plattform befindlichen Kasten gibt. Die Straßenbahn kann erst dann wieder weiterfahren, wenn der Schaffner einen Schalter, der herausgesprungen ist, wieder in die richtige Stellung zurückgeschoben hat. Der Fahrer hat sich beim Anfahren zu sehr beeilt und hat, anstatt den Anlaßwiderstand richtig zu gebrauchen, einen allzu starken Strom durch die Motoren geschickt. Durch den Schutzschalter wird er daran erinnert, beim Aufbringen der Belastung rücksichtsvoller vorzugehen.

8. Hauptstrom- und Nebenstromerregung.

Es gibt zwei Möglichkeiten, den Stromkreis des Ankers und des Feldmagneten eines Motors oder einer Dynamo miteinander zu verbinden. Sie sind als „Hauptstromerregung" und „Nebenstromerregung" bekannt und in Abb. 68 abgebildet.

In einer Maschine mit Hauptstromerregung geht der gesamte durch den Anker fließende Strom auch durch den Feldmagneten. In einer Maschine mit Nebenstromerregung sind Anker und Feldmagnet jeder für sich an die Leitung angeschlossen. Wir wollen den Fall des Motors zuerst besprechen. Der Feldmagnet eines Motors mit Nebenschlußerregung besitzt stets dieselbe Stärke, gleichgültig, wieviel Strom der Anker aufnimmt, denn er liegt an der vollen Leitungsspannung. Ein solcher Motor verhält sich so, wie ich vorhin beschrieben habe; er läuft mit konstanter Geschwindigkeit, wenn er unbelastet ist, und die Geschwindigkeit fällt etwas ab, wenn er Arbeit leistet. Er ist gerade der richtige Motor für Werkstättenbetriebe. Eine Maschine mit Hauptstromerregung verhält sich ganz anders: Wenn wir an den ruhenden Motor eine Spannung anlegen, so fließt der sehr große, durch den Anker gehende Strom auch durch den Feldmagneten, verleiht diesem ein überaus kräftiges Feld, und das Zusammenwirken von stark erregtem Anker und Feldmagnet gibt dem Motor beim Anfahren gewaltige Kraft. Solche Motoren werden für elektrische Bahnen und Straßenbahnen verwendet, bei denen rasches Anfahren erforderlich ist. Hingegen ist es unzulässig, einen solchen Motor unbelastet laufen zu lassen, da er schneller und schneller laufen

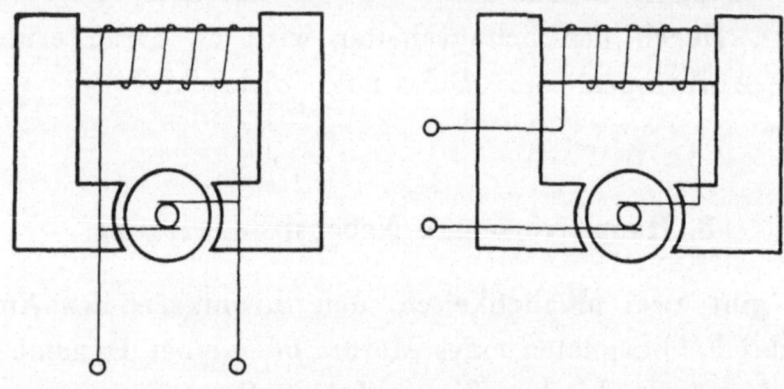

Abb. 68. Maschiue mit Nebenstromerregung (links) und Hauptstromerregung (rechts).

und schließlich auseinanderfliegen würde! Wenn man sich die Sache überlegt, sieht man, warum das so sein muß. Der Anker sucht sich so schnell zu drehen, daß seine Gegen-E. M. K. fast keinen Strom durch ihn hindurchläßt. Je besser ihm dies aber gelingt, um so schwächer wird der Feldmagnet erregt, um so schneller muß daher der Anker laufen, um die Gegen-E. M. K. wiederherzustellen. Motoren mit Hauptstromerregung sind nur dann betriebssicher, wenn sie mit den Triebrädern eines Zuges gekuppelt werden, so daß sie nicht durchgehen können.

Dynamomaschinen stattet man aus naheliegenden Gründen mit Nebenschlußerregung aus. Wir verlangen, daß sie eine konstante Spannung liefern, gleichgültig, ob wir ihnen Strom entnehmen oder nicht. Daher müssen wir ihren Feldmagneten in voller Erregung halten. Bei einer Dynamo mit Hauptstromerregung würde bei geringer Stromentnahme der Feldmagnet fast gar nicht erregt sein und die Spannung würde daher absinken. Wenn aber einer Nebenstromdynamo ein starker Strom entnommen wird, so neigt die Spannung dazu, etwas abzufallen; es ist daher üblich, auf dem Feldmagneten neben der Nebenstromwicklung einige wenige Hauptstrom-Windungen anzubringen, um bei der Abgabe eines großen Stromes das Feld zu verstärken und die Spannung auf gleicher Höhe zu halten. Man nennt dies die Kompoundierung der Maschine.

9. Zusammenfassung.

Ich habe die Erfahrung gemacht, daß der Begriff der elektromagnetischen Induktion den Studierenden größere Schwierigkeiten bereitet als irgend etwas anderes auf dem Gebiet der Elektrizität und des Magnetismus. Dies mag zum Teil daher kommen, daß es hier nicht so leicht ist, die Erscheinung durch einfache Versuche sichtbar zu machen. Die zwischen Ladungen und zwischen Magneten wirkenden Kräfte kann man leicht prüfen. Jedermann kennt die kleinen Elektromagneten in elektrischen Glocken und kann sich mit dem Gedanken vertraut machen, daß ein Strom, der um ein Stück Eisen herumläuft, dieses auf irgend eine geheimnisvolle Art zum Magneten macht. Hingegen vermögen nur empfindliche Apparate den durch einen bewegten Magneten in einem Leiter induzierten Strom (oder den bei ruhendem Magneten im bewegten Leiter induzierten Strom) nachzuweisen, obwohl es heutzutage entzückende Spielzeugdynamos gibt, die kleine Lampen aufleuchten lassen, und obwohl auch die vom Magnetzünder eines Automotors erzeugten Funken ein überzeugender Beweis für die Realität der Erscheinung sind. Wir müssen mit ihr völlig vertraut werden. Wir müssen uns daran erinnern, daß der Magnet durch seine Bewegung eine elektromotorische Kraft erzeugt, die einen Strom hervorzurufen sucht. Ob der Strom tatsächlich fließt, hängt davon ab, ob er einen leitenden Weg findet. Endlich müssen wir bedenken, daß der Strom in einer solchen Richtung fließt, daß wir, um ihn zu erzeugen, Arbeit leisten müssen. Dieses letzte Gesetz, das L e n z sche Gesetz, ist nur natürlich, da wir nicht erwarten dürfen, Strom umsonst zu bekommen. Wenn der Leser sich dieser Winke erinnert, wird er an ihnen einen guten Wegweiser haben.

IV. Unsere Stromversorgung.

In den ersten drei Kapiteln haben wir uns mit den Grundlagen der Elektrizität und des Magnetismus befaßt und uns mit dem Verhalten von Ladungen, Strömen und Magnetfeldern vertraut gemacht. Die restlichen Kapitel handeln von den praktischen Anwendungen dieser Grundlagen auf drei große Gebiete der Elektrotechnik. Da ist zunächst die Erzeugung, Übertragung und Verwendung elektrischer Energie, ein Gebiet, das man unter der Bezeichnung „Starkstromtechnik“ zusammenfaßt. Das zweite Anwendungsgebiet ist die Verwendung des elektrischen Stromes zur Übermittlung von Nachrichten von einem Ort zum andern durch Fernsprecher, Telegraphen und Unterseekabel. Die auftretenden Ströme sind sehr schwach; wir interessieren uns hier nicht für die Entfaltung großer Energien, sondern für die geringen, komplizierten Schwankungen, die der Strom ausführt. Genau so, wie man Farbe verwenden kann, um entweder eine Brücke mit einem Anstrich zu versehen oder ein künstlerisches Bild zu malen, kann man auch den elektrischen Strom benützen, um entweder große Energiemengen zu übertragen oder Nachrichten von einem Menschen zum anderen zu befördern. Dieses zweite Gebiet bezeichnet man als „Schwachstromtechnik“. Das Schlußkapitel schildert einige Eigenschaften hochfrequenter Ströme. Es würde eine naturgemäße Einführung in das Studium der Radiotelegraphie und -telephonie bilden, doch ist dieser Gegenstand so ungeheuer groß, daß er hier nicht eingehend behandelt werden kann. Ich muß mich daher mit einer Beschreibung der Grundgesetze elektrischer Schwingungskreise zufrieden geben, auf denen der

Rundfunk beruht. Das vorliegende Kapitel befaßt sich mit der Erzeugung und Übertragung elektrischer Energie im großen.

1. Wirkungsweise eines Systems zur Stromversorgung.

Ein System zur Versorgung mit elektrischem Strom stellt keine neue Energiequelle dar, sondern lediglich eine neue Art, Energie von einem Ort zum andern zu befördern.

Vor der Entwicklung der Industrie, die ja erst vor etwa hundertfünfzig Jahren einsetzte, wurde der größte Teil der für die verschiedenen Gebiete menschlicher Tätigkeit benötigten Energie in den Muskeln von Mensch und Tier erzeugt. Der Mensch bebaute sein Land selbst oder ließ Pferde oder Rinder seinen Pflug ziehen. Die Beförderung von Lasten wurde bei den höherentwickelten Gemeinschaften durch von Pferden gezogene Wagen oder durch Tragtiere, bei den primitiveren durch Lastträger bewerkstelligt. In früheren Zeiten wurde viel schwere Arbeit durch Abteilungen von Sklaven geleistet, die mit der billigsten Nahrung ernährt werden konnten und deren Körper diese Nahrung in verfügbare Kraft verwandelten. Eine typische Ausnahme von der fast durchwegs gebräuchlichen Verwendung der Muskelkraft bildeten jene einfachen Arbeiten, die einförmige und gemächliche Bewegungen an ein und demselben Ort erforderten, wie etwa das Mahlen des Korns oder das Pumpen von Wasser. Man verwendete Windmühlen und Wasserräder zum Mahlen des Korns, da man sie an geeigneten Plätzen auf Hügeln oder in Tälern errichten und das Getreide zu ihnen hinbringen konnte. In flachen Gegenden, wie z. B. in Holland oder im Moorgebiet von Norfolk, wurden Windmühlen zum Wasserpumpen verwendet. Sie dienten nur dazu, den gesamten Wasserstand in den Gräben niedrig zu halten und mußten nicht für plötzlich auftretenden Bedarf aufkommen. Eine Periode ruhigen Wetters, in der die Windmühlen stilllagen, wurde durch einen darauffolgenden windreichen Zeitraum wieder ausgeglichen.

Die Entwicklung der Dampfmaschine bedeutete eine umwälzende Änderung, denn nun konnte man an jedem Ort, an den man Brennmaterial schaffen konnte, über eine gleichmäßige Kraftquelle verfügen. Wie man in Lancashire beobachten kann, wurden die ältesten Werkstätten in Tälern angelegt, in denen man die Wasserkraft ausnützen konnte. Mit dem Aufkommen der Dampfkraft konnte man überall Fabriken errichten, vorausgesetzt, daß Kohle sich billig hinschaffen ließ. Aus diesem Grund sind die großen englischen Industriegebiete um die Kohlenbergwerke herum entstanden. Selbst heute, im Zeitalter der Eisenbahnen, ist der Transport der Kohle über große Entfernungen eine kostspielige Angelegenheit, wie man aus dem Unterschied der Kohlenpreise für verschiedene Gebiete des Landes ersehen kann.

Die Erzeugung und Übertragung von Energie in Form von Elektrizität bedeutet in der Beherrschung der Energie einen weiteren gewaltigen Schritt nach vorwärts. Dennoch muß wiederum nachdrücklich betont werden, daß dies nicht deshalb der Fall ist, weil wir über eine neue Energiequelle verfügen, sondern weil eine neue Möglichkeit geschaffen wurde, Energie vom Ort, an dem sie bequem erzeugt werden kann, an den Ort ihres Verbrauches zu senden. Vielleicht darf ich zum Vergleich an die Art und Weise erinnern, in der, früher ausnahmslos und jetzt noch in zahlreichen Fällen, in großen Werkstätten und Fabriken die Energie verteilt wird. Ein großer Motor treibt ein System von an der Decke befestigten Wellen mit Riemenscheiben, von denen Riemen zu den einzelnen Maschinen herabführen. Wollte man jede von ihnen einzeln mit einem kleinen Motor antreiben, so wäre dies in vielen Fällen unrationell und unbequem. Diese Schwierigkeit wird überwunden, indem man die Kraft durch Wellen und Treibriemen überträgt. Wir müssen ein System elektrischer Energieversorgung mit einem solchen System von Wellen und Riemenscheiben vergleichen, denn es ist wie dieses ein Verfahren der Übertragung. Auch hier muß eine Kraftquelle, eine „Antriebsmaschine“ vorhanden sein, etwa eine Dampfmaschine. Diese treibt in einem Kraftwerk eine Dynamomaschine, welche die mechanische Energie in elektrische Energie verwandelt. Der Strom fließt über die Leitungen aus dem Kraftwerk heraus und dient dort, wo mechanische Kraft benötigt wird, zum Antrieb von Motoren oder versorgt uns mit Licht und Wärme. Es ist dies ein wunderbares Verfahren der Übertragung, denn es ist überaus einfach und wirkungsvoll. Statt der plumpen Riemen, Riemenscheiben und Zahnräder, die die Kraft nur auf wenige Meter übertragen können und sogar dann noch einen erheblichen Teil davon vergeuden, verwenden wir dünne Drähte, in denen wir viele tausend Pferdekräfte fortleiten können. Ich glaube, es war Oliver Wendell Holmes, der diese Energie als „nackte Energie" bezeichnete. Man kann sie über Hunderte von Kilometern durch Fernleitungen senden und sie sodann zu jedem beliebigen Teil der Baulichkeiten, in denen sie gebraucht wird, hinleiten. Es gibt eine Geschichte von einem Fabrikanten aus Lancashire, welche diese Möglichkeiten recht gut zum Ausdruck bringt. Ein Elektroingenieur versuchte den Mann dazu zu überreden, seine Fabrik vom Riemenantrieb, mit dem er groß geworden war, auf elektrischen Einzelantrieb umzustellen und erklärte ihm, daß bei dieser zweiten Antriebsart die Maschinen in günstigerer Weise angeordnet werden könnten, als dies beim Antrieb von einer Deckenwelle aus möglich wäre. Endlich begriff der Fabrikant, worauf es ankam, und sagte zu dem Ingenieur: „Wollen Sie etwa behaupten, daß diese Elektrizität ums Eck biegen kann?"

Wir verstehen also, welche Umwälzung die ausgedehnte Verteilung elektrischer Energie mit sich bringt. Anstatt eine Antriebsmaschine an jedem Ort errichten zu müssen, an welchem wir Kraft benötigen, brauchen wir diesen Ort nur durch eine Freileitung oder durch ein unterirdisches Kabel mit der elektrischen Hauptleitung zu verbinden, während die Energie dort erzeugt wird, wo es am bequemsten ist. Es ist nicht länger nötig, daß die Fabriken sich um die Kohlengebiete herumgruppieren noch daß jede Fabrik aus ihrem

Schornstein fortwährend Qualm ausspeit. Ein großes Kraftwerk kann es sich leisten, eine eigene Rauchentgiftungsanlage aufzustellen, die den von den Feuerungen kommenden Rauch reinigt und die schädlichen Gase entfernt. Durch das Zusammenfassen der Energieerzeugung in Kraftwerken wird es ferner möglich, die Energie billiger zu erzeugen, da man durch große Maschinen aus jedem Kilogramm Kohle bedeutend mehr Energie gewinnen kann als durch kleine. Elektrizität ist einer der größten Aktivposten bei der Beseitigung von Verunstaltung, Schmutz und mangelhafter Planung, die so große Teile des Landes entstellt haben und ein übles Vermächtnis des vergangenen Jahrhunderts bilden.

2. Elektrische Maßeinheiten.

Wie in meiner Vortragsreihe, habe ich auch in diesem Buch versucht, Definitionen und Formeln zu vermeiden. Da wir nunmehr aber Fragen der praktischen Elektrotechnik erörtern werden, müssen wir eine Vorstellung von den Einheiten haben, die zur Messung elektrischer Größen dienen, genau so, wie wir im täglichen praktischen Leben beiläufig wissen müssen, was man unter einer „Sekunde", einer „Stunde", einem „Meter", einem „Kilometer", einem „Kilogramm" oder einer „Tonne" versteht, wenn wir unsere Kohle bestellen oder die Dauer einer Autofahrt berechnen wollen.

Eine gute Art, um mit den elektrischen Einheiten bekannt zu werden, besteht in der Angabe von Zahlen für einige Beispiele, die den meisten Leuten geläufig sind.

Das Ampere ist die Einheit der Stärke des elektrischen Stromes.

Der Strom, der bei einer Netzspannung von 230 Volt durch eine gewöhnliche 40-Watt-Lampe fließt, ist etwa ein sechstel Ampere stark. Ein elektrischer Heizkörper nimmt 10 bis 20 Ampere auf, daher muß man zum Anschluß eines Heizkörpers bedeutend stärkere Zuleitungen verwenden, als sie für eine Lampe erforderlich sind. Der Starter eines Autos benötigt während der paar Sekunden, in denen er läuft, sogar 100 Ampere, und wiederholte Versuche, einen kalten Motor anzulassen, erschöpfen die Batterie in kurzer Zeit. Die winzigen Ströme, die unsere Stimme durch den Telephondraht leiten, sind von der Größe eines zehntausendstel Ampere.

Das Volt ist die Einheit des Potentials oder, wie man manchmal sagt, der „elektromotorischen Kraft" (E. M. K.). Der Leser möge sich vor Augen halten, daß beim Vergleich des elektrischen Stromes mit fließendem Wasser die Wassermenge, die in einer Sekunde durch den Leitungsquerschnitt fließt, in Ampere und der Druck oder das „Gefälle" in Volt zu messen wären.

Eine Trockenzelle besitzt eine E. M. K. von 1,5 Volt, eine Akkumulatorzelle eine E. M. K. von etwas über 2 Volt. Eine Autobatterie besteht meist aus sechs in Serie geschalteten Akkumulatorzellen und hat daher insgesamt 12 Volt. Die normale Spannung für den häuslichen Bedarf beträgt in England 230 Volt[14], doch bedarf diese Angabe, wenn es sich um „Wechselstrom" handelt (dieser wird weiter unten erklärt werden), einer genaueren Definition. Wechselstrom wird in Kraftwerken mit verschiedenen Spannungen erzeugt, in England sind „Normspannungen" von 6600 Volt, 11 000 Volt und 33 000 Volt im Gebrauch. Das „Fernleitungsnetz" (s. S. 172) wird mit 132 000 Volt betrieben. Die Potentialunterschiede in Gewittern betragen bis zu tausend Millionen Volt.

Das Watt ist die Einheit zur Messung der Leistung oder des Ausmaßes, in welchem elektrische Energie verbraucht oder erzeugt wird.

---

[14] In den meisten europäischen Ländern sind für die Versorgung der Haushalte mit elektrischem Licht und für die üblichen elektrischen Haushaltsgeräte Netzspannungen von 220 V oder 110 V üblich. Kleinere Motoren in Industriebetrieben werden meistens mit 380 V betrieben, große Motoren werden an „Hochspannung" von einigen tausend Volt geschaltet. Die übliche Spannung für elektrische Straßenbahnen ist 600 V, für Vollbahnen 1500 V oder 3000 V Gleichstrom oder 15 000 V Wechselstrom. (Anmerkung des Herausgebers.)

Um die Wattzahl zu erhalten, multiplizieren wir die Anzahl der Volt mit der Zahl der Ampere. Die Zahl der Volt mißt den Druck, der den Strom treibt, die Zahl der Ampere die Stärke des Stromes, daher müssen beide miteinander multipliziert werden, wenn wir ein Maß für die Leistung erhalten wollen. Glühlampen werden mit der Anzahl der Watt gekennzeichnet, die sie verbrauchen; für die Verwendung im Haushalt sind Lampen mit 25, 40 und 60 Watt gebräuchliche Stärken. Als Maß für größere Leistungen ist das Kilowatt bequem. Ein Kilowatt hat tausend Watt und entspricht etwa $1^1/_3$ Pferdekräften (genauer: 736 Watt = 1 PS).

Das Coulomb ist ein Maß der elektrischen Ladung. Es stellt jene Elektrizitätsmenge dar, die während einer Sekunde eine beliebige Stelle eines Stromkreises passiert, in welchem ein Strom von einem Ampere fließt. Wir erwähnten früher die „elektrostatische Einheit der Ladung"; das Coulomb ist eine bequemere Einheit, wenn man es mit Strömen und nicht mit Ladungen zu tun hat. Eine Akkumulatorzelle liefert während ihrer totalen Entladung eine Coulombzahl, die von der Größe ihrer Platten abhängt. Da diese Zahl unbequem groß ist, rechnen wir im allgemeinen die Kapazität der Zelle in „Amperestunden" und nicht in Coulomb, d. h. in „Amperesekunden". Eine kleine Zelle in einem Radioapparat hat eine Kapazität von etwa 25 Amperestunden, die Zelle einer Autobatterie von ungefähr 100 Amperestunden.

Die Einheit, die in unserer allmonatlichen Stromrechnung aufscheint, heißt Kilowattstunde und stellt die Arbeit dar, die durch ein Kilowatt während einer Stunde geleistet wird. Ein elektrischer Ofen verbraucht zwei bis drei Kilowatt, also rund vier Pferdekräfte. Dies verdeutlicht so recht die Wohlfeilheit elektrischer Energie, wenn wir bedenken, daß wir beim Einschalten eines elektrischen Ofens über den Gegenwert mehrerer Pferde verfügen, die für uns Arbeit leisten, und daß es nur einige Groschen kostet, sie für eine Stunde zu mieten. Ein großes Kraftwerk, wie etwa Battersea, liefert bei vollem Betrieb 480 000 Kilowatt und leistet fortlaufend mehr Arbeit als eine halbe Million Pferde. Wollten wir den Pferden einen angemessenen Arbeitstag zubilligen, so wären zwei Millionen erforderlich, um uns mit dem Gegenwert an Leistung zu versorgen.

Das Ohm ist die Einheit des Widerstandes. Jeder, der sich an das Studium der Elektrizität herangewagt hat, kennt das Ohmsche Gesetz, welches besagt, daß der Strom in einem Leiter der ihn hervorrufenden elektromotorischen Kraft proportional ist. Das Ohm ist so gewählt, daß die Formel gilt: $I = E/R$, wobei I in Ampere, E in Volt und R in Ohm gemessen wird. Das Ohmsche Gesetz steht in der Physik fast einzig da, denn es ist wirklich richtig! Bei den meisten „Gesetzen" müssen wir zahlreiche Einschränkungen und Berichtigungen hinzufügen, aber das Ohmsche Gesetz ist innerhalb der Meßgenauigkeit verläßlich.

Die Heftigkeit des Schlages, den wir beim Durchgang einer Entladung durch unseren Körper verspüren, hängt von der Stärke des Stromes ab. Der Schlag, den man beim Berühren der 230-Volt-Leitung erhält, ist ein heftiger Stich, er ist jedoch meist harmlos, da die trockene Haut einen hohen Widerstand besitzt und bei dieser Spannung kein gefährlicher Strom durch sie fließen kann. Ganz anders liegen die Verhältnisse, wenn die Haut naß ist, so daß eine wirklich gut leitende Verbindung besteht. Ein Schlag von der 230-Volt-Leitung kann unter diesen Umständen sehr ungemütlich, ja sogar tödlich sein. Man muß ganz besonders darauf achten, daß sich keine defekten Schalter oder blanken Zuleitungen zu Apparaten, etwa zu einer Höhensonne, in einem Badezimmer befinden, wo sie von feuchten Händen berührt werden könnten. Spannungen von etwa 500 Volt und mehr sind in jedem Fall lebensgefährlich.

3. Wechselstrom.

Wenn man elektrische Geräte kauft, wird man in der Regel gefragt, ob der örtliche Netzstrom „Gleichstrom" oder „Wechselstrom" ist. Hierzulande sind die meisten Kraftwerke an das allgemeine Hochspannungsnetz angeschlossen, und beim Strom für den gewöhnlichen häuslichen Bedarf geht man mehr und mehr zu der Norm von „230 Volt, 50 Perioden Wechselstrom" über[15]. Wir müssen erfahren, was das bedeutet.

Gleichstrom fließt ständig in ein und derselben Richtung, wie das Wasser in einem Fluß. Ein Wechselstrom fließt hin und her, so wie Ebbe und Flut in einer Flußmündung. Die Zuleitungen, die von einem Gleichstromnetz in unser Haus kommen, weisen eine konstante Potentialdifferenz auf. Das Potential des einen Leiters kann z. B. immer um 200 Volt höher sein als das des anderen, so daß beim Anschließen einer Lampe an die Leitung ein gleichmäßiger Druck von 200 Volt besteht, der den Strom durch die Lampe treibt. Hingegen haben die Zuleitungen von einem Wechselstromnetz eine schwankende Potentialdifferenz. Erst hat der eine, dann der andere Leiter höheres Potential und ein ihnen entnommener Strom fließt abwechselnd in der einen und in der anderen Richtung. Wechselt der Strom fünfzigmal in einer Sekunde seine Richtung, dann sagen wir, der Strom hat eine Frequenz von 50 Perioden, wobei eine Periode hier eine allgemeine Bezeichnung für ein einzelnes Ereignis aus einer Reihe von sich wiederholenden Ereignissen ist.

Das Wesen des Wechselstromes läßt sich durch einen künstlerischen Versuch erläutern, den wir in meiner Vortragsreihe vorführten. Wir machten uns dabei einen bekannten Effekt zunutze, um die Richtung des Stromes anzuzeigen. Wenn ein Strom durch eine Lösung von Kaliumjodid hindurchgeht, wird durch die elektrolytische Wirkung Jod an der Anode frei (s. Abb. 33) und gewöhnlicher Stärkekleister nimmt beim Zusammentreffen mit den Spuren des freien Jods eine schwarzviolette Färbung an. Man tränkt nun ein großes Stück Leinwand in Stärkebrei, in welchem Kalium-

[15] Am Kontinent ist bekanntlich die entsprechende Normspannung 220 V. (Anmerkung des Herausgebers.)

jodid gelöst wurde, und breitet es dann, noch feucht, auf einem verzinnten Eisenblech aus. (Bei der Ausführung des Versuches ist zu beachten, daß Zinkblech nicht geeignet ist, da das Zink die Leinwand durch chemische Einwirkung in kürzester Zeit dunkelbraun färbt.) Wir nehmen nun zwei Metallstäbe, die mit isolierten Handgriffen versehen und an eine Gleichstromquelle von einigen Volt angeschlossen sind, und berühren mit dem negativen Stab das Blech; dann können wir mit dem positiven Stab eine schöne violette Linie auf der Leinwand zeichnen, da das Jod, welches durch den Strom gebildet wird, mit der Stärke reagiert. Abb. 69 (Tafel 15) zeigt den Verfasser, auf diese Weise einen Fisch zeichnend. Ich empfehle diese Methode des Zeichnens auf das lebhafteste den Schnellzeichnern, da der bewegte Pol eine intensiv dunkle, sehr gleichmäßige Linie hinterläßt, die bei jeder Geschwindigkeit und bei der leisesten Berührung entsteht. Wenn wir die Pole vertauschen, erscheint bloß ein schwacher Schmutzfleck. Das Blech ist nun die Anode, der Pol, mit dem wir zeichnen, wird zur Kathode. Das Jod wird hinter der Leinwand frei, dort, wo diese das Blech berührt, nicht vorne, so daß die Färbung nur schwach durch das Leinen durchscheint.

Abb. 70 (Tafel 15) zeigt die Wirkung von Zeichenstiften, die an eine Wechselstromquelle angeschlossen wurden, auf der Leinwand. Bei der Ausführung dieses Versuches kann man die Wechselspannung des 230-Volt-Netzes verwenden, vorausgesetzt, daß man in jede der beiden Zuleitungen eine Lampe einschaltet und darauf achtet, daß die Stifte bei ihren isolierenden Handgriffen gehalten werden. So wird nämlich eine zufällige Berührung zwischen den Stiften bloß ein Aufleuchten der Lampen verursachen, während bei direktem Anschluß der Zuleitungen an das Netz die Berührung einen „Kurzschluß“ hervorrufen und die Sicherungen durchbrennen würde. Die beiden Stifte werden nun an ihren isolierenden Handgriffen nebeneinandergehalten und rasch über

Tafel 14

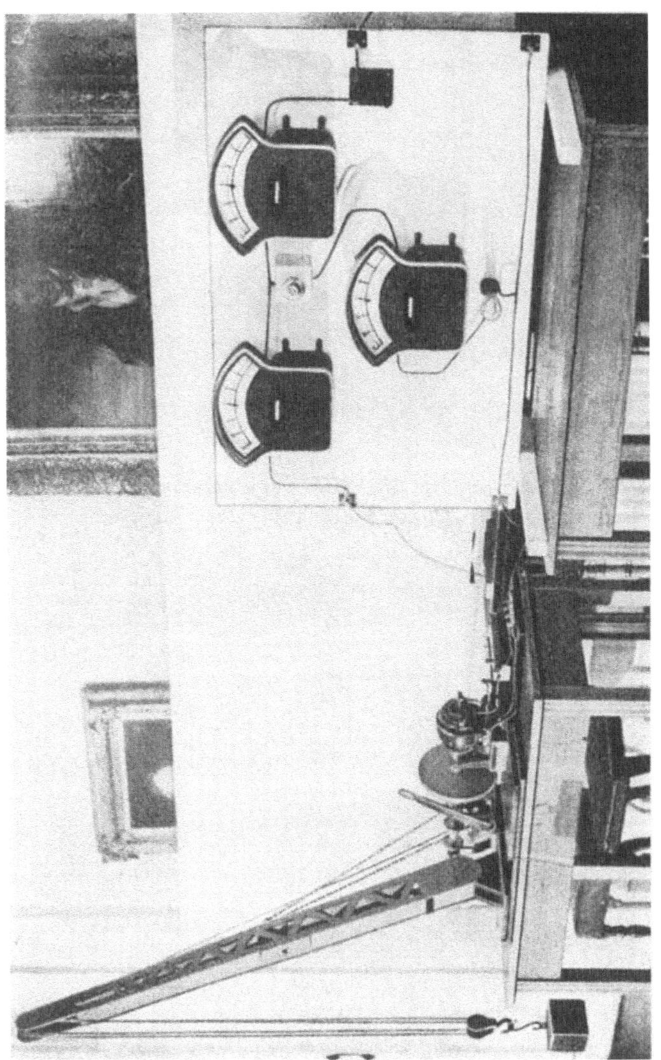

Abb. 66. Versuch zur Erläuterung der „gegenelektromotorischen Kraft“.

Tafel 15

Abb. 69. Zeichnen mit positiver Elektrode auf einem mit Stärkebrei und Kaliumjodid befeuchteten Blech. (Aufnahme: „Sphere.")

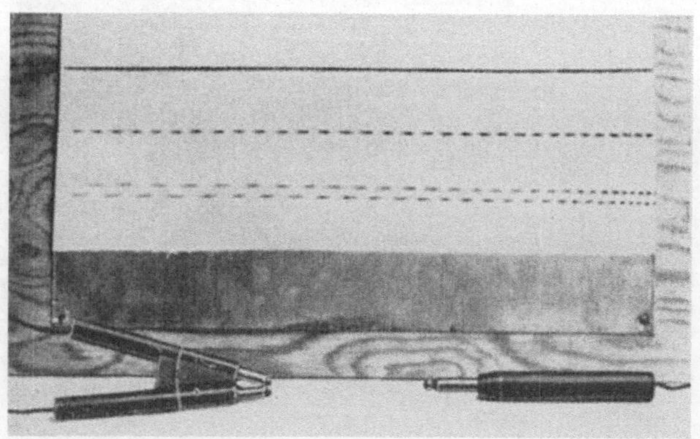

Abb. 70. Die obere Linie wurde mit positiver Elektrode gezogen (Gleichstrom), die darunter befindliche mit einer von Wechselstrom gespeisten Elektrode. Beim Ziehen des unteren Linienpaares waren beide Zuleitungen an eine Wechselstromquelle angeschlossen. Man beachte das abwechselnde Erscheinen der Striche in beiden Linien; die Bewegungsdauer der Elektroden betrug eine halbe Stunde.

das Leinen geführt. Wie der Leser sieht, zeichnet jeder der beiden Stäbe eine punktierte Linie, woraus hervorgeht, daß er abwechselnd Anode und Kathode ist. Wenn der eine von ihnen Kathode ist, ist der andere Anode und umgekehrt, so daß die Punkte abwechselnd in beiden Linien erscheinen.

Wir lassen nun von einem Metronom die Sekunden schlagen und ziehen nach kurzer Übung ein Paar von Linien, die mit zwei aufeinanderfolgenden Schlägen des Metronoms beginnen und endigen. Die Linien sollen etwa einen Meter lang sein. Wir finden, daß jede der beiden Linien aus ungefähr 50 Punkten besteht. Es würden gerade 50 sein, wenn es möglich wäre, die Linien während genau einer Sekunde zu ziehen. Dies beweist, daß der Wechselstrom eine Frequenz von 50 Perioden hat.

Man kann hübsche künstlerische Wirkungen erzielen, indem man mit einem Stift zeichnet (die zweite Zuleitung wird mit dem Blech verbunden) und einen Assistenten Gleich- oder Wechselstrom einschalten läßt, je nachdem, ob man für das Bild stetige oder punktierte Linien benötigt. Der einzige Nachteil ist der, daß diese Kunstwerke nicht von Dauer sind, sie verblassen nämlich nach ungefähr einer Stunde.

Ein Wechselstrom hat aufeinanderfolgend ein Maximum in der einen Richtung, sinkt auf Null, steigt auf ein Maximum in der entgegengesetzten Richtung und sinkt abermals auf Null. Sein Mittelwert ist offensichtlich geringer als sein Höchstwert. Unter einem „Wechselstrom von einem Ampere" verstehen wir einen Strom mit einem Höchstwert von 1,41 Ampere ($\sqrt{2}$ Ampere) in jeder Richtung; den Wert von einem Ampere nennt man seinen „quadratischen Mittelwert". Dasselbe gilt für die Wechselspannung. In einem 230-Volt-Netz schwankt die Potentialdifferenz in Wirklichkeit zwischen $\pm$ 325 Volt.

Ein Wechselstrom der bisher betrachteten Art, der uns durch zwei Leitungen zugeführt wird, heißt „Einphasen"-Strom. Einer der beiden in unsere Wohnung führenden Leiter heißt „Nulleiter"; er hat das Potential Null. Das Potential des zweiten, „spannungführenden" Leiters schwankt, wie oben erklärt, zwischen +325 Volt und —325 Volt. Obwohl zu jeder Lampe zwei Drähte führen, braucht man für eine Lampe nur einen einzigen Schalter, der mit dem spannung-

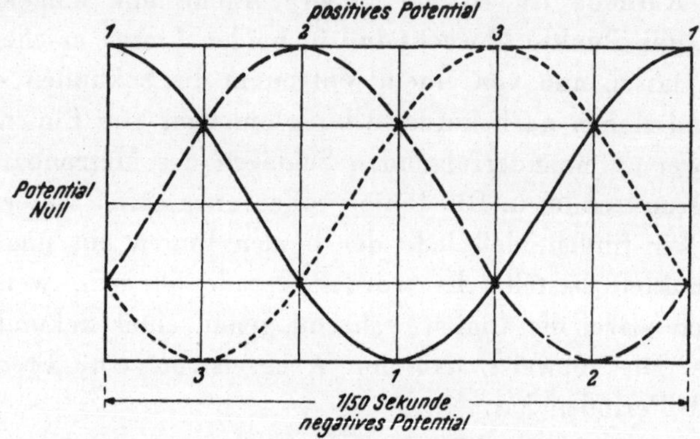

Abb. 71 a. **Drehstrom.** Das Potential der drei Leiter wird durch die drei Kurven dargestellt.

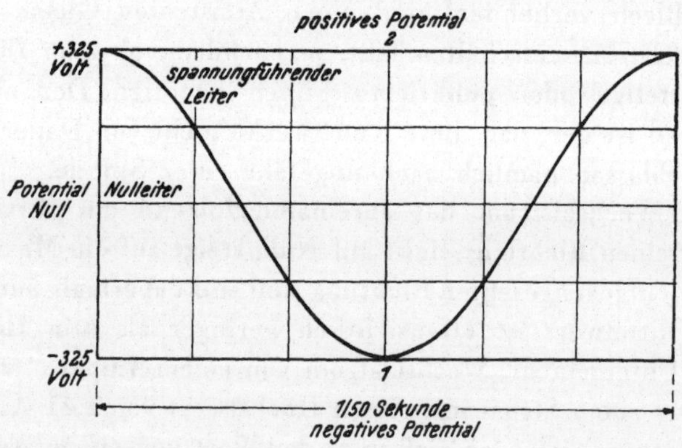

Abb. 71 b. Einphasenstrom. Die Kurve stellt das Potential des einen Leiters dar. Der zweite Leiter, der „Nulleiter", hat das Potential Null.

führenden Leiter verbunden wird, da beim Öffnen des Schalters beide Drähte das Potential Null annehmen und berührt werden können, ohne daß man einen Schlag verspürt[16]. Be-

[16] Am Kontinent ist es üblich, zweipolige Schalter zu verwenden, so daß es keinen Unterschied macht, ob ein Nulleiter eingeführt wird oder nicht. (Anmerkung des Herausgebers.)

trachtet man hingegen die Leitungen, die den Strom über Land führen (s. Abb. 96, Tafel 27), so bemerkt man drei Leiter auf Isolatoren. (Der vierte, dünne Leiter, der die Spitzen der Maste verbindet, führt keinen Strom, sondern ist nur eine Erdleitung, die eine elektrische Verbindung zwischen den Masten und der Erde herstellt.) Diese Leiter führen „Dreiphasenstrom" oder „Drehstrom". Bezeichnen wir sie mit 1, 2 und 3, so erreichen sie ihr größtes positives Potential in der Reihenfolge 1, 2, 3, 1, 2, 3 fünfzigmal je Sekunde. Hat der Leiter 1 sein größtes positives Potential, so sind 2 und 3 negativ usw. Abb. 71 zeigt die Änderung des Potentials beim Einphasen- und beim Dreiphasenstrom. Zur Energieübertragung verwendet man Drehstrom, da dieser gewisse technische Vorteile bietet, die wir später erörtern werden; dagegen wird für den Hausbedarf stets Einphasenstrom verwendet.

4. Warum Wechselstrom verwendet wird; Transformatoren.

Die Tatsache, daß man überhaupt Wechselstrom verwendet, erscheint auf den ersten Blick recht sonderbar. Die von den Kraftwerken ausgehenden Leitungen führen Wechselstrom. Kaum hat der Strom begonnen, in der einen Richtung zu fließen, muß er auch schon wieder umkehren. Es ist, wie wenn die Treibriemen in einer Fabrik vor- und zurückliefen, anstatt sich anhaltend in einer Richtung zu bewegen.

Um dies zu verstehen, müssen wir zunächst das Problem der Übertragung elektrischer Energie vom Kraftwerk zum Ort ihrer Verwendung betrachten. Die Kabel, welche den Strom leiten, besitzen einen gewissen Widerstand; er ist um so größer, je größer die Entfernung, über die der Strom geführt werden muß. Ein Teil der Energie wird verbraucht, um den Strom gegen den Widerstand durch den Draht zu treiben. Durch Verwendung von Kupfer- oder Aluminiumdraht, der eine hohe Leitfähigkeit besitzt, sowie durch Verwendung dicker Kabel kann man den Widerstand sehr verringern. Gleichwohl läßt sich das Gewicht der Leitungen nicht beliebig vergrößern, da sie sonst zu teuer und schwer würden, um auf Masten oder Stangen als Freileitungen geführt zu werden. Wir müssen daher Energievergeudung in den Leitungen vermeiden, indem wir den Strom in ihnen so klein als möglich halten; denn das Ausmaß, in welchem Energie durch nutzlose Erwärmung der Drähte verlorengeht, hängt allein vom Widerstand und vom Strom ab. Da aber gewaltige Energiemengen von einem Ort zum andern übertragen werden sollen, muß bei kleinem Strom die Spannung sehr hoch sein, denn die Leistung wird, wie sich der Leser erinnert, gemessen, indem man den Strom mit der Spannung multipliziert.

Das ist der einzige Grund für die Verwendung hoher Spannungen bei Fernleitungen. Der Leser hat gewiß schon die langen Ketten von Isolatoren auf den Leitungsmasten und die Tafel am Fuß eines jeden Mastes bemerkt, die die Aufschrift trägt: „Lebensgefahr, 132 000 Volt."

Stellen wir uns vor, wir hätten dieselbe elektrische Energie mittels eines Gleichstromes von 230 Volt Spannung anstatt mittels eines Wechselstromes von 132 000 Volt von einem Teil des Landes in einen anderen zu übertragen, ohne dabei die infolge des Widerstandes eintretenden Verluste zu erhöhen. Der Strom würde fast sechshundertmal so groß sein, die Leitungskabel müßten infolgedessen einen Durchmesser von nahezu elf Meter haben, während er in Wirklichkeit etwas weniger als zwei Zentimeter beträgt. Das ist zweifellos ein gewaltiger Vorteil, der durch die Übertragung bei hoher Spannung erzielt wird.

Die Energie wird also unter hoher Spannung vom Kraftwerk ausgesendet, um die Übertragungsverluste niedrig zu halten. Anderseits muß sie vor ihrer Verwendung erst auf eine geringe Spannung heruntergebracht werden. Die für den häuslichen Bedarf übliche Spannung von 230 Volt besitzt den höchsten Wert, der aus Sicherheitsgründen für Hausinstallation praktisch zulässig ist.

Abb. 72. Wirkungsweise des Transformators. Beim Durchgang eines Wechselstromes durch die untere Spule wird in der mit der Lampe verbundenen Spule ein Strom induziert, der die Lampe zum Leuchten bringt. (Aufnahme: „Sphere.“)

Abb. 75. Masttransformator. (Central Electricity Board.)

Abb. 74. Transformator für eine Spannung von einer Million Volt. (Metropolitan-Vickers.)

Man verwendet Wechselstrom, weil dieser den Übergang von einer Spannung zur anderen in besonders einfacher Weise ermöglicht. Um einen Gleichstrom von bestimmter Spannung in Gleichstrom von anderer Spannung zu verwandeln, muß man den ersten Strom zum Antrieb eines Motors verwenden, der seinerseits eine Dynamo treibt, die für die andere Spannung konstruiert ist. Das ist eine verhältnismäßig kostspielige Einrichtung, die außerdem dauernde Wartung erfordert. Auch ist es schwierig, Motoren und Dynamos für sehr hohe Spannungen zu bauen, da dann die Isolierung der Wicklungen zu einem ernsten Problem wird. Ein Wechselstrom hingegen kann mit Hilfe eines Transformators auf einfachste Art von einer Spannung auf die andere gebracht werden.

Der Leser erinnert sich vielleicht an die Geschichte von dem Mann, der, als er zum erstenmal eine Giraffe sah, ausrief: „Das gibt's nicht!“ Dasselbe könnte man meiner Meinung nach vorzugsweise vom Transformator behaupten, wenn man zum erstenmal erkennt, was er leistet. Es erscheint nahezu unglaublich, daß ein so einfaches Gerät imstande sein sollte, die Energie so bequem weiterzugeben.

Ein Transformator besteht aus zwei Drahtspulen, die um dasselbe Stück Eisen gewunden sind. Die eine Spule heißt die Primärspule, die andere die Sekundärspule. Schickt man einen Wechselstrom in die Primärspule, so entsteht eine wechselnde E. M. K. in der Sekundärspule und diese wird von einem Strom durchflossen, wenn der Stromkreis geschlossen ist. Abb. 72 (Tafel 16) zeigt eine sehr einfache Ausführung eines Transformators. Die Primärwicklung ist eine Spule, die um einen Eisenstab gewunden ist. Der Stab ragt etwas über die Spule hinaus. Als Sekundärspule dient eine getrennte Drahtspule, deren Enden durch eine Lampe verbunden sind. Schicken wir nun Wechselstrom durch die Primärspule und senken die getrennte Spule über den Eisenstab, so bemerken wir, daß die Lampe zuerst schwach, dann heller aufleuchtet, und zwar im selben Maße, als die Sekundärspule sich der Primärwicklung nähert; der Strom wird von der einen zur anderen Spule weitergegeben, ohne daß irgend eine leitende Verbindung zwischen den beiden besteht.

Das Prinzip, nach welchem der Transformator arbeitet, ist einfach das Prinzip der elektromagnetischen Induktion, das wir schon früher betrachtet haben. Durch den Wechselstrom in der Primärspule wird der Eisenstab zu einem Elektromagneten, dessen Nordpol sich einmal am einen, einmal am anderen Ende befindet. Jedesmal, wenn sich die Magnetisierung des Eisenstabes umkehrt, wird in der Sekundärspule eine elektromotorische Kraft induziert. Wir erhalten daher in der Sekundärwicklung eine wechselnde E. M. K., die man dazu benützen kann, einen Strom von der gleichen Frequenz zu erzeugen, wie sie der Primärstrom besitzt.

Wenn dies alles wäre, würden wir anscheinend nichts gewonnen haben; denn wir haben ja nur einen Strom erhalten, der dem Strom, von welchem wir ausgingen, gleich ist. Nehmen wir jedoch an, wir stellten einen Transformator mit wenigen Windungen dicken Drahtes in der Primärspule und vielen Windungen dünnen Drahtes in der Sekundärspule her. Dann können wir, wenn wir einen starken Strom mit niedriger Spannung in die Primärwicklung schicken, der Sekundärwicklung einen schwachen Strom mit hoher Spannung entnehmen. Auch das Umgekehrte ist möglich, da es gleichgültig ist, welche Spule wir als Primärwicklung und welche als Sekundärwicklung bezeichnen. Senden wir einen schwachen Strom mit hoher Spannung in die Spule mit den vielen Windungen, so können wir der Spule mit wenigen Windungen einen starken Strom mit geringer Spannung entnehmen.

Der zuletzt genannte Effekt wird durch den in Abb. 73 dargestellten Versuch verdeutlicht. Ein Eisenring, der eine große Anzahl von Windungen trägt, wird an das Wechselstromnetz angeschlossen. Sodann wird ein sehr starker Kupferdraht, wie das Bild zeigt, zwei- bis dreimal um den Ring geschlungen; seine Enden klemmt man an einem eisernen

Nagel fest. Auch bei durchaus mäßigem Strom in der Primärwicklung ist der in der Sekundärwicklung fließende Strom so stark, daß der Nagel bald in Weißglut gerät und schmilzt.

Abb. 74 (Tafel 17) zeigt den entgegengesetzten Effekt in einem riesigen „Hochspannungstransformator", der in den Forschungslaboratorien der Metropolitan-Vickers zur Prüfung von Isolatoren verwendet wird. Die Potentialdifferenz zwischen dem einen Ende der Sekundärwicklung und der Erde steigt bis auf eine Million Volt und erzeugt die im Vordergrund sichtbare Entladung.

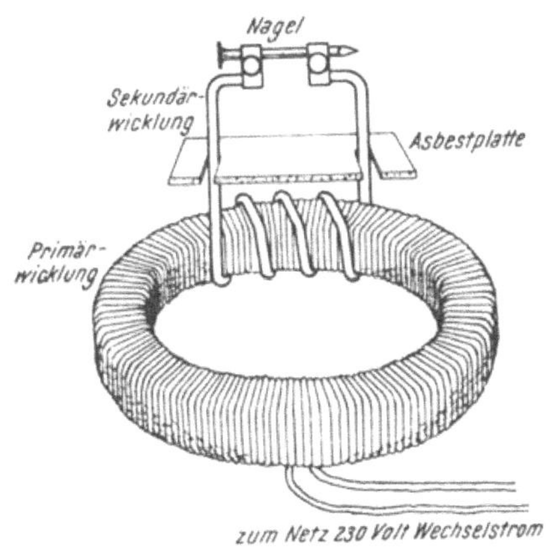

Abb. 73. Schmelzen eines Nagels mittels eines Transformators. Die Asbestplatte schützt den Transformator vor dem geschmolzenen Metall.

Es ist leicht einzusehen, daß wir durch Erhöhen der Anzahl der Drahtwindungen in der Sekundärwicklung die Spannung erhöhen. Die von der Primärwicklung erzeugten veränderlichen Magnetfelder induzieren in jeder Windung der Sekundärwicklung eine gewisse Spannung, und diese Spannungen summieren sich. Das Gesetz für die Erhöhung oder Verminderung der Spannung ist einfach: Wenn die Sekundärseite N-mal so viele Windungen besitzt als die Primärseite, erhöht sich die Spannung auf das N-fache[17].

[17] Wir können hier auf einen Punkt hinweisen, der später ausführlicher erörtert wird. Obwohl wir auf der Sekundärseite eine höhere Spannung erhalten, können wir keinen unbegrenzten Strom entnehmen, da wir der Sekundärwicklung nicht mehr Energie entnehmen können, als der Primärwicklung zugeführt wird. Mit anderen Worten: was wir an Spannung gewinnen, verlieren wir an Strom.

Der Transformator hat also seinen Namen daher, daß er Energie in Form eines Wechselstromes von bestimmter Spannung in Energie von höherer oder geringerer Spannung transformieren kann. Wird er zur Erhöhung der Spannung verwendet, so spricht man von einem „Hinauftransformieren", dient er zur Verringerung der Spannung, von einem „Hinuntertransformieren". Er ist überaus zweckmäßig, da seine Herstellung verhältnismäßig billig ist und er keine beweglichen Teile besitzt. Er braucht nicht angelassen zu werden und erfordert während des Betriebes keine Wartung. Der Leser kennt gewiß die eisernen Häuschen, die man häufig in der Nähe kleiner Städte oder Dörfer sieht und zu denen die Drähte einer Hochspannungsleitung hinführen. Sie beherbergen einen Transformator, der den Strom von einer hohen Spannung auf die in den Häusern der Nachbarschaft verwendete niedrige Spannung herabsetzt und nur zeitweise und zu Kontrollzwecken überprüft werden muß.

Abb. 75 (Tafel 16) zeigt einen kleinen, auf einem Mast montierten Transformator. Die Hochspannung von 11 000 Volt kommt von links und wird zum Transformator herabgeführt. Man erkennt auch die in die Ferne laufende Niederspannungsleitung (230 Volt) für die örtliche Versorgung.

Abb. 76 (Tafel 18) zeigt einen großen Transformator für die Umformung von Drehstrom[18] aus einem Kraftwerk von 33 000 auf 132 000 Volt. Dieser Transformator kann eine Leistung von 30 000 Kilowatt umformen. Die Aufnahme wurde vor dem Einsetzen des Transformators in sein Gehäuse gemacht; während des Betriebes befindet er sich in einem großen, etwa 32 000 Liter Öl fassenden Behälter. Das Öl dient einem doppelten Zweck. Es ist ein besserer Isolator als Luft und verhindert Entladungen, die bei den hohen Spannungen, für welche der Transformator konstruiert ist, zwischen den Wicklungen auftreten könnten. Gleichzeitig kühlt

---

[18] In Wirklichkeit sind es drei Transformatoren, die zu einem einzigen vereinigt werden, da es sich ja um Dreiphasenstrom handelt.

Abb. 76. Drehstromtransformator für eine Leistung von 30.000 Kilowatt, aus seinem Gehäuse entfernt. (Metropolitan-Vickers.)

Abb. 77. Transformator einer Freiluft-Unterstation. Man beachte den Kühler im Vordergrund. (Metropolitan-Vickers.)

das Öl die Windungen und den Eisenkern, genau so wie der Wassermantel die Zylinder eines Autos. Der Transformator besitzt beiderseits große „Kühler", ähnlich wie Autokühler; in ihnen wird das Öl durch die Außenluft gekühlt. Auf dem Bild bemerkt man Zwischenräume zwischen den Transformatorwindungen, so daß diese vom Kühlmittel ganz umspült werden können.

Abb. 77 (Tafel 19) zeigt einen 15 000-Kilowatt-Transformator einer Freiluft-Unterstation. Auf der dem Beschauer zunächstgelegenen Seite erkennt man den Kühler. Dieser Transformator transformiert von 132 000 auf 6600 Volt.

Transformatoren besitzen einen sehr hohen Wirkungsgrad; sie formen praktisch die gesamte der Primärwicklung zugeführte Energie in Leistung um, die durch die Sekundärwicklung abgegeben wird. Bei einem gut konstruierten Transformator beträgt der Verlust nur etwa zwei Prozent.

An dieser Stelle höre ich den kritischen Leser (und gewiß ist jeder Leser, der sich durch mein Buch bis hierher durchgekämpft hat, kritisch) ausrufen: „Halt! Das ist kaum zu glauben. Die Spannung der Leitung treibt einen Strom durch die Primärspule des Transformators. Die Sekundärspule steht mit ihr in keiner wie immer gearteten Verbindung. Wie kann das, was auf der Sekundärseite geschieht, für den Strom auf der Primärseite überhaupt von Bedeutung sein? Um den Fall möglichst kraß darzustellen, wollen wir annehmen, daß die Sekundärseite von den Lampen oder Motoren, an die sie ihre Energie abgibt, abgeschaltet wurde, so daß in ihr überhaupt kein Strom fließt. Dann stellt gewiß der gesamte in der Primärwicklung fließende Strom eine reine Energievergeudung dar."

Diese Frage läßt sich ohne Zuhilfenahme von ziemlich viel Mathematik nicht gut beantworten. Jedoch verwenden Ingenieure, die keine besondere Vorliebe für mathematische Formeln haben, mitunter ein graphisches Verfahren zur Lösung eines solchen Problems, d. h. sie finden die richtige Antwort mit Hilfe eines Diagramms. Es wäre fehl am Platz, sich hier in die Mathematik zu stürzen; ich bin aber dennoch darauf bedacht, daß der Leser, der eine vollkommen natürliche Frage gestellt hat, einen Fingerzeig für ihre Beantwortung erhält.

Nehmen wir zuerst an, daß der Sekundärstromkreis an einer Stelle unterbrochen ist, und überlegen wir, was geschieht, wenn eine Wechselspannung einen Wechselstrom durch die Primärwicklung zu treiben versucht. In einem bestimmten Zeitpunkt wird die Spannung den Wert Null haben, wird aber von da an in einer Richtung zunehmen, die wir als die positive Richtung bezeichnen wollen. Sie verursacht in der Primärspule einen Strom, der den Eisenkern magnetisiert. Jetzt kommt die Induktion zur Wirkung. Da das Feld im Innern der Spule im Zunehmen begriffen ist, besteht eine „Gegen-E. M. K.“, die die Zunahme zu verhindern sucht und so der Spannung entgegenarbeitet. Wirkte die Spannung anhaltend in derselben Richtung, so würde sie schließlich die Oberhand behalten, wie das ja z. B. bei einer Batterie der Fall ist, die einen Strom durch einen Elektromagneten schickt. Im vorliegenden Fall jedoch kehrt die Spannung, bevor sie in die Lage kommt, einen starken Strom aufzubauen, ihre Richtung um und versucht einen Strom in der entgegengesetzten Richtung zu treiben. Wiederum mischt sich eine induzierte E. M. K. ins Spiel und widersetzt sich der Änderung; der Leser wird sich noch an die Regel erinnern, derzufolge eine induzierte E. M. K. stets jede Änderung eines Magnetfeldes zu verhindern sucht. Infolgedessen ist der Strom in der Primärspule sehr klein, viel kleiner, als er beim Anlegen einer entsprechenden unveränderlichen Spannung wäre. Wir sagen dann, daß die Primärspule den Wechselstrom „drosselt“.

Ist die Sekundärwicklung an einen Stromkreis angeschlossen und gibt sie Energie ab, so fließt in der Primärwicklung ein bedeutend stärkerer Strom. Warum dies so ist, ist ohne Zuhilfenahme von Formeln schwer zu erklären; vielleicht bekommt der Leser aber doch einen Begriff davon, was vorgeht. Bei „offener[19]“ Sekundärseite wird der Strom in der Primärwicklung gedrosselt, da er das magnetische Feld nicht rasch genug aufbauen und umkehren kann. Er ist wie eine Lokomotive, die einen schweren Eisenbahnzug fünfzigmal in der Sekunde hin- und herzuschieben versucht. Wenn hingegen ein Sekundärstrom fließen kann, so fließt er jeweils in der zur Richtung des Primärstromes entgegengesetzten Richtung, so daß die magnetischen Wirkungen einander teilweise aufheben. Das sind also die Verhältnisse bei geschlossener Sekundärwicklung. Der Primärstrom wird durch seinen Versuch, magnetische Felder rasch auf- und abzubauen, nicht mehr in demselben Ausmaß gedrosselt, denn der induzierte Sekundärstrom schwächt das Feld, weil er jeweils in der Gegenrichtung fließt. Der Primärstrom beginnt mehr Arbeit zu leisten und davon rührt die von der Sekundärseite gelieferte Energie her.

Ich bringe hier zur Klärung ein paar Zahlen aus der Beschreibung eines großen Transformators. Der Transformator formt 30 000 Kilowatt von 132 000 auf 6600 Volt um oder umgekehrt. Läuft er leer, so beträgt der „Magnetisierungsstrom“ in der Primärwicklung nur 2,9 Ampere, dagegen hat der Strom bei voller Belastung eine Stärke von 131 Ampere.

Der Magnetisierungsstrom eines leerlaufenden Transformators stellt, so klein er auch ist, doch keine Energieverschwendung dar. Die Spannung steigt an und verursacht einen Strom in der Primärwicklung. Sinkt die Spannung auf Null, so fließt dieser Strom, durch die induzierte E. M. K. aufrechterhalten, weiter. Er fährt fort, zu fließen, selbst wenn die Spannung ihre Richtung umkehrt, und liefert dabei, genau wie eine Dynamo, E n e r g i e i n d i e L e i t u n g z u r ü c k. Der Leser mag sich vorstellen, wie der Strom zur Spannung sagt: „Du hast mich in die Welt gesetzt; warum soll ich mich jetzt dir zu Gefallen ändern?“ Bei jedem

[19] Ein „offener“ Stromkreis ist ein solcher, der an irgend einer Stelle unterbrochen ist, so daß kein Strom in ihm fließen kann.

Wechsel fließt der Strom durch fast die halbe Zeit der Spannung entgegen, wobei er nahezu die gesamte erhaltene Energie zurückgibt. Der leerlaufende Transformator beansprucht daher tatsächlich sehr wenig Energie aus dem Versorgungsnetz, an welches er angeschlossen ist.

Ein Strom, der in der geschilderten Weise, ohne mit der Wechselspannung zu harmonieren, fließt, heißt „wattloser Strom". Er stellt keine nützliche Energie dar. Wollen wir, daß der Strom wirklich Arbeit leistet, so ist sein wattloser Anteil schädlich, da er lediglich die Drähte erwärmt, ohne Arbeit zu verrichten. Wenn die Ingenieure sagen, der „Leistungsfaktor" sei hoch, so meinen sie damit, daß der größte Teil der Amperezahl nicht wattlos ist, sondern wirklich Arbeit leistet, oder genauer, daß Strom und Spannung nahezu im Gleichschritt laufen.

Auch wenn meine Leser hier nur schwer folgen konnten, so war es vielleicht doch der Mühe wert, auf diese Erscheinungen hinzuweisen, und sei es auch nur, um zu zeigen, daß Wechselstrom sich ganz anders verhält als Gleichstrom und daß wir unsere Vorstellungen revidieren müssen, wenn wir mit ihm zu tun haben.

5. Wirbelströme; Wechselstromzähler.

Die Zähler verdienen für sich allein einen Abschnitt. Zu Beginn des Buches erwähnte ich einen Wechselstromzähler als Beispiel für die Schwierigkeiten, die einem Verständnis der Wirkungsweise elektrischer Apparate entgegenstehen. Der Zähler ist wirklich schwer zu verstehen, selbst dann, wenn man Kenntnisse auf dem Gebiet der Elektrizität und des Magnetismus besitzt. Wenn der Leser imstande ist, die Arbeitsweise des Zählers zu begreifen, kann er sich beglückwünschen, denn dann hat er den Begriff der Induktion klar erfaßt.

Wir müssen mit dem Begriff des Wirbelstromes beginnen. Nähert sich ein Magnet einer Drahtspule oder entfernt er sich von ihr, so wird durch elektromagnetische Induktion ein Strom in dem Draht hervorgerufen.

Angenommen, wir hätten zwei Drahtspulen A und B und ließen einen Magneten sich aus einer Stellung gegenüber A in eine Stellung gegenüber B bewegen, so wie dies Abb. 78 andeutet. Was geschieht? In A fließt ein Strom, der den Magneten zurückzuhalten trachtet, während der in B induzierte Strom die Annäherung des Magneten zu verhindern sucht — gemäß unserem Gesetz, nach welchem der Strom stets in einer solchen Richtung fließt, daß er die Bewegung

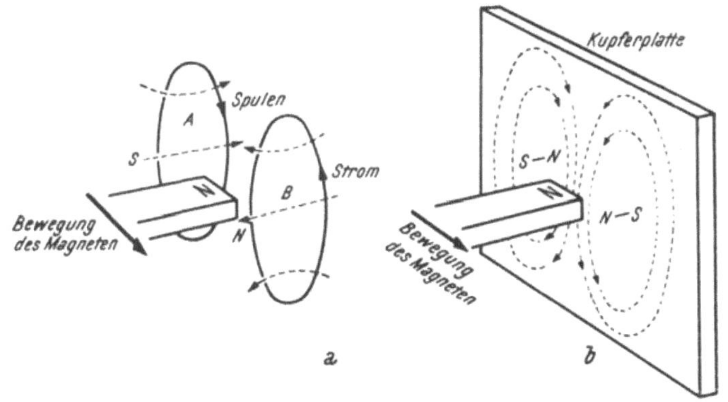

Abb. 78. Erzeugung von Wirbelströmen in einem Leiter durch Bewegung eines Magneten.

des Magneten hindert. Nehmen wir nun an, wir hätten statt der beiden Drahtspulen eine massive Kupferplatte, an der wir den Magneten vorbeibewegten (Abb. 78 b). Wie durch die Pfeile angedeutet, werden in der Kupferplatte, genau so wie vorher in den Spulen, Ströme fließen, die jetzt allerdings nicht an eine kreisförmige Bahn gebunden sind. Durch die Bewegung des Magneten entsteht ein Wirbelstrom, nicht unähnlich dem Wasserwirbel, den ein bewegtes Ruderboot hervorruft, und zwar in jener Richtung, daß er die Bewegung des Magneten zu hindern sucht.

Die Folge davon ist, daß beim Vorbeiführen eines Magneten an einem Leiter, etwa einer Blechplatte, oder eines Leiters an einem Magneten eine Kraftwirkung zwischen beiden entsteht, die, ähnlich der Reibung, ein zähes Hemmnis darstellt. Abb. 79 zeigt eine Möglichkeit, diesen Effekt zu veranschaulichen. Eine Kupferplatte schwingt zwischen den Polen eines Elektromagneten. Beim Einschalten des Stromes in dem Magneten hört die Platte auf, hin und her zu schwingen und sinkt langsam in die Ruhelage. In Abb. 52 a (Tafel 13), die den großen Elektromagneten von Professor Blackett zeigt, bemerkt der Leser eine massive Aluminiumkugel, die zwischen den Polschuhen herabfällt. Wird der Magnet eingeschaltet, so sinkt die Kugel sachte wie der Flaum einer Distel oder als ob sie durch dicken Sirup fiele. In allen diesen Fällen fließen Wirbelströme in einer solchen Richtung, daß jeder Bewegung des Leiters starker Widerstand entgegengesetzt wird.

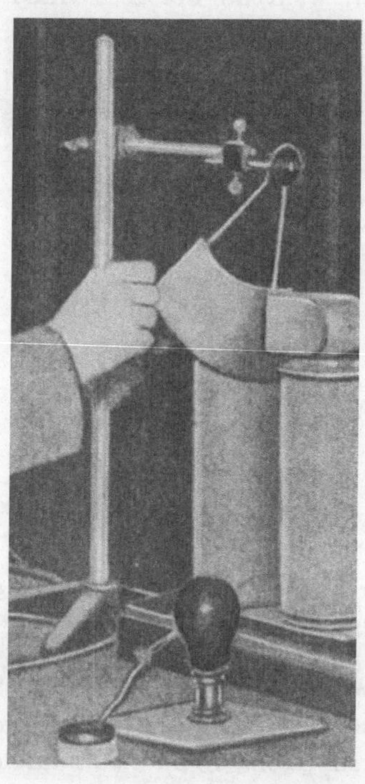

Abb. 79. Abbremsen einer schwingenden Kupferplatte durch Wirbelströme. (Aufnahme: „Sphere.")

Der Effekt war von Arago beobachtet worden, bevor noch Faraday seinen berühmten Induktionsversuch anstellte, und in der Tat war es zum Teil diese Beobachtung Aragos, die Faraday auf den richtigen Weg führte. Arago stellte fest, daß eine unter einer Kompaßnadel angebrachte rasch rotierende Kupferscheibe die Nadel anscheinend mitschleppte (Abb. 80). Das ist auch dann noch der Fall, wenn man zwischen Scheibe und Nadel eine Glasplatte bringt, so daß jeder Einfluß von Luftströmungen auf die Nadel ausgeschaltet ist. Arago kam zu seiner Entdeckung durch die Beobachtung, daß eine Kompaßnadel in einem Gehäuse mit kupfernem Boden nur ganz wenige Schwingungen ausführte, bis sie zur Ruhe kam, so, als ob zwischen dem Kupfer und der Nadel eine Reibung bestünde, während sie, frei aufgehängt, mehrere hundert Male hin- und herschwingen konnte.

Man kann Wirbelströme in fesselnder Weise veranschaulichen, wenn man mit Hilfe eines Drehstromes ein rotierendes Feld erzeugt. Ein Eisenring trägt eine endlose Wicklung, zu der an drei Stellen A, B, C Drähte führen (s. Abb. 81). Nehmen wir nun an, wir führten bei A Strom zu und bei B

Abb. 80. Versuch von Arago. Die unter einer Glasplatte rotierende Kupferscheibe nimmt die über dem Glas befindliche Kompaßnadel mit.

und C wieder heraus. Dann wird der Ring magnetisiert und erhält einen Südpol bei A und einen Nordpol A gegenüber. Tritt der Strom bei B ein, so verschiebt sich der Südpol nach B und das Entsprechende gilt auch für C. Nun wird die Wicklung bei A, B und C an die drei Klemmen eines Drehstromnetzes angeschlossen. Wie der Leser von früher weiß, wird jede der drei Klemmen eines Dreiphasensystems abwechselnd zur positiven Klemme. Infolgedessen tritt der Strom zuerst bei A, sodann bei B und schließlich bei C ein. Beträgt die Frequenz 50 Perioden, so laufen der Nord- und der Südpol fünfzigmal in der Sekunde um den Ring und es entsteht ein rotierendes magnetisches Feld.

Nun stellt man eine flache Schale aus Holz oder Papier-maché auf den Ring und legt eine Metallkugel hinein. Die Kugel beginnt sofort und mit wachsender Geschwindigkeit zu laufen, bis sie die Drehgeschwindigkeit des Feldes erreicht hat. Ein metallenes Ei rotiert und stellt sich auf die Spitze. Hält man einen Kupferring in das Feld, so spürt man, wie er sich aus der Hand herauszudrehen sucht; losgelassen,

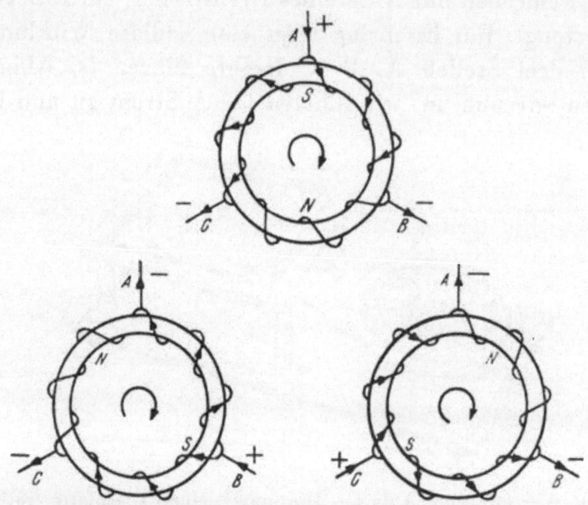

Abb. 81. Erzeugung eines rotierenden Magnetfeldes durch Drehstrom. Die drei Zuleitungen werden in A, B und C an die Wicklung angeschlossen.

beteiligt er sich sogleich an dem Tanz. Die Wirbelströme ziehen ihn mit sich und bewirken, daß er dem Magnetfeld folgt.

Wenn wir uns den Eisenkern eines Motor- oder Dynamoankers ansehen, bemerken wir, daß er kein massives Stück Eisen ist, sondern aus zahlreichen dünnen, voneinander isolierten Blechscheiben besteht. Durch diesen Aufbau soll beim Umlauf des Ankers zwischen den Polen des Feldmagneten die Entstehung von Wirbelströmen vermieden werden. Könnten die Wirbelströme im Eisen fließen, so würden sie eine Erwärmung hervorrufen und Energie verzehren.

Abb. 82 zeigt, wie man Wirbelströme zum Antrieb von Wechselstromzählern verwendet. In Abb. 82a (Tafel 20)

Tafel 20

Abb. 82 a. Scheibe und Elektromagnete eines Wechselstromzählers. Das untere Bild zeigt die Elektromagnete vergrößert.

Tafel 21

Abb. 83. Kraftwerk Battersea. Die links sichtbaren Rampen dienen zur Beförderung der Kohle. (Central Electricity Board.)

wurden die Scheibe und die Magnete, die sie antreiben, aus dem Zähler herausgenommen und getrennt aufgestellt. Die Scheibe sitzt frei drehbar auf einer senkrechten Welle. Führten wir nun einen kräftigen Magneten nahe dem Rand der Scheibe über ihre Oberfläche dahin, ohne sie aber wirklich zu berühren, so würde die Scheibe wegen der Einwirkung

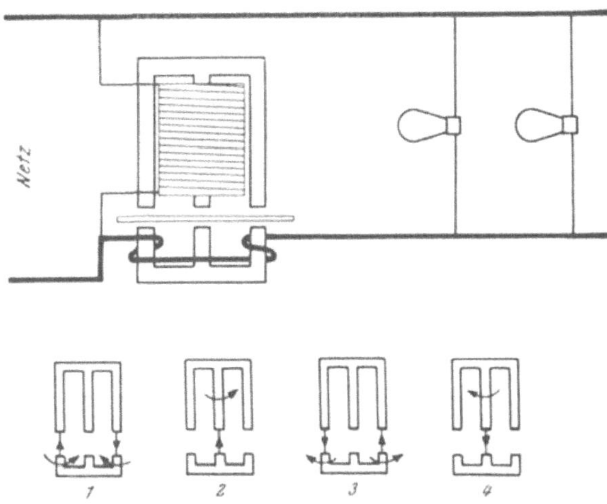

Abb. 82 b. Wirkungsweise des Wechselstromzählers. Die Reihe der mit 1, 2, 3, 4 bezeichneten Phasen wiederholt sich bei jeder Periode.

der Wirbelströme in Umdrehung versetzt werden. Im Zähler erhält die Scheibe einen ähnlichen Antrieb, nur wird hier dieselbe Wirkung statt durch einen bewegten Magneten in sinnreicher Weise durch den hinter der Scheibe sichtbaren ruhenden Doppelmagneten erzielt. Der vom Netz kommende Strom durchfließt den Doppelmagneten und erzeugt dabei ein bewegtes magnetisches Feld, so, als ob ständig Magnetpole über die Scheibe von links nach rechts streichen würden.

Zwei Elektromagnete, von denen jeder drei Zinken besitzt, befinden sich — der eine über der Scheibe, der andere unter ihr — einander gegenüber, wie Abb. 82 b zeigt. Der zu messende Wechselstrom fließt nun durch die Spulen auf den äußeren Armen des unteren Magneten, wodurch während einer Periode erst der eine von ihnen zum Nordpol, der andere zum Südpol wird und dann umgekehrt. Der obere Magnet besitzt bloß eine einzige Spule mit vielen Windungen auf seiner mittleren Zinke. Diese wird durch die an der Spule liegende Wechselspannung der Leitung abwechselnd zum Nordpol bzw. Südpol. Gleichwohl ist die Wirkung der Induktion in dieser Spule mit ihren vielen Windungen so stark, daß die Magnetisierung immer hinter der angelegten Spannung zurückbleibt. Der Leser erinnert sich vielleicht an die Überlegung, die wir im Fall des Transformators anstellten. Die Spannung sucht die Spule zu magnetisieren, wird aber von einer von der Induktion herrührenden rückwirkenden E. M. K. daran gehindert. Der Strom kommt erst in Gang, wenn die angelegte Spannung schwindet und im Begriffe ist, die Richtung zu ändern. Der Strom hält sogar nach erfolgter Richtungsänderung der Spannung noch an und hört erst auf, wenn diese ihren Höchstwert — im umgekehrten Sinne — erreicht hat. Dann ändert er seine Richtung und behält diese auch bei, nachdem die Spannung wieder ihre frühere Richtung angenommen hat. Der Strom benimmt sich in der Tat wie der Clown in der Zirkusvorstellung, der den übrigen Akteuren behilflich sein will; er bemerkt immer zu spät, was sie unternehmen, und eilt an Ort und Stelle, um zu entdecken, daß die Sache bereits gemacht ist! Der Strom ist wegen des Effekts der Induktion „langsam von Begriff“.

Die Vorgänge bei der Magnetisierung lassen sich an Hand der Abb. 82 b verfolgen, in der die Reihe der während einer Periode vorkommenden verschiedenen Phasen 1, 2, 3, 4 dargestellt ist. In der Phase 1 ist der untere Leitungsdraht positiv; der Strom fließt durch den unteren Elektromagneten und durch die Lampen zum oberen Draht. In Phase 2 hat der Strom im unteren Magneten zu fließen aufgehört, der Strom im oberen Magneten hingegen hat seinen höchsten Wert erreicht; die mittlere Zinke wird folglich magnetisiert. In Phase 3 und 4 spielt sich der entsprechende Vorgang, jedoch in umgekehrter Richtung, ab. Die senkrechten Pfeile bezeichnen die Richtung des Magnetfeldes in jedem Fall. Verfolgen wir nun den nach aufwärts weisenden Pfeil, der sich in Phase 1 links befindet, so bemerken wir, daß er sich in 2 zur Mitte und in 3 nach rechts bewegt hat. Der nach abwärts weisende Pfeil hingegen befindet sich in 3 auf der linken Seite, rückt in 4 zur Mitte, in 1 nach rechts vor. Natürlich ist der Übergang von 1 nach 2 oder von 2 nach 3 ein allmählicher und nicht, wie im Bild, ein plötzlicher. Die Wirkung ist genau dieselbe, wie wenn wir eine Reihe von Magneten von links nach rechts an der Scheibe vorbeistreichen ließen, und dennoch bewegt sich in Wirklichkeit nichts. Je stärker der Strom in dem unteren Magneten und je höher die Spannung, die durch den oberen Magneten einen Strom schickt, desto größer ist die Wirkung auf die Scheibe und desto schneller rotiert sie.

Die Scheibe wird durch Wirbelströme gebremst, die durch einen permanenten Magneten hervorgerufen werden. Die Pole dieses Magneten befinden sich zu beiden Seiten der Scheibe (s. Abb. 1). Ist der Zähler richtig konstruiert, so ist die Drehzahl der Scheibe der Leistung genau proportional. Die Drehung der Scheibe setzt die Räder eines Zählwerkes (Abb. 1) in Bewegung, ähnlich dem Tourenzähler, der die Umdrehungen eines Fahrzeugrades zählt; das Zählwerk verzeichnet die Gesamtzahl der Einheiten, die den Zähler passiert haben.

Beim Aufbau dieses bescheidenen Gerätes werden so viele grundlegende Prinzipien verwendet, daß man ein ganzes Lehrbuch über Elektrizität und Magnetismus an ihm erläutern könnte.

6. Kraftwerke.

Ein Kraftwerk ist eine Anlage, in der mechanische Arbeit erzeugt und in elektrische Energie verwandelt wird. Bis auf ganz wenige Ausnahmen wird die mechanische Arbeit entweder durch Verwendung von Kohle zur Dampferzeugung oder durch Ausnützung der Energie fallenden Wassers gewonnen.

In England sind die meisten Kraftwerke, wie etwa Battersea Station (Abb. 83, Tafel 21), Dampfkraftwerke. In früheren Zeiten wurde der Dampf zum Antrieb von doppeltwirkenden Dampfmaschinen mit Zylindern und Kolben verwendet; diese Maschinen sind durch die Dampfturbine verdrängt worden. Eine Turbine und ein Generator werden Ende an Ende aufgestellt und ihre Wellen miteinander gekuppelt. Ein solches Aggregat heißt ein Turbogenerator.

In dem Buch „Engines“ von Prof. Andrade findet sich eine vortreffliche Beschreibung der Dampfturbine. Dem Leser, der mehr über sie erfahren möchte, empfehle ich dieses Buch wärmstens. Hier will ich ihm nur in Erinnerung bringen, daß eine Turbine eine durch Dampf getriebene Windmühle ist. Den umlaufenden Teil einer Turbine zeigt Abb. 84 (Tafel 22) nach seiner Entfernung aus dem Gehäuse. Der unter hohem Druck stehende Dampf tritt am einen Ende der Turbine ein und strömt gegen den ersten Satz beweglicher Schaufeln, die wie die Flügel einer Windmühle schräg gestellt sind. Er passiert dann einen zweiten Satz feststehender, am Gehäuse montierter Schaufeln; diese haben den Zweck, den aus den bewegten Schaufeln austretenden und von ihnen abgelenkten Dampfstrahl in seine frühere Richtung zurück- und an den nächsten Satz beweglicher Schaufeln heranzubringen. Er durcheilt so abwechselnd bewegte und ruhende Schaufeln, wobei er sich in dem Maße ausdehnt, als der Druck sinkt, so daß immer größere Schaufeln nötig werden. Im allgemeinen verwendet man zwei Turbinen, eine Hochdruck- und eine Niederdruckturbine. In Abb. 85 (Tafel 22), die einen Turbogenerator des Kraftwerkes Battersea Station darstellt, erkennt man die Dampfleitungen, die von der einen zur anderen führen. Nach den Angaben von Prof. Andrade besitzt der Dampfstrom durch die Turbine beim Eintritt eine Geschwindigkeit von etwa 120 Kilometer, beim Austritt nach erfolgter Ausdehnung 480 Kilometer in der Stunde; zum

Tafel 22

Abb. 84. Ansicht der Schaufeln eines Turbinenläufers (Metropolitan-Vickers.)

Abb. 85. Turbogenerator des Kraftwerkes Battersea. (Central Electricity Board.)

Abb. 87. Wasserkraftwerk der British Aluminium Company in Fort William. Das Bild wurde von einer Stelle zwischen den talwärts laufenden Rohrleitungen aufgenommen, die zu dem in der Ferne sichtbaren Kraftwerk führen. (Central Electricity Board.)

Durcheilen der gesamten Turbinenlänge benötigt er ungefähr eine Sechzehntelsekunde.

Der Dampf, der seine Arbeit getan hat, gelangt geradeswegs in einen Kondensator und wird dort wieder in Wasser verwandelt. Die Kondensation erfolgt in der Weise, daß er mit wasserdurchflossenen Röhren in Berührung gebracht wird. Ein großes Kraftwerk benötigt ungefähr 70 Millionen Liter Kühlwasser pro Stunde. Eine bequeme Wasserversorgung ist daher für ein Dampfkraftwerk genau so wichtig wie eine bequeme Versorgung mit Kohle. Das Kraftwerk Battersea z. B. entnimmt das Wasser der Themse, das Kraftwerk Barton dem Manchester-Schiffahrtskanal.

Die Verwendung der Turbine zum Antrieb von Generatoren bringt viele Vorteile mit sich. Eine Turbine läuft ruhig und mit hoher Drehzahl, und da auch für Generatoren hohe Drehzahlen günstig sind, kann man beide unmittelbar miteinander kuppeln. Sie besitzt ferner einen hohen Wirkungsgrad. Eine Turbine verwandelt ungefähr achtundzwanzig Prozent der bei der Verbrennung der Kohle freiwerdenden Energie in nutzbare Arbeit, eine sehr gute Lokomotive hingegen nur zehn Prozent. Natürlich ist dieser Vergleich nicht ganz gerecht gegenüber der Lokomotive, die keinen Kondensator mitführen kann. Ein großes Kraftwerk verbraucht zur Erzeugung einer „Einheit", d. h. eines Kilowatts durch eine Stunde hindurch, ein halbes Kilo Kohle. Ein auffallendes Kennzeichen eines Turbogenerators ist sein gedrängter Bau. Es ist kaum zu glauben, daß auf so kleinem Raum eine so große Leistung entwickelt werden kann.

Ein Kraftwerk, das seine Energie dem fallenden Wasser entnimmt, heißt ein Wasserkraftwerk. Kommt das Wasser aus einem Staubecken in beträchtlicher Höhe über dem Kraftwerk, so daß sein Druck sehr hoch ist, so dient es zum Antrieb eines „Peltonrades". Das Wasser tritt als dünner Strahl aus einer Düse aus und trifft auf becherförmige Schaufeln, die auf dem Kranz eines Rades angeordnet sind. Abb. 86 a zeigt eine Skizze eines Peltonrades, Abb. 86 b die eigenartige

Form der Becher. Der Zweck der Kerbe am unteren Ende des Bechers erscheint zunächst rätselhaft. Wir wollen, daß der Wasserstrahl jeden Becher erst dann trifft, wenn dieser das untere Ende des Rades erreicht hat; die Einkerbung ermöglicht es dem Strahl, die Becher, die ihre tiefste Stellung noch nicht erreicht haben, zu übergehen. Abb. 86 c zeigt, wie der Strahl auf den Bechern spielt. Kommt das Wasser

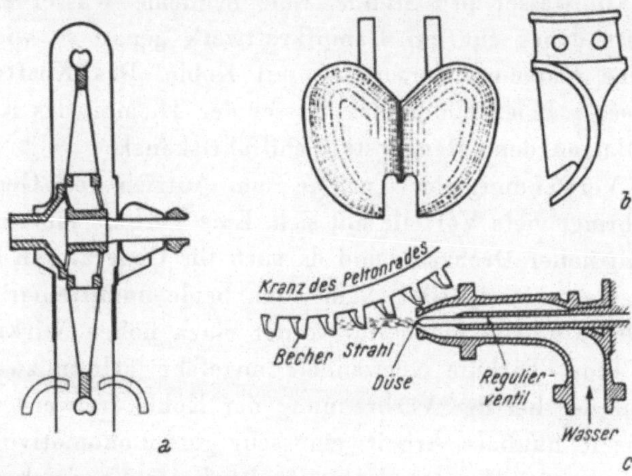

Abb. 86. Peltonrad. *a)* Ansicht des Rades von der Schmalseite. *b)* Ein „Becher" mit gekerbtem Rand. *c)* Die Becher auf dem Radkranz werden vom Strahl getroffen. (Gibson, Hydraulics.)

hingegen nur aus mäßiger Höhe, wie z. B. beim Niagara-Fall, so dient es zum Antrieb einer Turbine. Es gibt viele Arten von Turbinen; ihre Beschreibung würde zuviel Raum erfordern. Das Prinzip ihrer Wirkungsweise ist dasselbe wie das der Windmühle oder der Dampfturbine, nur wird das Wasser im allgemeinen in der Mitte der Turbine zugeführt und strömt über gekrümmte Schaufeln zum Rand, wobei es die Turbine in Drehung versetzt.

Nutzbare Wasserkräfte finden sich meist in dünn besiedelten, gebirgigen Gegenden, in denen kein örtlicher Bedarf an Energie besteht. Da man aber heute in der Lage ist, Energie elektrisch über weite Entfernungen zu übertragen, lassen sich diese Wasserkräfte trotzdem ausnützen. In Großbritannien ist eine Anzahl von Kraftanlagen im südwestlichen Schottland im Bau; diese Anlagen werden ihre Energie an das Versorgungsnetz liefern. Abb. 87 zeigt die Rohrleitungen, die talwärts zu einem Wasserkraftwerk führen.

Es würde zu weit führen, wollten wir hier einen Generator im einzelnen beschreiben. Ich möchte aber doch ein oder zwei kennzeichnende Züge erwähnen, die das Verständnis erleichtern können, wenn man ein großes Kraftwerk besichtigt.

Wenn wir zum Bild der einfachen Dynamomaschine in Abb. 62 zurückkehren, werden wir dann sogleich begreifen, wie ein Wechselstrom erzeugt wird. Es ist einfacher, Wechselstrom zu erzeugen als Gleichstrom; man läßt bloß den Kommutator weg. Statt einen unterteilten Kommutator zu berühren, ruhen die Bürsten auf Leitern, den sogenannten Schleifringen, auf, wobei jedes Ende der Ankerwicklung einen eigenen Schleifring und eine eigene Bürste trägt. Wir haben gesehen, daß der im Anker induzierte Strom abwechselnd in der einen und in der anderen Richtung fließt. Wenn wir diesen Strom nun nicht mit Hilfe eines Kommutators gleichrichten, wird er als Wechselstrom ausgesandt. Heutzutage ist es jedoch üblich, eine Wechselstromdynamo so auszuführen, daß keine Bürsten erforderlich sind. Generatoren arbeiten mit hohen Spannungen — in England sind 6600 bis 33 000 Volt gebräuchlich. Die Schwierigkeit, dem umlaufenden Anker bei diesen hohen Spannungen starke Ströme zu entnehmen, wird durch einen schlauen Kunstgriff vermieden: man kehrt das Innere der Dynamo nach außen; der Anker ruht nun und der Feldmagnet rotiert. Die Spulen, in denen der Strom induziert wird, sind auf der Innenfläche des äußeren Gestells (des sogenannten „Stators“) untergebracht, während innen der Feldmagnet oder „Rotor“ umläuft. Der zur Erregung des Feldmagneten nötige Strom ist verhältnismäßig klein und von niedriger Spannung und kann daher leicht durch Schleifringe zugeführt werden. Die starken Ströme hoher Spannung kommen aus der Statorwicklung, und da diese ruht, ist es bedeutend leichter, sie zu isolieren. Abb. 88 a (Tafel 24) zeigt den Rotor eines der 105 000-Kilowatt-Generatoren in Battersea, auf einem Wagen transportfertig verladen, Abb. 88 b (Tafel 24) das Gehäuse, in dem sich die Statorwicklung befindet.

Eine Gleichstromdynamo kann ihren Feldmagneten selbst erregen; bei einer Wechselstrommaschine besorgt das eine eigene Gleichstromquelle. An dem einen Ende eines großen Generators sitzt eine kleine Gleichstromdynamo, deren einzige Aufgabe es ist, die Feldmagneten des Läufers zu erregen.

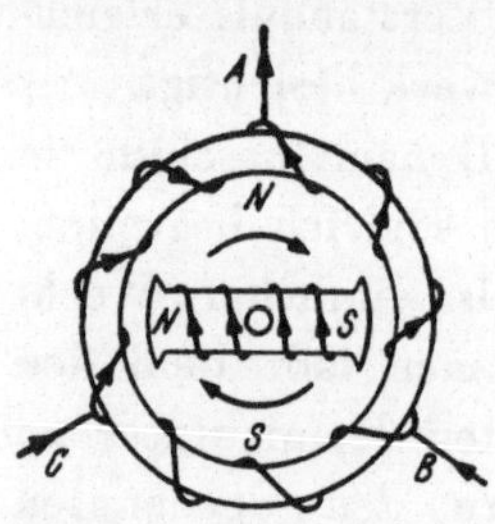

Abb. 89. Prinzip der Erzeugung eines Drehstromes. (Diese Art der Erzeugung wäre allerdings sehr unpraktisch.)

Der Aufbau der Statorwicklung ist sehr kompliziert, doch läßt sich die Erzeugung eines Drehstromes an einem einfachen Modell erläutern. Wir haben bereits gesehen (Seite 159), daß ein rotierendes Magnetfeld entsteht, wenn wir einer um einen Ring gewundenen Spule an drei Punkten Drehstrom zuführen. Man kann diesen Satz umkehren: Rotiert ein Magnet im Inneren des Ringes, so wird eine Dreiphasen-Spannung erzeugt. Nehmen wir an, daß in Abb. 89 ein kräftiger Elektromagnet im Inneren des Ringes rotiert. Wie wird der in der Wicklung induzierte Strom beschaffen sein? Es ist immer ratsam, die Antwort zunächst allgemein zu fassen: Der Strom wird so beschaffen sein, daß er der Bewegung entgegenwirkt. Beim Umlauf des Magneten wird der induzierte Strom in dem Ring Nord- und Südpole hervorrufen, die den entsprechenden Polen des Magneten voraneilen und ihn zurückzuschieben suchen. Wir haben bereits gesehen, daß ein Strom, der ein solches Feld hervorruft, ein Drehstrom ist. Der Strom verläßt in der Reihenfolge A, B, C usw. die Zuleitung. Wir haben in der Tat ein rohes Modell einer Drehstromdynamo konstruiert, mit der Spule als Stator und dem Elektromagneten in der Mitte als Rotor.

Tafel 24

a

b

Abb. 88. Läufer *a* und Ständergehäuse *b* eines großen Generators. (Metropolitan-Vickers.)

Tafel 25

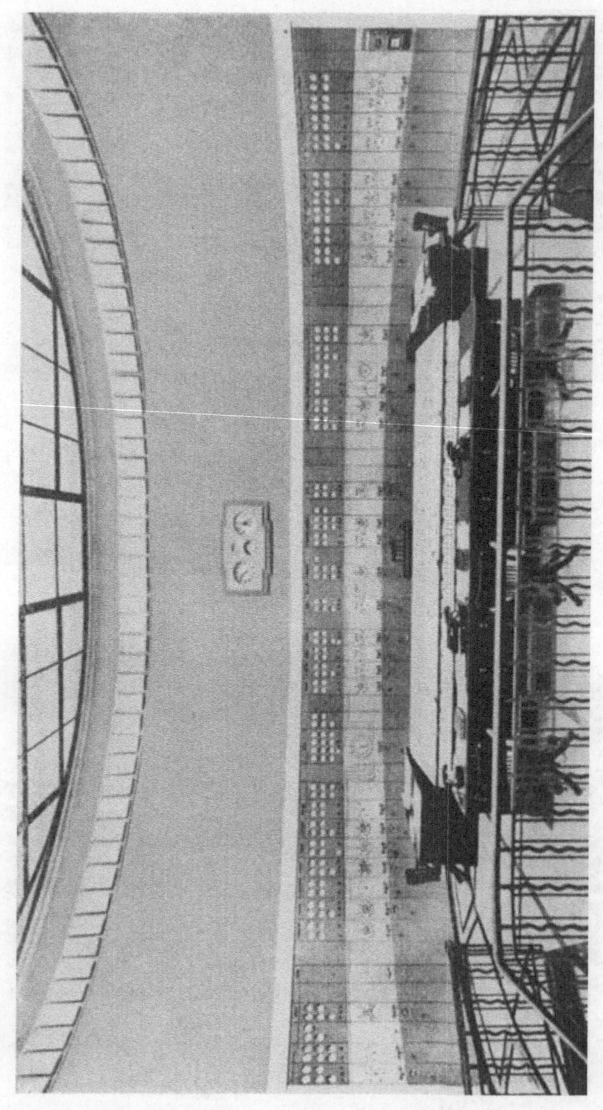

Abb. 92. Überwachungsraum einer Kontrollzentrale. Von ihm aus erfolgt die Steuerung der Energieversorgung des Netzes. (Central Electricity Board.)

Wenn eine Anzahl Generatoren Wechselstrom an dieselbe Leitung abgibt, so bleiben sie von selbst alle im gleichen Schritt wie Soldaten, indem sie ihre Stromimpulse so regeln, daß diese gleichzeitig stattfinden. Fällt einer der Generatoren in seinem Takt ein wenig zurück, so sucht der Strom der anderen ihn wie einen Motor zu beschleunigen. Eilt er ein wenig voraus, so leistet er mehr als seinen Anteil der Arbeit und fällt in die Reihe zurück. Ist es erforderlich, einen weiteren Generator zu den bereits in Betrieb befindlichen hinzuzufügen, so wird er beschleunigt, bis ein Instrument mit einem großen Zifferblatt dem Wärter anzeigt, daß er mit den anderen Maschinen Schritt hält. Dann wird er an die „Sammelschienen“, die Ausgangsklemmen des Netzes, geschaltet und arbeitet nun mit den übrigen Generatoren zusammen. Das Erfassen des richtigen Augenblicks für das Schließen des Schalters entspricht ungefähr dem geräuschlosen Schalten beim Autofahren.

7. Die Belastung eines Kraftwerkes.

Die Menge der benötigten elektrischen Energie schwankt im Laufe eines Tages beträchtlich und ist außerdem im Sommer und Winter verschieden. Zur Erläuterung dieser Tatsache stehen mir graphische Darstellungen vom Kraftwerk Barton in Manchester zur Verfügung, die die Leistungen an zwei typischen Tagen, dem 5. Juli und dem 16. November 1934, zeigen. In der Darstellung laufen die Stunden, mit Mitternacht beginnend, von links nach rechts. Die Leistung ist in Megawatt gemessen, wobei ein Megawatt 1000 Kilowatt oder ungefähr 1300 Pferdekräfte darstellt. Betrachten wir zunächst den Sommertag (Abb. 90 a), so sehen wir, daß von Mitternacht bis 7 Uhr früh wenig Strom verbraucht wird. Zwischen 7 und 8 Uhr ist ein scharfes Ansteigen bemerkbar, da alle Leute zur Arbeit gehen und die Maschinen in den Fabriken in Gang gesetzt werden. Während des Vormittages hält der Bedarf an, bis die Fabrikssirenen um 12 Uhr mittags ertönen. Nun werden die Maschinen stillgelegt, jedermann eilt zum Essen. Um 1 Uhr steigt die Leistung mit der Aufnahme der Arbeit wieder an, es ist aber bezeichnend, daß

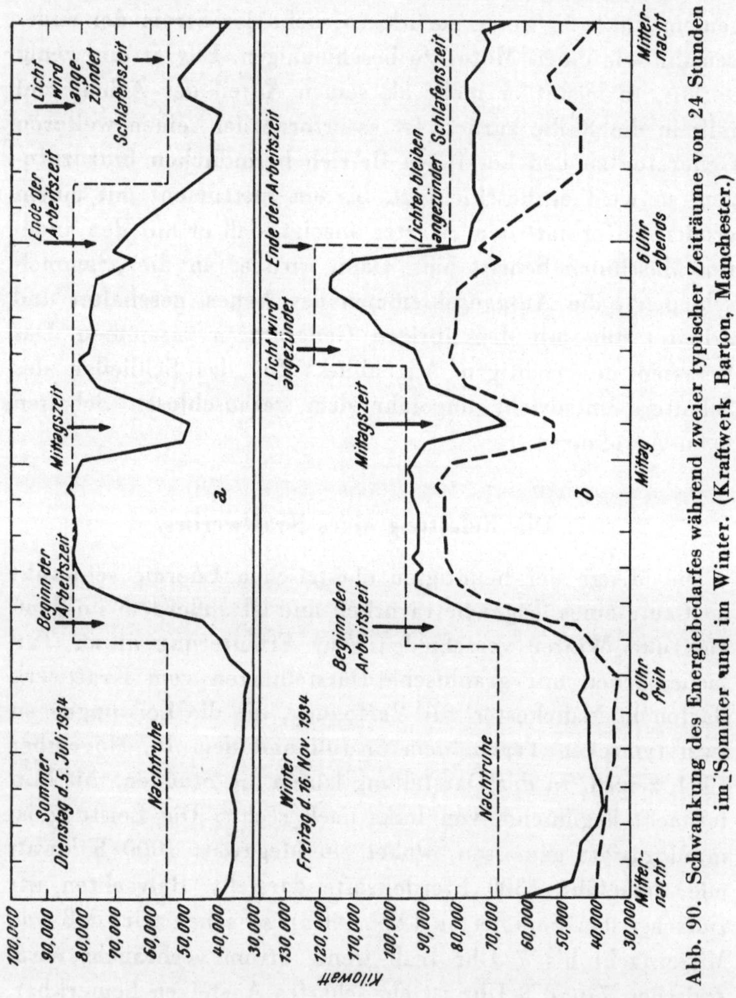

Abb. 90. Schwankung des Energiebedarfes während zweier typischer Zeiträume von 24 Stunden im Sommer und im Winter. (Kraftwerk Barton, Manchester.)

der Anstieg gegenüber dem plötzlichen Abfall um 12 Uhr mehr allmählich erfolgt. Zwischen 5 und 6 Uhr am Nachmittag hört die Arbeit auf und die Leute gehen nach Hause. Da es Sommer ist, müssen sie ihre Wohnungen nicht beleuchten und der Stromverbrauch bleibt bis gegen zehn Uhr gering; um diese Zeit, nach Sonnenuntergang, ist eine kleine Spitze zu beobachten. Manchester ist eine gesetzte, fleißige Stadt, keine übermütige Metropole wie London: Wir bemerken, daß bald darauf alle Leute schlafen gehen.

Im Winter (Abb. 90 b) ist der Strom in den Stunden schwachen Verbrauchs im wesentlichen derselbe, wächst aber nach 8 Uhr früh beträchtlich an. Die trüben winterlichen Tage erfordern viel elektrische Beleuchtung in Fabriken, Läden, Büros und Wohnungen. Man bemerkt aber den gleichen Abfall zur Mittagszeit. Um halb 4 Uhr wird es dunkel und alle Lichter werden angezündet, was eine gewaltige Spitze ergibt. Dies ist die stärkste Belastung, die das Kraftwerk zu tragen hat. Sie bleibt auch noch nach Arbeitsschluß bestehen, da nun in den Wohnungen neuerlich Lichter angezündet werden, und fällt erst, bis die Leute schlafen gehen und die Straßenbeleuchtung zwischen 11 und 12 Uhr verringert wird. Die Aufzeichnungen des Kraftwerkes stellen gleichsam eine kleine Geschichte unserer täglichen Lebensgewohnheiten dar.

Die obere punktierte Linie zeigt, wie die Belastung getragen wird. Das Kraftwerk besitzt mehrere große Turbogeneratoren, es laufen aber nur so viele von ihnen, als zur Deckung des Energiebedarfes notwendig ist. Eine Stufe nach aufwärts in der punktierten Linie zeigt, um wieviel beim Ingangsetzen eines weiteren Generators die verfügbare Leistung ansteigt; die punktierte Linie muß sich stets über der Linie befinden, die den Bedarf angibt. Für den Betrieb eines weiteren Generators ist mehr Dampf erforderlich, daher muß der Bedarf soweit als möglich im voraus bekannt sein. Der Bedarf hängt von verschiedenen Faktoren ab, z. B. davon, ob das Wetter schön oder der Himmel bedeckt ist, ob es warm oder kalt ist, ebenso von der Tages- und Jahreszeit. Diese Kurven stellen die Verhältnisse zu einer Zeit dar, als noch jedes Kraftwerk für die Schwankungen des örtlichen Bedarfes allein aufzukommen hatte. Da die Kraftwerke nunmehr durch das Fernleitungsnetz verkettet sind, erfolgt ihre Steuerung nach einem einheitlichen Plan von einer gemeinsamen Zentrale aus. Darüber wird im nächsten Abschnitt berichtet.

8. Das Fernleitungsnetz.

Das Fernleitungsnetz ist ein System von über das ganze Land ausgespannten Hochspannungsleitungen; es wird durch eine unter öffentlicher Kontrolle stehende Körperschaft, das Central Electricity Board, betrieben. Dieses System zeigt uns recht augenfällig, wie das Problem, die Allgemeinheit billig mit elektrischer Energie zu versorgen, in Angriff genommen werden kann. Abb. 91 zeigt eine Karte des Netzes.

Um den Zweck des Netzes zu verstehen, müssen wir uns klarmachen, daß es in der Versorgung mit elektrischer Energie zwei Stufen gibt, die man, grob gesprochen, mit der Fabrikation und dem Verkauf vergleichen kann. Da ist zuerst die Erzeugung der Energie und ihre Weitergabe an die Verteilungszentren, d. h. die Lieferung von Energie im großen. Dann müssen aber von diesen Verteilungszentren zu den Kunden Leitungen gelegt und unterhalten und der von den Kunden verbrauchte Strom gemessen und seine Kosten berechnet werden; dies entspricht dem Kleinhandel. Wie in vielen anderen Zweigen des Handels sind die Kosten der Verteilung sehr viel größer als die Produktionskosten. Elektrische Energie im großen ist erstaunlich billig; der vom Central Electricity Board festgesetzte Tarif schwankt je nach der Gegend, doch beträgt z. B. für das Gebiet Nordwest die laufende Gebühr nur einen Fünftelpenny für jede Kilowattstunde[20]. Wenn wir unsere vierteljährliche Stromrechnung bezahlen, machen die Kosten der von uns verbrauchten elektrischen Energie nur einen sehr kleinen Bruchteil des Betrages aus. Was wir in Wirklichkeit bezahlen, das sind die Zu-

---

[20] Dieser Satz wird nahezu verdoppelt durch eine feste Gebühr, die vom Board zur Amortisierung seines in den Anlagen investierten Kapitals eingehoben wird.

Abb. 91. Übersichtskarte des Fernleitungsnetzes.

leitungen, Drähte, Zähler und Dienstleistungen, die uns die Benützung der Energie ermöglichen. Der Haustarif ist in den einzelnen Teilen des Landes verschieden, vielleicht darf ich den in meiner Nachbarschaft gültigen als Beispiel heranziehen: Von je zehn Pfund meiner Rechnung stellt etwas mehr als ein Pfund die Herstellungskosten der von mir verbrauchten elektrischen Energie dar. Die übrigen neun Pfund bezahle ich für das Vorrecht, das Licht einschalten zu dürfen, wann es mir paßt. Wir sind als Kunden mit jemandem zu vergleichen, der für die ganze Saison eine Loge in der Oper gemietet hat, diese aber nur zwei- oder dreimal besucht, oder der den ganzen Tag über ein Mietauto warten läßt, für den Fall, daß er es brauchen sollte. Wenn wir alle von unserer Stromversorgung gleichmäßig im höchstmöglichen Ausmaß Gebrauch machten, würden die Kosten für die Einheit äußerst niedrig sein. Sie sind viel höher, weil wir Strom nur gelegentlich verwenden und, was noch schlimmer ist, weil wir alle ihn zu derselben Zeit brauchen; dadurch entstehen die hohen Belastungsspitzen, die durch die Kraftwerke gedeckt werden müssen.

Vor der Errichtung des Netzes erzeugten viele örtliche Stromversorgungs-Unternehmen ihre Energie und verkauften sie auch selbst ihren Kunden. Jedes Kraftwerk mußte über eine ausreichende Reserve an Maschinen verfügen, um seine Spitzenbelastung decken zu können. Obwohl die großen Kraftwerke die Energie billig erzeugten, waren doch viele von den kleinen Werken nicht leistungsfähig. Einige erzeugten Gleichstrom, andere Wechselstrom, und die Spannungen und Frequenzen waren verschieden, so daß die Kunden Lampen und Motoren kaufen mußten, die der jeweiligen örtlichen Versorgung angepaßt waren.

Die durch den einheitlichen Plan des Netzes bewirkte Änderung ist, kurz gesagt, folgende: Jedes örtliche Unternehmen behält die Kontrolle über die Zuleitungen zu seinen Kunden. Es setzt die Kleinverkaufs-Tarife fest und treibt die Zahlungen ein. Hingegen hat das Central Electricity Board die Verantwortung für die Erzeugung der elektrischen Energie übernommen. Obwohl die großen Werke weiterhin ihre Generatoren betreiben, stehen sie doch unter der Kontrolle des Board, das in der Tat die Erzeugung völlig aufgekauft hat und nun seinerseits den Kleinverkäufern die Energie zur weiteren Verteilung an die Kunden weiterverkauft.

Um diesen Zusammenschluß der Elektrizitätsversorgung zu ermöglichen, ist jedes Kraftwerk durch Transformatoren mit dem Netz verbunden. Wir können uns dies auf die einfachste Weise klarmachen, wenn wir uns vorstellen, daß die Generatoren ihre Energie unter der Aufsicht des Board an das Netz liefern und daß die Stromversorgungs-Unternehmen dem Netz Energie entnehmen und dem Board dafür zahlen. In Wirklichkeit scheint es in vielen Fällen etwas verwickelter zu sein, da die Kraftwerke die Leitungen der örtlichen Kunden unmittelbar speisen, ohne die Energie an das Netz abzugeben und sie ihm dann wieder zu entnehmen; das ist aber nur eine Angelegenheit der Buchführung. Sind die am Ort vorhandenen Generatoren zur Gänze außer Betrieb, so entnimmt die Stromversorgungs-Gesellschaft durch den Transformator ihre gesamte Energie dem Netz. Läuft der Generator bei geringem Ortsbedarf mit Volldampf, so liefert er seine zusätzliche Energie durch dieselben Transformatoren an das Netz.

Welches Ziel verfolgt man mit dieser Einrichtung? Man will den Bedarf in der wirksamsten Weise decken. Früher mußte jedes Kraftwerk seine Maschinen die ganze Zeit hindurch laufen lassen; bei großem Bedarf wurde mehr Dampf gegeben, beim Nachlassen des Bedarfes der Dampf gedrosselt. Jetzt hingegen sind die Kraftwerke in Gruppen eingeteilt wie Soldaten, die gemäß den Befehlen eines Generals eingesetzt werden. Die großen Werke arbeiten Tag und Nacht mit voller Leistung; sie tragen die sogenannte „Grundbelastung". Die nächste Gruppe von Kraftwerken, die „Zwei-Schicht-Werke", schließen ihren Betrieb am Abend und zum Wochenende, wenn der Bedarf nachläßt. Schließlich gibt es eine zur Verstärkung dienende Gruppe, die Saisonwerke, die nur im Winter, zur Zeit der Spitzenbelastung (s. Abb. 90), herangezogen werden und den ganzen Sommer hindurch geschlossen sind. Die leistungsfähigsten Werke arbeiten die ganze Zeit, die am wenigsten leistungsfähigen nur während eines kurzen Zeitraumes. Viele der kleineren Unternehmen haben ihre Generatoren gänzlich stillgelegt und betätigen sich nur noch als Verteiler, indem sie die Energie vom Netz kaufen und sie ihren Kunden weiterverkaufen. Für ein neues Verteilerunternehmen ist es so bedeutend leichter anzufangen, da die Errichtung eines eigenen Kraftwerkes nicht notwendig ist. Es braucht sich nur an das Netz anzuschließen und kann schon sein Geschäft eröffnen.

Die Art und Weise, in der dieser Zusammenschluß der Energie erfolgt, ist außerordentlich interessant. Zwei Dinge spielen dabei eine Rolle: die zentrale Steuerung und die Netzverbindungen zwischen den Werken.

Das Land ist in Gebiete geteilt, von denen jedes sein eigenes Netzwerk von Leitungen besitzt; an dieses sind alle Kraftwerke des Gebietes angeschlossen. Ferner besitzt jedes Gebiet eine Kontrollzentrale, die das Gehirn des ganzen Organismus darstellt. Besucht man eine solche Zentrale, so sieht man ein riesiges Aufgebot von Meßinstrumenten auf Tafeln vor dem verantwortlichen Ingenieur angeordnet (Abb. 92, Tafel 25). Diese Instrumente sind mit dem Namen der Kraftwerke beschriftet und zeigen an, wieviel das betreffende Werk in jedem Augenblick an das Netz liefert oder ihm entnimmt, obgleich das Werk selbst Hunderte von Kilometern entfernt sein kann. Auch ein großes Diagramm des Netzes befindet sich hier, aus dem man entnehmen kann, wie die Werke angeschlossen sind; rote Lichter bedeuten, daß die Schalter geschlossen, grüne, daß sie geöffnet sind. Man kann so genau sehen, was in dem ganzen Gebiet vorgeht.

Die Zentrale ist in der Lage, den Bedarf für die verschiedenen Tageszeiten und für die einzelnen Abschnitte des Jahres mit ziemlicher Genauigkeit vorauszusagen. Sie erteilt den Kraftwerken im voraus Befehle, indem sie jedem von ihnen angibt, während welcher Stunden es zu arbeiten und wieviel Energie es zu erzeugen hat. Der geringe zusätzliche Betrag, der sich der Voraussage entzieht, wird von einem einzigen großen Kraftwerk übernommen. Alle anderen Kraftwerke laufen mit Volldampf, in diesem einen Werk jedoch hält der leitende Ingenieur seine Hand (bildlich gesprochen) auf dem Drosselventil. Steigt der Bedarf an, so läßt er mehr Dampf in die Turbinen strömen, sinkt die Belastung, so drosselt er die Dampfzufuhr. Sollte der Bedarf so rasch anwachsen, daß er ihn nicht bewältigen kann, so benachrichtigt er die Zentrale telephonisch, und diese zieht Verstärkung heran, indem sie einem weiteren Werk befiehlt, den Betrieb aufzunehmen.

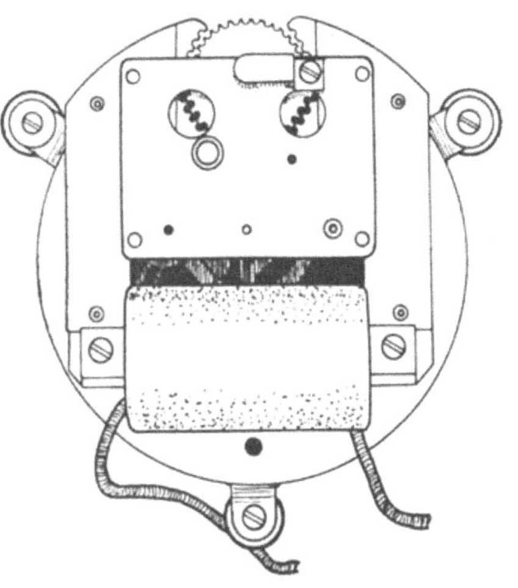

Abb. 93. Elektrische Uhr. Das oben sichtbare eiserne Zahnrad rückt jedesmal, wenn der Wechselstrom den mit gezähnten Polen versehenen Elektromagneten erregt, um einen Zahn weiter. Das Rad treibt über eine Reihe von Zahnrädern die Uhrzeiger. (Ferranti.)

Woher weiß der Mann in der Zentrale, wann er zusätzliche Energie in das Werk zu senden und wann er die Energie zu reduzieren hat? Die Art und Weise, in der dies bewerkstelligt wird, erinnert an einen Läufer oder Fahrer, der einer Gruppe als Schrittmacher dient. Es geschieht durch Beobachten der „Frequenz" des Systems. Die normale Frequenz beträgt 50 Perioden; die Generatoren sämtlicher Kraftwerke laufen im Gleichschritt miteinander, denn dieses Schritthalten ist, wie wir gesehen haben, eine Folge der Verwendung von Wechselstrom. Wenn nun eine Anzahl von Verbrauchern Licht und Motoren einschaltet, beginnen alle Generatoren langsamer zu laufen, bleiben aber im Schritt. Der Zeiger des in der Mitte des Kontrollraumes sichtbaren Frequenzmessers sinkt unter die Marke 50 und die Generatoren in den Schrittmacherwerken werden angekurbelt, um ihn wieder auf 50 hinaufzubringen. Bei fallendem Bedarf spielt sich natürlich alles in umgekehrter Richtung ab.

Unterhalb des Frequenzmessers befindet sich eine Uhr mit zwei Zeigern. Der eine Zeiger gehört zu einem Chronometer, das auf die Greenwicher Zeit einreguliert ist. Der zweite wird durch einen Wechselstrommotor, wie er häufig in den jetzt gebräuchlichen elektrischen Uhren (Abb. 93) Verwendung findet, angetrieben. Beträgt die Frequenz genau 50, so halten die beiden Zeiger gleichen Schritt. Bleibt der Zeiger des Elektromotors hinter dem Chronometerzeiger zurück, so bedeutet das, daß die Generatoren zu langsam laufen, und die Netzfrequenz wird erhöht, bis der Zeiger den anderen eingeholt hat. Zwischen den Stellungen der beiden Zeiger kann in jedem Zeitpunkt ein kleiner Unterschied bestehen, darf aber wenige Sekunden niemals überschreiten. Deshalb gehen unsere vom Wechselstromnetz angetriebenen elektrischen Uhren so genau. Solange sie nicht stehenbleiben, *können sie nicht* mehr als ein paar Sekunden falsch gehen. Ihre Motoren laufen mit den Generatoren der Kraftwerke im Schritt; sie werden durch das gesamte Netz, das sich auf die Autorität der Sternwarte in Greenwich stützt, gezwungen, die richtige Zeit einzuhalten.

9. Transformator- und Schaltstationen.

Oft bemerkt man Einfriedungen mit einem Netzwerk von Trägern und Drähten auf Isolatoren, unter denen sich Reihen eiserner Behälter mit Porzellanhörnern, den Fühlern riesiger Insekten vergleichbar, befinden. Es sind dies *Transformator- und Schaltstationen*. Im allgemeinen befindet sich bei jedem Kraftwerk eine solche Station, die das Werk mit dem Netz verbindet, doch sind viele von den Unterstationen nicht an ein Kraftwerk angeschlossen. Durch sie wird lediglich Energie aus dem Netz entnommen und mit

Abb. 94 a. Unterstation Barford. (Central Electricity Board.)

geringerer Spannung zum Zweck der örtlichen Versorgung wieder ausgesandt.

Eine typische Unterstation dieser zweiten Art (Klein-Barford) zeigt Abb. 94 a (Tafel 26). Sie gleicht einem äußerst komplizierten Labyrinth, hat aber in Wirklichkeit eine sehr einfache Aufgabe. Eine Hauptleitung von 132 000 Volt, die

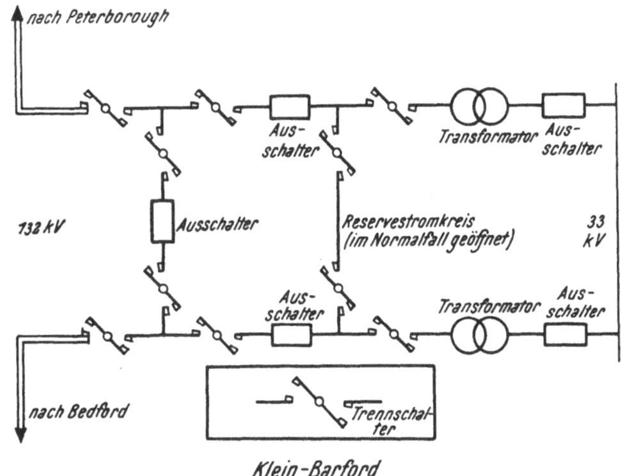

Abb. 94 b. Schaltplan der im vorigen Bild gezeigten Unterstation. (Central Electricity Board.)

Peterborough mit Bedford verbindet, durchquert die Unterstation. Zwei Transformatoren entnehmen der Hauptleitung Energie und transformieren sie für die Ortsleitungen, die zu verschiedenen Orten in der Umgebung führen, auf 33 000 Volt herunter. Das Bild läßt die 132 000-Volt-Leitung auf einem Mast im Vordergrund erkennen; die örtliche Versorgung wird von dem entfernten Ende der Einfriedung abgezweigt.

Warum ist das alles so kompliziert? Man könnte doch annehmen, daß man den Transformator nur an die Leitung anzuschließen hätte. Das viele Zubehör ist wegen der Vorsicht notwendig, mit der man große Energiemengen von hoher Spannung behandeln muß. In Abb. 94 b bringe ich einen Schaltplan der Station. In ihm sind der besseren Übersicht halber die drei Kabel der Drehstromleitung durch eine einzige Linie dargestellt. Die „Trennschalter“ sind drehbare Arme, welche die Leitungen verbinden, wenn sie geschlossen sind, und sie trennen, wenn sie offenstehen. Sie dienen nur dann zur Trennung der Leitungen, wenn kein Strom fließt. Die „Ausschalter“ hingegen sind Schalter, die dazu bestimmt sind, den Strom abzuschalten; auch öffnen sie sich automatisch, wenn der Strom eine gefährliche Höhe erreicht. Für den Schutz der Anlage sind sie wesentlich. Mitunter gibt es in den Fernleitungen einen „Durchschlag“. Eine seiner Ursachen ist der Nebel, der auf den Isolatoren eine leitende Feuchtigkeitsschicht bildet, so daß zwischen den Leitungskabeln eine Entladung beginnt, gefolgt von einem starken Lichtschein, der die Leitungen tatsächlich kurzschließt. Dies wäre für die Generatoren und Transformatoren verderbenbringend, wären sie nicht durch die Ausschalter geschützt, deren „Auslöser“ sofort in Tätigkeit treten und den Strom unterbrechen. In Abb. 94 b befinden sich alle Trennschalter in ihrer normalen, geschlossenen Arbeitsstellung, die Schalter des Reservestromkreises ausgenommen. Stößt der Leitung nach Peterborough irgend etwas zu, so öffnen sich die beiden ihr zunächst liegenden Ausschalter augenblicklich. Einer der Transformatoren erhält nach wie vor Energie aus der Bedford-Leitung und die örtliche Versorgung ist daher nicht unterbrochen. Tritt in der örtlichen Versorgung ein Kurzschluß auf, so werden die zwischen ihr und den Transformatoren befindlichen Ausschalter ausgelöst. In einem solchen Fall verlöschen in der Nachbarschaft alle Lichter (wie der Leser weiß, kommt dies ab und zu vor), aber die Transformatoren und das Netz sind geschützt und die Versorgung setzt sofort wieder ein, sobald der Schaden behoben ist. Alles ist soweit als möglich gesichert.

Natürlich wird jeder Teil der Anlage, der instand gesetzt werden soll, zuerst mit Hilfe der Trennschalter abgeschaltet, damit man ohne Gefahr an ihn herankommen kann. Wenn der Leser die Notwendigkeit aller dieser Einrichtungen erfaßt hat und einsieht, daß die Hochspannungskabel weit auseinandergehalten und isoliert werden müssen, wird er verstehen, weshalb selbst eine einfache Unterstation wie diese so umfangreich ist.

Die Ausschalter haben eine recht komplizierte Wirkungsweise, obwohl man auf den ersten Blick meinen könnte, daß

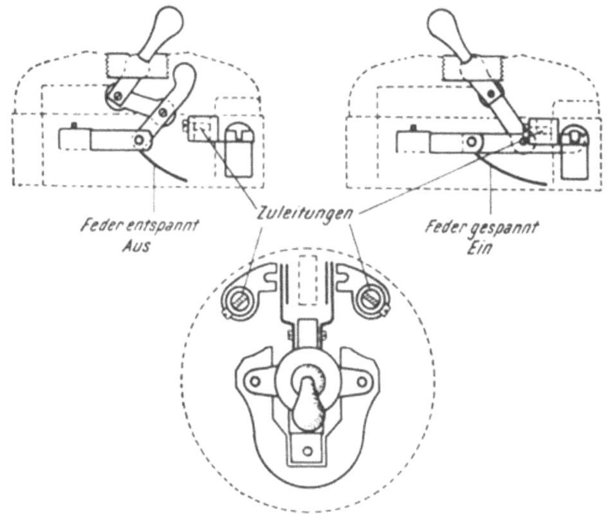

Abb. 95. Schalter für den häuslichen Gebrauch.

es nichts Einfacheres gibt: berühren einander zwei Metallstücke, so fließt der Strom; werden sie getrennt, so kann er nicht fließen. Dennoch hat selbst ein Schalter für unseren häuslichen Gebrauch einen recht komplizierten Mechanismus (Abb. 95). Wenn man den Deckel des Lichtschalters losschraubt und dann den Schalter betätigt, wird man bemerken, daß beim Ausschalten der Kontakt, von einer starken Feder herausgeschleudert, mit einem Knacken herausspringt. Würden die Kontakte langsam getrennt, so entstünde ein Lichtbogen, der die Metallteile des Schalters zum Schmelzen brächte. Wenn solche Vorsichtsmaßnahmen schon für eine

Spannung von 230 Volt notwendig sind, kann man sich vorstellen, daß ein Schalter für 132000 Volt ein technisches Problem ist. Der Kontakt wird durch Metallkolben hergestellt, die in Hülsen passen. Ein Elektromagnet neben dem Schalter steuert eine mächtige Feder; wird der Schalter ausgelöst, so zieht diese Feder die Kontakte mit ungeheurer Gewalt heraus. Einige von den Ausschaltern sind in der Abb. 94 (Tafel 26) sichtbar. Die zylindrischen Behälter enthalten das Öl, in welchem die Schalter arbeiten; die Leitungsdrähte werden zwecks einwandfreier Isolierung durch lange Porzellanhörner in den Behälter eingeführt.

In unserer häuslichen Stromversorgung bedeuten die Sicherungen dieselbe Schutzmaßnahme im kleinen wie die Ausschalter im großen. Die gewöhnliche Sicherung ist ein Stück Draht aus einer leicht schmelzenden Legierung oder aus dünnem Kupfer. Im allgemeinen ist für jede Gruppe von drei oder vier Räumen der Wohnung je ein Paar Sicherungen im Sicherungskasten vorhanden. Kommt es zu einer Berührung zwischen den Leitungsdrähten, die zu den Lampen führen, gibt es also einen Kurzschluß, dann fließt durch die Sicherung ein so starker Strom, daß der Draht schmilzt, und jeder Schaden durch übermäßigen Strom wird vermieden.

Die Maste, die die Fernleitungen tragen (Abb. 96, Tafel 27), sind so gut bekannt, daß ich die Aufmerksamkeit des Lesers nur auf die d r e i Leiter (sechs bei einer Doppelleitung) für den Drehstrom lenken möchte sowie auf den an der Mastspitze befestigten Erdleiter und auf die Ketten von Isolatoren. Die Leiter haben einen Durchmesser von etwa zwei Zentimetern und bestehen aus Aluminiumlitzen, die ihnen eine hohe Leitfähigkeit geben, mit einem Kern von Stahladern, welche die Festigkeit gewährleisten.

Beschreibungen wie die vorliegende sind recht langweilig, wenn man sich die Apparate und Maschinen nicht in Wirklichkeit ansehen kann. Dennoch wird der Leser einen Besuch in einem Kraftwerk bei weitem interessanter finden, wenn

Tafel 27

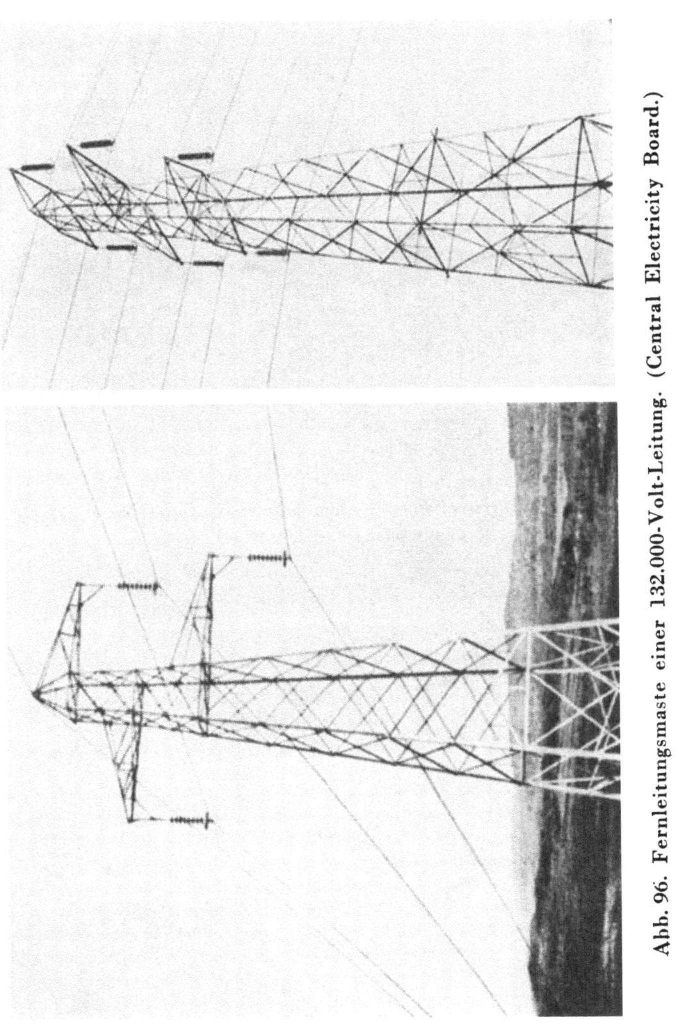

Abb. 96. Fernleitungsmaste einer 132.000-Volt-Leitung. (Central Electricity Board.)

Abb. 102. Creed-Fernschreiber mit abgenommenem Gehäuse. (Post Office Engineering Department.)

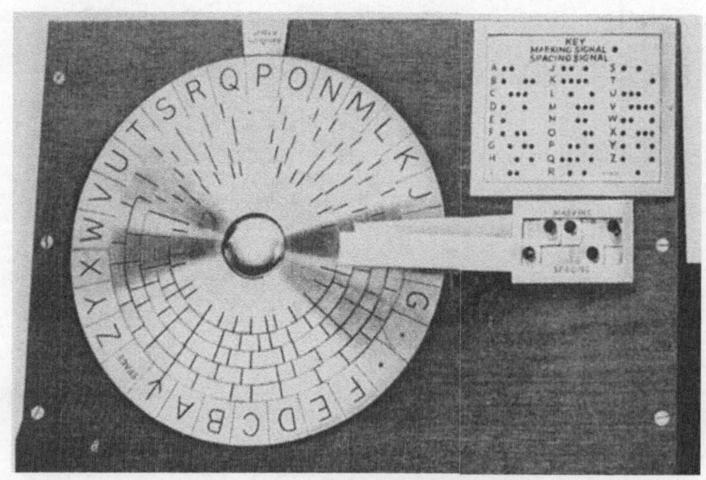

Abb. 103. Modell zur Erläuterung des Creed-Fernschreibers. (Post Office Engineering Department.)

er dessen Wirkungsweise versteht, und ich hoffe, daß der Bericht, den ich hier gegeben habe, ihn instand setzt, sich mit dem Ingenieur, der ihn herumführt, wie ein Fachmann und Kollege zu unterhalten und sich mit ihm in Diskussionen über technische Fragen einzulassen, etwa darüber, wie man solche gewaltige Energiemengen gefahrlos handhaben kann.

V. Telegraph und Telephon.

Der Telegraph.

1. Die Entwicklung der Telegraphie.

Zu Beginn des letzten Kapitels erwähnte ich die beiden großen Anwendungsgebiete des elektrischen Stromes, die Beförderung von Energie und die Übermittlung von Nachrichten. Es wäre schwierig zu sagen, welches von beiden einen größeren Einfluß auf die Änderung unserer Lebensgewohnheiten gehabt hat.

Vor dem Erscheinen des Telegraphen konnte man Nachrichten nur mitteilen, indem man sie dem Gedächtnis eines Boten anvertraute, der sich sodann an Ort und Stelle begab und die Botschaft bestellte — wie der Bote, der im Schauspiel der alten Griechen erscheint —, oder indem man sie schriftlich niederlegte und den Brief auf dem Land- oder Seeweg übersandte. In jedem Falle war die Geschwindigkeit der Beförderung lediglich die, mit der der Mensch reiste. Die Menschen in verschiedenen Teilen der Welt waren durch unermeßliche Zeiträume voneinander getrennt. Ein Weltteil reagierte auf Geschehnisse, die sich in anderen Weltteilen ereigneten, äußerst träge, da die Wirkung der Neuigkeiten durch die Zeit geschwächt wurde, die für die Hin- und Rückreise verlorenging.

Das Netz von Drähten, das heute ein Land mit dem anderen verbindet, bedeutet für die Welt dasselbe wie das Nervensystem für unseren Körper. Neuigkeiten verbreiten sich fast augenblicklich über die ganze Welt, und kein großes Ereignis kann stattfinden, ohne daß jedes einzelne Land in unmittelbarer und sensationeller Weise davon Kunde erhält und darauf reagiert. Die Entwicklung des Telegraphen und anderer Hilfsmittel, die eine augenblickliche Verständigung auf elektrischem Wege ermöglichen, ist ein geschichtliches Ereignis von unvergleichlich größerer Bedeutung als der Aufstieg und Untergang von Staaten oder die Eroberungskriege, denen die Geschichtsbücher so viel Raum widmen. Wenn wir die verschiedenen Formen des tierischen Lebens einer vergleichenden Betrachtung unterziehen, erkennen wir als einen der sinnfälligsten Unterschiede, daß die höheren Formen über ein verwickelteres Nervensystem zur Übertragung von Nachrichten und Befehlen von einem Teil des Körpers zum anderen verfügen als die niedrigeren Typen. Entsprechend können wir behaupten, daß der Telegraph für die ganze Welt die Voraussetzung für eine höhere Form der Organisation geschaffen hat. Man könnte sogar noch weiter gehen und behaupten, daß viele Schwierigkeiten der heutigen Zeit nervöse Störungen sind, die von einer zu engen Bindung zwischen den Staaten herrühren, für die sie noch nicht reif sind. Ein weiterer Umstand, der eine Annäherung begünstigt, ist natürlich die zunehmende Erleichterung des Verkehrs; aber ich kann mir wohl denken, daß die Geschichtsschreiber kommender Zeiten die Entwicklung der Möglichkeiten augenblicklicher Verständigung für ebenso wichtig halten werden.

Die Vorstellung eines elektrischen Telegraphen spukte bereits durch ein Jahrhundert in den Köpfen der Menschen, bevor eine praktisch brauchbare Form erfunden wurde. Der früheste Vorschlag scheint im Jahre 1753 von einem gewissen Charles Morrison aus Renfrew gemacht worden zu sein. Alle frühen Formen gingen von dem Gedanken aus, einen langen Draht durch eine an seinem einen Ende befindliche Elektrisiermaschine zu laden und die Entladung am anderen Ende zu beobachten. Sie alle waren praktisch nicht brauchbar, da es schwierig ist, eine Ladung auf hohem Potential zu erhalten, und da die Kapazität der Leitung groß ist. Der Bau eines brauchbaren Telegraphen wurde erst möglich, als Volta die nach ihm benannte Säule erfunden und

Oersted die Wirkung eines Stromes auf einen Magneten entdeckt hatte. Das Geheimnis, das in der Telegraphie zum Erfolg führt, besteht in der Verwendung des in einem Draht fließenden Stromes. Die Telegraphie beruht somit letzten Endes auf dem gewaltigen Unterschied der Leitfähigkeit, den

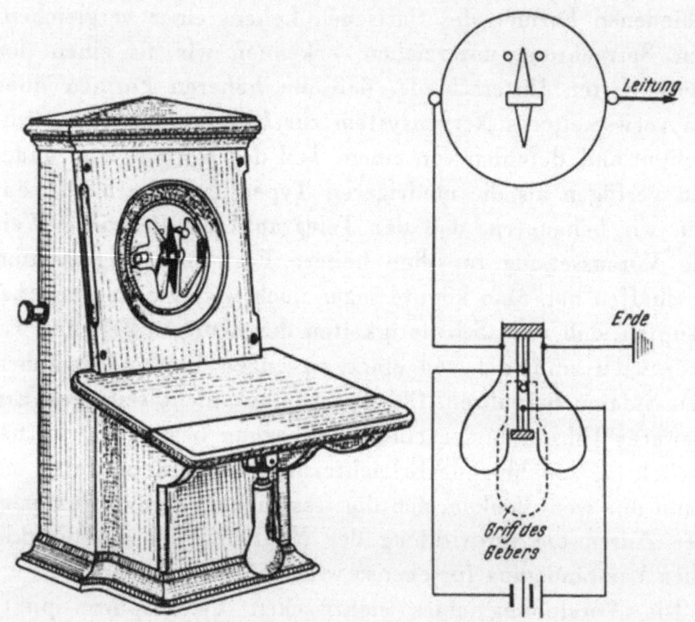

Abb. 97. Nadeltelegraph. Oberes und unteres Ende des an die Batterie angeschlossenen Kontakthebels sind gegeneinander isoliert. Werden mit dem Griff keine Nachrichten übermittelt, so fließt der Strom von der entfernten Station durch den Empfangsapparat unmittelbar zur Erde.

verschiedene Stoffe aufweisen. Um dies einzusehen, bedenken wir, daß ein Strom, der in England in ein Kabel eintritt, es vorzieht, nach dem Durchlaufen von mehreren tausend Kilometern Kupferdraht in Amerika seinen Ausweg zu suchen, anstatt durch die nur zwei Zentimeter dicke Isolierung — denn nur diese verhindert seinen Rücklauf durch das Meer — zu seinem Ausgangspunkt zurückzufließen.

Der erste Stromtelegraph war die Erfindung eines Deutschen namens Sömmering. Es war eine ganz ungewöhnliche Sache, würdig eines phantasiereichen Geistes, besaß aber den Vorzug, wirklich zu funktionieren. Er bestand aus einer Anzahl kleiner Gefäße, von denen jedes einen Buchstaben oder eine Zahl trug und angesäuertes Wasser enthielt. Von der Sendestation führte zu jedem der Gefäße eine eigene Leitung, die in einer Elektrode endete. Wurde durch den entsprechenden Draht ein Strom gesandt, so zeigten Gasblasen in dem Gefäß den Buchstaben an. Dieser Telegraph wurde über eine Entfernung von ungefähr drei Kilometern betrieben.

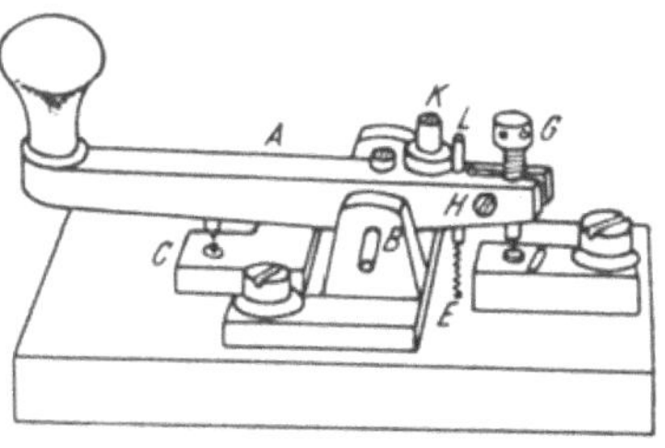

Abb. 98. Morsetaste zur Übermittlung von Nachrichten durch „Striche und Punkte".

Die wirkliche Telegraphie begann mit den Versuchen von Wheatstone und Cooke in England und denen von Morse in Amerika. Die Apparate von Wheatstone fanden zuerst im Eisenbahnsignalwesen Verwendung; eine ihrer Ausführungsformen wurde bei manchen Bahnen bis auf den heutigen Tag beibehalten. Der Leser wird vielleicht auf Bahnhöfen einen Apparat bemerkt haben, dessen Zeiger hin- und herschnellt und dabei zwei Anschläge trifft, die dann ein charakteristisches Ticken hören lassen: ein Bild dieses Apparates zeigt Abb. 97. Der Griff des Gebers sendet längs der Leitung Strom in der einen oder anderen Richtung, je nachdem, ob er nach links oder nach rechts bewegt wird; der Strom fließt durch eine Spule im Empfänger und lenkt wie in einem Galvanometer eine Magnetnadel ab. Die Punkte und Striche des Morsealphabets (siehe unten) werden durch Ablenkungen nach links beziehungsweise rechts angezeigt.

M o r s e war der erste, der einen Elektromagneten zur Aufzeichnung der Signale verwendete. Um die Mitte des vergangenen Jahrhunderts entwickelte er eine Telegraphentype, die so betriebssicher und brauchbar war, daß sie nahezu bis heute allgemein im Gebrauch war. Die Zeichen werden mit Hilfe von P u n k t e n und S t r i c h e n über die Leitung gesandt; ein Punkt wird durch einen kurzen Stromstoß dargestellt, ein Strich durch einen Strom-

A - —	J - — — —	S - - -
B — - - -	K — - —	T —
C — - — -	L - — - -	U - - —
D — - -	M — —	V - - - —
E -	N — -	W - — —
F - - — -	O — — —	X — - - —
G — — -	P - — — -	Y — - — —
H - - - -	Q — — - —	Z — — - -
I - -	R - — -	

1 - — — — —	6 — - - - -
2 - - — — —	7 — — - - -
3 - - - — —	8 — — — - -
4 - - - - —	9 — — — — -
5 - - - - -	0 — — — — —

Abb. 99. Morsealphabet (International Code*).

stoß von etwa der dreifachen Dauer. Das Senden erfolgt mittels der in Abb. 98 gezeigten Taste, die den Kontakt C schließt, wenn sie niedergedrückt, und ihn öffnet, wenn sie von der Feder E zurückgezogen wird.

Das Morsealphabet zeigt Abb. 99. Wegen seiner Zweckmäßigkeit wurde es für alle möglichen Arten der Übertragung von Zeichen übernommen, und es wird gewiß vielen meiner Leser gut bekannt sein. Es beruht auf dem Prinzip, die am häufigsten gebrauchten Buchstaben durch die einfachsten

* „International Code" heißt das für die Zwecke der Übersee-Kabeltelegraphie abgeänderte Morsealphabet.

Zeichen darzustellen, wobei E und T vor allen anderen den Vorrang haben.

Ein Empfangsapparat nach Morse, ein „Klopfer“, ist in Abb. 100 zu sehen. Auf der Empfängerseite fließt der Strom durch einen Elektromagneten A. Dieser zieht einen Weicheisenanker B an, der auf einem um E drehbaren Hebel K sitzt. Die Nachricht wird gewöhnlich durch einen Beamten aufgenommen, der das beim Anziehen und Loslassen des Ankers entstehende knackende Geräusch abhört. Bei anderen Ausführungsformen werden die Punkte und Striche mittels eines mit Tinte gefärbten Rades, das mit dem Hebel des Empfängers verbunden ist, auf einen bewegten Papierstreifen aufgezeichnet.

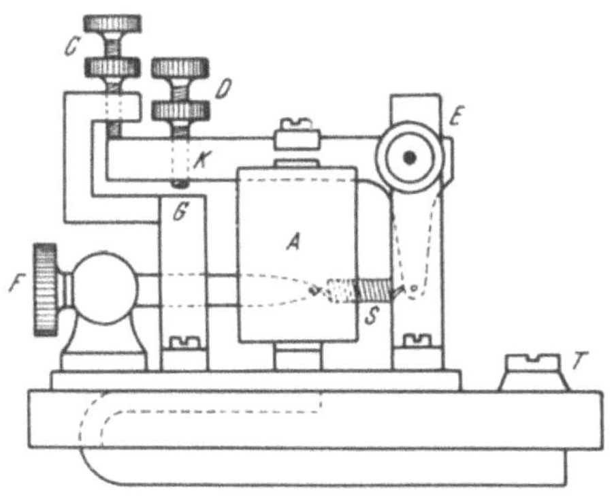

Abb. 100. Empfangsapparat nach Morse. Die Schrauben C und D dienen zum Einstellen der Auf- und Abwärtsbewegung des Armes K.

Wegen des Widerstandes der Leitung ist es unzweckmäßig, den zur Betätigung des Empfängers erforderlichen starken Strom über große Entfernungen zu senden. Man verwendet daher ein Relais. Ein solches stellt einen empfindlichen Empfänger dar, dessen Anker durch einen mit vielen Windungen feinen Drahtes versehenen Elektromagneten angezogen wird. Wenn ein schwacher Strom den Anker anzieht, schließt dieser einen Kontakt und eine kräftige, am Empfangsort befindliche Batterie sendet nun ihren Strom über diesen Kontakt zum Klopfer oder zum Empfangsapparat. Das Wort „Relais“ ist eine allgemeine Bezeichnung für einen Apparat, der mit Hilfe eines schwachen Stromes einen Stromkreis öffnet oder schließt und auf diese Weise einen starken Strom steuert.

Dieses System der Telegraphie hat sich durch fast ein Jahrhundert behauptet. Als Verbesserung wurde namentlich eine Steigerung der Telegraphiergeschwindigkeit und eine Verringerung der Zahl der Leitungen angestrebt. Eine bedeutende Erfindung aus den ersten Tagen war z. B. die „Rückleitung durch die Erde". Statt zwischen Sende- und Empfangsstation zwei Leitungsdrähte zu verwenden, verband

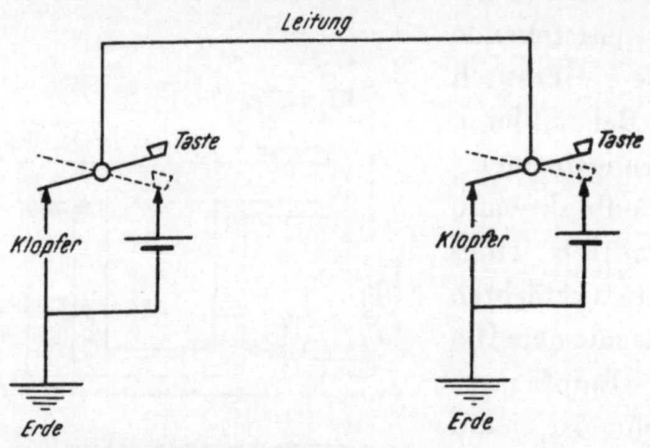

Abb. 101. Schaltung, die das Senden von Nachrichten in beiden Richtungen unter Verwendung eines einzigen Leitungsdrahtes und der „Erde" als Rückleitung ermöglicht.

man die Leitung an jedem Ende mit einer großen, in den Erdboden versenkten Platte, so daß die Erde selbst den einen Leiter bildete und zwischen den Stationen nur mehr eine Leitung erforderlich war. Das ist gleichbedeutend mit der Verwendung der ganzen Welt als Rückleitung; solange der durch die Erdplatte hergestellte Kontakt gut ist, kann man ihren Widerstand vernachlässigen. Abb. 101 zeigt eine Schaltung mit Rückleitung durch die Erde in einer Ausführung, die das Senden von Nachrichten in beiden Richtungen ermöglicht.

Später wurden verschiedene interessante Schaltungen entwickelt, die einen einzigen Draht für die gleichzeitige Übermittlung mehrerer Nachrichten in beiden Richtungen verwendeten; ihre Beschreibung würde jedoch hier zuviel Raum erfordern. Bei manchen Systemen wurde das Senden automatisch bewerkstelligt, um jede einzelne Leitung möglichst voll auszunützen. Ein Beamter tastet zunächst die Nachricht auf einem Gerät, das, statt Strom auszusenden, einen Papierstreifen locht. Ein solches Papierband durchläuft den Sendeapparat mit bedeutend größerer Geschwindigkeit. Zwei Kontakte werden durch den Papierstreifen getrennt. Jedesmal, wenn eine Lochung vorbeieilt, berühren sie einander und schließen den Stromkreis. Ein Mann kann nur etwa 30 Worte in der Minute senden, der Telegraph als solcher jedoch kann Punkte und Striche mit einer Geschwindigkeit von 600 Worten in der Minute übertragen. Auf diese Weise war also eine Anzahl von Beamten damit beschäftigt, die Nachrichten auf Streifen zu übertragen, die dann durch eine einzige Leitung gejagt wurden. Der Empfangsstreifen wurde wieder zerschnitten und von Beamten umgeschrieben.

Änderungen in einem Telegraphiersystem sind nicht leicht durchzuführen, da ein Telegraphist, der Jahre hindurch nach einem bestimmten System gearbeitet hat, durch Übung sehr leistungsfähig wird und beim Umlernen auf einen anderen Zeichenschlüssel die größten Schwierigkeiten hat. Dies mag ein Grund dafür sein, daß das System von Morse sich so lange Zeit ohne wesentliche Änderungen erhalten hat. Schließlich ist man aber in England doch davon abgegangen. Viele unter uns erinnern sich noch an das Klopfen der Taste in den Postämter, aber dieser vertraute Klang ist nun verstummt; heute werden Telegramme durch ganz andere Verfahren übermittelt.

2. Fernschreiber.

Wenn der Leser den Raum eines großen Postamtes betritt, der zur Abfertigung von Telegrammen dient, wird er eine Anzahl von Apparaten bemerken, die wie komplizierte Schreibmaschinen aussehen (Abb. 102, Tafel 28). Sie tragen eine Tastatur mit Buchstaben und Ziffern auf den einzelnen

Tasten. Wird der Beamtin ein beschriebenes Telegrammformular eingehändigt, so tippt sie es wie einen Brief ab. Ihr Apparat, der sich beispielsweise in Leeds befinden möge, ist durch eine Leitung mit einem ähnlichen Apparat in London verbunden. Sowie sie in Leeds die Tasten drückt, werden längs der Leitung elektrische Signale ausgesandt, die bewirken, daß der Londoner Apparat die Nachricht auf einen Papierstreifen druckt; in ähnlicher Weise wird jede in London getippte Nachricht in Leeds gedruckt. Man sieht, wie das Band, auf das die Nachricht gedruckt wird, über eine Rolle läuft und auf der linken Seite des Apparates wieder zum Vorschein kommt. Beim Empfang einer Nachricht werden die Worte in stetiger Folge auf das Band gedruckt. Die Beamtin reißt den Teil des Streifens, der die Anschrift trägt, ab und klebt ihn auf das obere Ende eines Formulars; sodann reißt sie den restlichen Teil des Streifens, der die Nachricht enthält, in Stücke von geeigneter Länge und klebt sie darunter. Der Leser ist wahrscheinlich mit dem Aussehen eines von einem größeren Postamt kommenden Telegramms, das die einzelnen aufgeklebten Papierstreifen zeigt, vertraut. Diese Apparate heißen Fernschreiber und befinden sich in allen großen Postämtern.

Liegt der Bestimmungsort des Telegramms in der Nähe des Hauptamtes, so wird das Telegramm durch einen Boten zugestellt. Liegt er in einem entfernten Bezirk, so kommt das Formular in einen zweiten Raum und wird durch das Telephon an das seinem Bestimmungsort zunächstliegende Postamt weitergegeben; von dort wird es durch einen Boten zugestellt. Wenn wir ein mit der Hand geschriebenes Telegramm erhalten, so bedeutet das, daß es durch das Telephon an ein Ortsamt weitergegeben wurde, welches selbst keinen Fernschreiber besitzt. Eine dritte Art der Übermittlung, die in steigendem Maße Anwendung findet, besteht darin, die durch den Fernschreiber beförderte Nachricht den Teilnehmern, die an das Fernsprechamt angeschlossen sind, durch das Telephon mitzuteilen; eine Bestätigung wird dann später übersandt. Fernschreiber und Fernsprecher haben das System der „Punkte und Striche“ ersetzt.

In den einzelnen Ländern sind verschiedene Arten von Fernschreibern im Gebrauch. In England wird der Creed-Apparat verwendet. Er ist für eine genaue Beschreibung zu verwickelt; es soll hier nur das allgemeine Prinzip erläutert werden.

Wir wollen erreichen, daß beim Niederdrücken der mit A bezeichneten Taste des Sendeapparates der Empfangsapparat ein A auf das Band druckt. Stünde für jeden Buchstaben des Alphabets (und ebenso für alle Ziffern und anderen Zeichen) ein eigener Stromkreis zur Verfügung, so wäre es leicht, im betreffenden Draht einen Strom hervorzurufen, der mittels eines Elektromagneten die Taste einer Schreibmaschine betätigt. Dies würde jedoch die Verwendung so vieler Leitungen notwendig machen, daß eine solche Möglichkeit nicht in Frage kommt. In Wirklichkeit arbeitet der Fernschreiber mit einer einzigen Leitung. Des leichteren Verständnisses willen sei zunächst angenommen, daß uns fünf Stromkreise zur Verfügung stehen; wir wollen dann zeigen, wie man sämtliche Zeichen über fünf Leitungen senden kann. Später werden wir sehen, daß die fünf Stromkreise durch einen einzigen ersetzbar sind.

Das in Abb. 103 (Tafel 28) gezeigte Modell[21] dient zur Erläuterung des Prinzips. Man erkennt fünf Metallscheiben, von denen jede einen nach rechts hinausragenden Arm besitzt; die Scheiben sind um ihren Mittelpunkt drehbar und können mit Hilfe der Arme um einen kleinen Winkel geschwenkt werden. An jedem der Arme ist ein schwarzer Knopf befestigt, der anzeigt, ob der Arm in der oberen oder unteren Stellung steht. Jeder Arm wird durch den elektrischen Strom aus einem der fünf Stromkreise angetrieben.

---

[21] Die ursprüngliche Ausführung dieses Modells wurde für meine Vortragsreihe hergestellt; das Bild zeigt die endgültige, vom Post Office Engineering Department verfertigte Ausführung.

Im vorliegenden Fall wurde das Zeichen für den Buchstaben P gegeben; es hat eine Aufwärtsdrehung der Arme II, III und V bewirkt und I und IV unten belassen, da durch das Sendegerät Strom über die Leitungen II, III und V gesandt wurde. Unter den Tasten des Sendeapparats befinden sich fünf Schienen. Wird die Taste P gedrückt, so berührt sie die zweite, dritte und fünfte Schiene und sendet Strom in die entsprechenden Leitungen.

Die Scheiben, „Kämme“ genannt, tragen eine Anzahl von Schlitzen, die im Bild durch Striche dargestellt sind. Wenn sich die Arme II, III und V hinaufbewegen, kommen an einer bestimmten Stelle, die im Bild zu sehen ist, fünf Schlitze zur Deckung. Der äußere Kreis trägt auf seinem Rand die Buchstaben des Alphabets und einen Pfeil, der eine Klinke vorstellt. Der äußere Kreis wird durch einen Motor und eine Kupplung gedreht, bis die über den fünf Scheiben liegende Klinke eine Stelle findet, an der fünf Schlitze zur Deckung kommen. Dort schnappt die Klinke ein, hemmt die weitere Drehung der Scheibe und löst einen Hammer aus, der den oben stehenden Buchstaben trifft und ihn auf das Band abdruckt. Wie der Leser sieht, liegt der Buchstabe P genau dann unter dem Hammer (der im Bild durch „letter recorded“ bezeichnet ist), wenn der Pfeil, der die Klinke darstellt, den fünf in einer Reihe befindlichen Schlitzen gegenübersteht. Die Arme fallen sodann wieder in ihre Ausgangsstellung zurück und sind für den nächsten Buchstaben bereit.

Nehmen wir an, daß nun der Buchstabe A gesendet werden soll: Die ersten beiden Arme bewegen sich hinauf und die anderen bleiben unten. Die Schlitze kommen an einer anderen Stelle zur Deckung, der Pfeil dreht sich, bis er ihnen gegenübersteht, und der Buchstabe A ist für den Abdruck bereit. Den vollständigen Schlüssel zeigt Abb. 104.

Es klingt unwahrscheinlich, daß fünf Bewegungen die 26 Buchstaben des Alphabets darstellen können, in Wirklichkeit jedoch sind sie mehr als ausreichend. Da fünf Hebel vorhanden sind, von denen jeder oben oder unten stehen kann, gibt es 2 × 2 × 2 × 2 × 2 = 32 Kombinationen. Damit der Leser sich überzeugen kann, daß die Schlitze zu gleicher Zeit nur an einer Stelle zur Deckung kommen, möchte ich ihm empfehlen, sich das Modell selbst anzufertigen. Es ist leicht zu bauen und ein recht interessantes Spielzeug. Man braucht nur etwas dünnen Pappendeckel für die Scheiben und ein Brett, um sie darauf zu befestigen. Abb. 103 dürfte die nötigen Hinweise für den Bau enthalten. Man schneidet zu allererst den großen äußeren Kreis aus und teilt seinen Rand in 30 gleiche Teile, indem man mit einem Gradbogen Intervalle von 12 Grad markiert. Die Buchstaben werden in der gezeigten Reihenfolge in die Zwischenräume eingetragen. Zwischen G und F bleiben zwei Stellen frei, es zeigt sich nämlich, daß der Pfeil unsichtbar wird, sobald diese Stellen unter den „Hammer“ zu liegen kommen; sie sind daher unbrauchbar. Der mit „Space“ (Zwischenraum) bezeichnete Sektor dient zur Trennung eines Wortes vom nächsten. Nun werden die inneren Scheiben ausgeschnitten, wobei der Arm jeder folgenden Scheibe etwas kürzer sein soll als der der vorhergehenden, so daß nach der Befestigung der Scheiben auf dem Brett die Enden sämtlicher Arme sichtbar sind. Mit einem Stift oder Reißnagel werden dann die Scheiben, die kleinste obenauf, auf dem Brett befestigt. Zwei Stecknadeln schränken die Bewegung der Arme auf etwa 10 Grad ein,

Buchst.	Zeichen	ARM					Buchst.	Zeichen	ARM				
		I	II	III	IV	V			I	II	III	IV	V
A	:	●	●	○	○	○	Q	1	●	●	●	○	●
B	?	●	○	○	●	●	R	4	○	●	○	●	○
C	(	○	●	●	●	○	S	'	●	○	●	○	○
D	2	●	○	○	●	○	T	5	○	○	○	○	●
E	3	●	○	○	○	○	U	7	●	●	●	○	○
F	1/	●	○	●	●	○	V	)	○	●	●	●	●
G	3/	○	●	○	●	●	W	2	●	●	○	○	●
H	5/	○	○	●	○	●	X	£	●	○	●	●	●
I	8	○	●	●	○	○	Y	6	●	○	●	○	●
J	7/	●	●	○	●	○	Z	.	●	○	○	○	●
K	9/	●	●	●	●	○	/	/	○	●	○	○	○
L		○	●	○	○	●	✳	✳	●	●	●	●	●
M	'	○	○	●	●	●	÷	=	○	○	○	●	○
N	–	○	○	●	●	○		+	○	●	○	○	●
O	9	○	○	○	●	●		*	○	○	●	○	○
P	0	○	●	●	○	●		**	●	●	○	●	●

* Buchstaben-Zwischenraum
** Zeichen-Zwischenraum

Abb. 104. Fernschreiberschlüssel. (Post Office.)

etwas weniger, als einem Intervall des äußeren Kreises entspricht. Obenhin schreiben wir noch „letter recorded“ (aufgenommener Buchstabe) und sind nun so weit, daß wir die Schlitze einzeichnen können.

Auf den ersten Blick scheint es vielleicht eine mühsame Aufgabe, diese an den richtigen Stellen anzubringen; in Wirklichkeit gibt es nichts Einfacheres. Um z. B. die Schlitze für den Buchstaben P zu zeichnen, dreht man den äußeren Kreis so lange, bis P unter den Hammer zu liegen kommt, stellt sodann gemäß dem Schlüssel die Arme für P ein und zieht mit einem Lineal auf den fünf inneren Scheiben eine Gerade vom Mittelpunkt zum Pfeil. Hat man auch die übrigen Buchstaben auf ähnliche Art markiert, so ist das Modell fertig. Man kann sich nun leicht überzeugen, daß bei jedem Buchstaben nur eine Reihe von Schlitzen zur Deckung kommt.

Diese Beschreibung ist natürlich sehr vereinfacht. In Wirklichkeit besitzen alle Kämme denselben Durchmesser; man kann das Modell aber besser studieren, wenn man die Kämme fortschreitend kleiner ausführt. Auch werden in Wirklichkeit sieben und nicht fünf Signale benützt, wobei das erste und siebente zum Anlassen und Stillsetzen des Druckmechanismus dienen. Schließlich ist eine sehr sinnreiche Einrichtung vorhanden, die das Senden der Zeichen über eine einzige Leitung ermöglicht. Die Motoren an beiden Enden laufen mit etwa der gleichen Geschwindigkeit; wenn nun das erste Signal einer Reihe von je sieben ankommt, werden an beiden Enden durch Kupplungen Schalter eingekuppelt, die umlaufen und die erste der unter den Sendetasten befindlichen Schienen mit dem ersten Arm des Empfangsapparates verbinden, sodann die zweite Schiene mit dem zweiten Arm und so fort, so daß in Wirklichkeit die für ein Zeichen erforderlichen Stromimpulse einander folgen. Das siebente Signal kuppelt den Druckmechanismus los und setzt ihn für den Empfang des nächsten Buchstaben still. Alles spielt sich so rasch ab, daß die Bedienungsperson die Tasten genau so betätigen kann wie bei einer gewöhnlichen Schreibmaschine. In anderen Ländern sind andere Apparattypen in Verwendung, ich habe aber diesen Apparat etwas ausführlicher beschrieben, weil er ein Beispiel für die Richtung der modernen Praxis darstellt. Er zeigt, wie man eine Nachricht in Maschinschrift über eine einzige Leitung senden kann. Es lohnt sich, mit komplizierten Apparaten zu arbeiten, wenn sich dafür an der Schaltung sparen läßt. Im allgemeinen arbeitet die Telegraphie heute nach der sogenannten Tonfrequenzmethode, die es gestattet, achtzehn verschiedene Nachrichten gleichzeitig über eine einzige Leitung zu senden. Man verwendet Wechselstrom mit achtzehn verschiedenen Frequenzen, für jedes Sendegerät eine; diese Frequenzen werden am Empfängerende durch „Filter" getrennt und auf die Empfangsapparate verteilt.

3. Telegraphenlinien.

Das Interessante an einem Telegraphennetz ist, daß heutzutage nicht mehr eigene Leitungen verwendet werden, sondern sie werden vom Telephonnetz „gestohlen".

Abb. 105 a zeigt, wie man über ein vorhandenes Telephonnetz telegraphiert, ohne es zu stören, d. h. ohne daß im Telephonhörer ein Knacken hörbar wird, das vom Betrieb des Telegraphen herrührt. Um die Schaltung zu verstehen, muß man bedenken, daß beim Telephonieren das Mikrophon Schwankungen des elektrischen Stromes erzeugt, mit denen man einen Transformator (s. S. 149) beschicken kann. Auf dem Bild sind zwei Fernsprechkreise dargestellt; Transformatoren und Fernsprecher wurden in der üblichen Art angedeutet. Der Telegraphierstrom gelangt, wie man sieht, zum Mittelpunkt einer Transformatorwicklung, wo er sich teilt und zu gleichen Teilen längs der beiden Drähte eines Fernsprechkreises weiterfließt. Da die Ströme in den beiden Hälften der Transformatorwicklung einander in ihren Wirkungen gerade aufheben, hat der Telegraphierstrom auf die Fernsprecher keinerlei Wirkung. Wir haben so einen „Phantom"-Telegraphenkreis gewonnen, ohne die Fernsprechkreise zu schädigen. Abb. 105 b zeigt einen argen Fall der Ausnützung

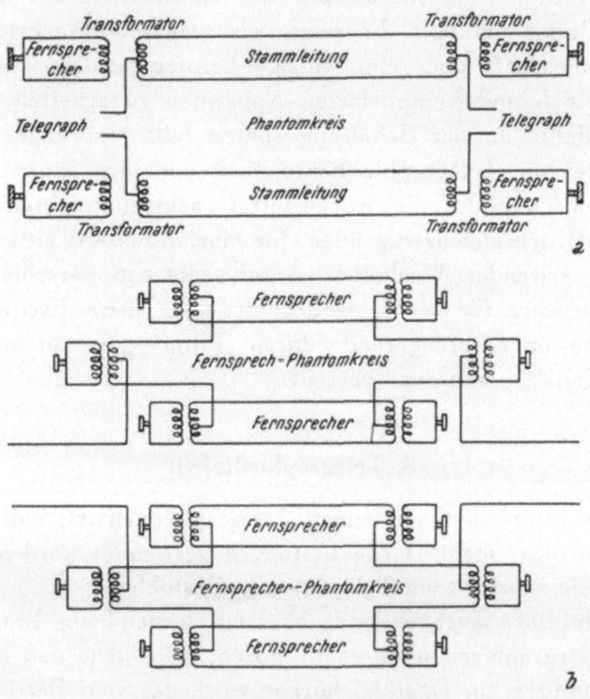

Abb. 105. Phantomschaltungen.

a) Vereinigung zweier Fernsprechkreise zu einem Telegraphenkreis; *b)* Vereinigung von vier Stromkreisen zu sechs Fernsprechkreisen und einem Telegraphenkreis.

von Stromkreisen. Der Leser dürfte, sofern er das obige einfache Beispiel verstanden hat, in der Lage sein, zu folgen. Vier Stromkreise dienen so sechs Fernsprechern und einer Telegraphenlinie. Damit eine solche Schaltung wirklich funktioniert, muß allerdings von den Ingenieuren der Postverwaltung eine sehr genaue Abgleichung der Kreise vorgenommen werden.

4. Unterseekabel.

Obwohl die Übertragung von Telegraphenzeichen längs eines Unterseekabels im wesentlichen genau so erfolgt wie die Übertragung mittels einer Freileitung oder eines Erdkabels, sind im erstgenannten Fall doch einige Besonderheiten

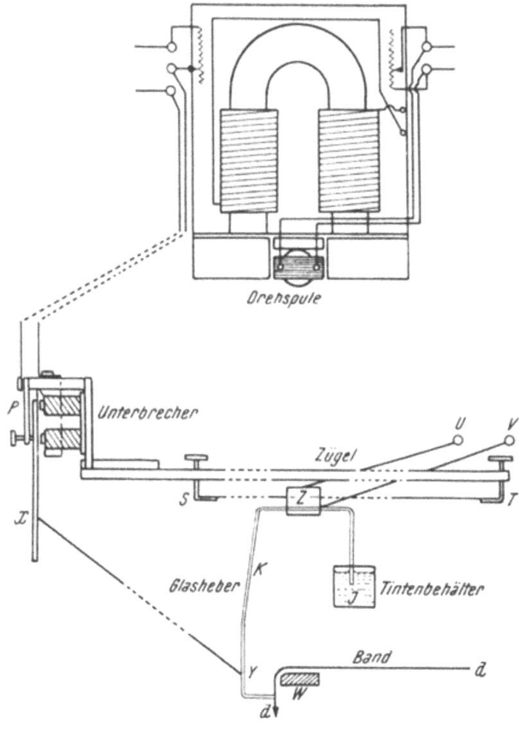

Abb. 106 a. Heberschreiber. (Giuli, Submarine Telegraphy.)

zu beachten. Infolge seiner Länge besitzt das Kabel einen hohen Widerstand; da nun die Übertragungsspannung aus Gründen der Betriebssicherheit nicht allzu hoch sein kann (etwa 60 Volt sind gebräuchlich), sind die Ströme am fernen Ende des Kabels sehr schwach. Man verwendet das Morsealphabet, sendet jedoch zur Darstellung eines „Punktes"

Strom in der einen, zur Darstellung eines „Striches“ Strom in der entgegengesetzten Richtung.

Am fernen Ende des Kabels werden die Ströme durch einen „Heberschreiber“ aufgezeichnet. Abb. 106 zeigt dieses Gerät. Die Ströme durchfließen eine kleine, in einem Magnetfeld aufgehängte Drahtspule — ähnlich derjenigen, die im III. Kapitel bei der Beschreibung des Drehspul-Strommessers erwähnt wurde — und diese Spule dreht sich je nach der Richtung des Stromes nach der einen oder anderen Seite. Abb. 106 b zeigt die Spule allein. An ihr sind in den Punkten U, V zwei seidene Zügel befestigt, die zu einem leichten, an einem Seidenfaden ST (Abb. 106 a) hängenden Glimmerplättchen führen. Wird nun die Spule bewegt, so bewirkt sie ein Schwenken des Plättchens um die Achse ST. An dem Plättchen ist ein dünnes Glasrohr J K W befestigt. Es taucht bei J in einen Tintenbehälter und schreibt bei W auf ein vorbeilaufendes Band d d. Da der Tintenbehälter höher als W liegt, läuft die Tinte infolge der Heberwirkung aus ihm nach W hinüber. Bliebe das Ende des Hebers andauernd auf dem Papier, so würde die Spule nicht imstande sein, ihn gegen die Reibung zu bewegen, und auch die Tinte würde wegen der außerordentlichen Feinheit des Röhrchens nicht ausfließen können. Diese Schwierigkeit wird dadurch beseitigt, daß man das Glasrohr mittels des Seidenfadens XY an dem elektromagnetischen Unterbrecher P befestigt, der die Spitze des Hebers auf dem Papier tanzen läßt. Bei jeder Berührung des Papiers schnellt ein kleiner Tropfen Tinte heraus; berührt das Röhrchen das Papier nicht, so kann es natürlich

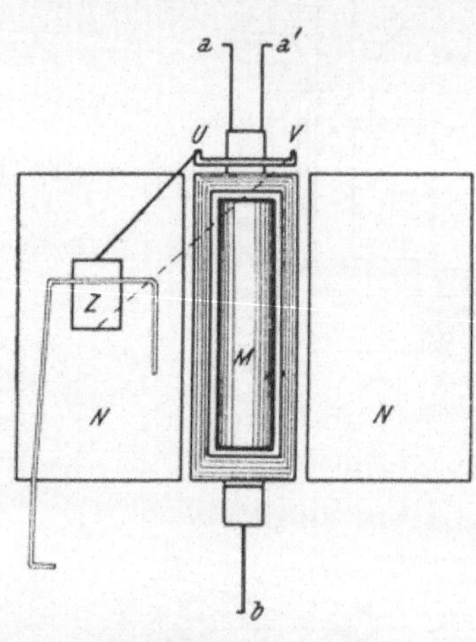

Abb. 106 b. Spule des Heberschreibers.

durch die Spule bewegt werden. Der Strom wird folglich als wellige, punktierte Linie auf dem Papier aufgezeichnet.

Abb. 107 zeigt a den von der Sendestation tatsächlich erzeugten, b den vom Tintenschreiber am Ende des Kabels aufgezeichneten Strom. Ein Tal unterhalb der Mittellinie stellt einen Strich dar, eine Spitze über der Linie einen Punkt (vgl. das Morsealphabet in Abb. 99). In b sieht man die vom Heber aufgezeichnete punktierte Linie. Man erkennt, wie die Zeichen ineinanderfließen und sich verwischen; diese Auf-

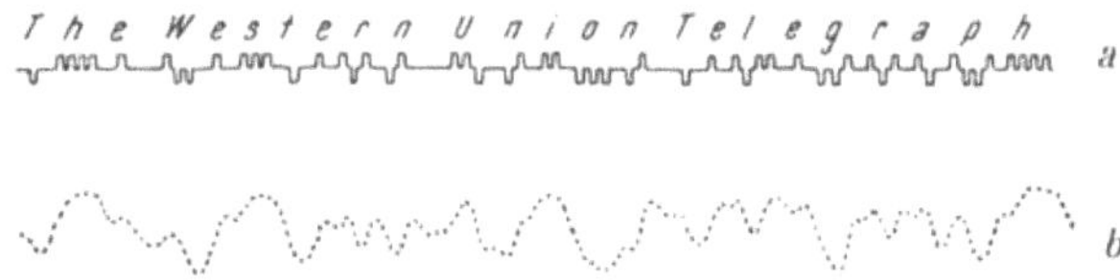

Abb. 107 a. Von der Sendestation ausgesandte Nachricht. Punkte werden durch den Strom in der einen Richtung, Striche durch Strom in der anderen Richtung dargestellt.

Abb. 107 b. Dieselbe Nachricht nach ihrer Aufzeichnung durch den Heberschreiber in der Empfangsstation.

zeichnung macht die Hauptschwierigkeit sinnfällig, der die Überseetelegraphie gegenübersteht.

Die Tendenz der Zeichen, sich in dieser Weise zu glätten, rührt von der elektrischen Kapazität des Kabels her. Den Kern des Kabels bildet ein kupferner Leiter, der mit einer isolierenden Schicht aus Guttapercha umgeben und außen zum Schutz mit Stahldraht „bewehrt" ist. Das lange, auf dem Meeresgrund liegende Kabel besitzt eine ungeheure Kapazität. Ein Strom, der von der Sendestation ausgeht, lädt es auf und muß sich wieder entladen, bevor ein in der entgegengesetzten Richtung fließender Strom den Empfangsapparat erreichen kann. Infolgedessen büßen die Zeichen am fernen Ende ihre Deutlichkeit ein. Zum Vergleich können wir uns etwa ein Rinnsal vorstellen, das mit einer Anzahl von Wasserlachen in Verbindung steht, so, wie man es manchmal an felsigen Meeresküsten beobachten kann. Wenn eine Woge in das meerwärts gelegene Ende der Rinne eindringt, füllt sie beim Heranrollen die Lachen; beim Zurückfluten entleeren sich diese wieder in die Rinne. Die Folge davon ist, daß das Steigen und Fallen des Wassers am fernen Ende der Rinne sich viel schwächer auswirkt als an der Mündung. Die Kapazität des Kabels wirkt nun in derselben Weise wie die Wasserlachen bei unserem Vergleich, und jetzt wird auch verständlich, warum die von der Sendestation ausgesandten Stromspitzen beim Erreichen des Empfängers eine Abrundung erfahren.

Die Schnelligkeit, mit der die Zeichen gesendet werden können, ist durch diese Erscheinung begrenzt. Werden sie sehr langsam gesendet, so hat der Strom genügend Zeit, das Kabel zu laden und am fernen Ende auszufließen. Erfolgt dagegen das Senden mit zu großer Geschwindigkeit, so fliessen die Zeichen ineinander. Der Leser wie auch der Verfasser würden wahrscheinlich beim Entziffern der in Abb. 107 gezeigten Wiedergabe auf beträchtliche Schwierigkeiten stoßen, der Fachmann freilich nicht. Da das Kabel eine sehr kostspielige Angelegenheit ist, muß man trachten, es möglichst voll auszunützen. Die Zeichen werden daher so rasch gesendet, als mit einem eindeutigen Empfang noch vereinbar ist.

Eine Umwälzung im Bau von Kabeln trat ein, als man daranging, den kupfernen Leiter mit einem Band aus einer Nickel-Eisenlegierung, Permalloy genannt, zu umwickeln. Diese Legierung läßt sich durch schwache Magnetfelder, wie sie durch die schwachen Ströme im Kabel erzeugt werden, äußerst leicht magnetisieren. Wollten wir die Wirkung dieser magnetischen „Belastung“ erklären, so würde uns dies zu weit in die Theorie hineinführen; das Ergebnis ist jedenfalls, daß die Zeichen scharf bleiben. Wird ein Stromstoß in ein gewöhnliches Kabel gesandt, so wird seine Front beim Vorrücken durch das Aufladen des Kondensators, den das Kabel darstellt, abgeflacht wie die Woge beim Füllen der Wasserlachen. Ist das Kabel „pupinisiert“ (magnetisch belastet), so magnetisiert der weiterfließende Strom das Eisen und die induzierten elektromagnetischen Kräfte wirken so, daß der Stromstoß sich wie eine „Springflut" verhält, die scharf einsetzt, anstatt allmählich wie beim Wechsel von Ebbe und Flut anzusteigen. Dadurch wird eine Steigerung der Betriebsgeschwindigkeit auf das Zehnfache ermöglicht; anders ausgedrückt: eines der neuen Kabel ist so leistungsfähig wie zehn Kabel der alten Art.

Die Legierung Permalloy wurde durch die Bell Telephone Laboratories in den Vereinigten Staaten entdeckt. Die Geschichte der Verbesserung der Kabel ist ein schlagendes Beispiel der Auswertung wissenschaftlicher Ergebnisse für die Zwecke der Industrie. Die genauen Bedingungen für die verzerrungsfreie Übertragung von Zeichen wurden von Heaviside auf mathematischem Wege aufgestellt; andauerndes Suchen nach einer magnetischen Legierung, welche die von ihm angegebenen Bedingungen erfüllte, führte zur Entdekkung des Permalloy und wirkte auf diese Weise umwälzend auf einen ganzen großen Industriezweig.

Fernsprecher.

5. Das Wesen der Sprache.

Der Schall besteht aus Wellen, die mit einer Geschwindigkeit von ungefähr 330 Metern in der Sekunde die Luft durcheilen. Die Bezeichnung „Wellen" erweckt in uns gewöhnlich die Vorstellung von Kräuselungen oder Wellenzügen auf einer Oberfläche, die wie das Meer auf- und niederwogt. Die Wellen des Schalles sind von anderer Art. Wir können uns von ihnen ein Bild machen, wenn wir uns eine Lokomotive vorstellen, die eine lange Reihe von Wagen verschiebt. Sie erteilt dem ersten Wagen einen kurzen Stoß und bleibt dann stehen. Der erste Wagen stößt gegen den zweiten und drückt dessen Pufferfedern zusammen. Die Federn bringen den ersten Wagen zum Stehen und schieben den zweiten vor sich her, so daß nun dieser in Bewegung ist.

Er gibt seine Bewegung an den dritten Wagen weiter, dabei selber zur Ruhe kommend, und so fort, die ganze Reihe entlang. Man kann oft beobachten, wie diese Bewegung, vom Klirren der Puffer begleitet, eine Reihe von Wagen entlangläuft. Nun ist die Luft federnd wie die Puffer — wir wissen das vom Aufpumpen eines Radreifens — und besitzt außerdem auch Masse, wie wir feststellen können, wenn ein heftiger Windstoß auf uns losfährt. Wenn wir Luft zusammendrücken, indem wir ihr einen plötzlichen Stoß versetzen, so bewirkt ihre Elastizität eine Bewegung der umgebenden Luft, und diese Bewegung pflanzt sich genau so fort wie die Bewegung der Wagen beim Verschieben. Die Schallwellen eilen so rasch dahin, daß sie uns augenblicklich zu erreichen scheinen, wenn sie aus kurzer Entfernung kommen, wie dies etwa beim Sprechen in einem Zimmer der Fall ist. Wir können jedoch feststellen, daß sie in Wirklichkeit eine gewisse Zeit zum Zurücklegen des Weges benötigen, wenn sie aus einiger Entfernung kommen. Wenn ein Dampfer, der ein Kilometer entfernt ist, seine Sirene ertönen läßt, so sehen wir den Dampf etwa drei Sekunden früher aufsteigen, als der Schall uns erreicht. Die Zeitspanne, die zwischen Blitz und Donner vergeht, oder zwischen Sehen und Hören der Schläge, die ein Mann in der Entfernung beim Hacken oder Hämmern ausführt, ist ein weiteres Beispiel. Die große Geschwindigkeit des Schalles rührt von der Leichtigkeit der Luft und von ihrem großen Widerstand gegenüber Zusammendrücken und Ausdehnung, d. h. von ihrer „Elastizität“ her.

Wenn eine Schallwelle uns erreicht, bewegt sich die Luft in der Richtung der Schallausbreitung vor und zurück, wobei auch ihr Druck schwankt. Die raschen Druckänderungen werden vom Trommelfell aufgenommen und wirken auf die Nerven des inneren Ohres, wodurch die Empfindung des Schalles entsteht. Die Höhe eines Tones wird durch die Anzahl der Luftschwingungen in der Sekunde, d. h. durch die Frequenz bestimmt. Das mittlere C auf dem Klavier beispielsweise hat eine Frequenz von 256 Schwingungen pro Sekunde. Die Empfindlichkeit unseres Ohres erstreckt sich über einen gewaltigen Bereich sowohl der Tonhöhe als auch der Lautstärke. Der Tonhöhebereich ist bei verschiedenen Personen ziemlich verschieden, in der Regel hat aber der tiefste noch hörbare Ton etwa fünfzehn Schwingungen in der Sekunde und die höchsten Töne zwischen 10 000 und 20 000. Mit zunehmendem Alter verliert der Mensch die Fähigkeit, hohe Töne zu hören; ein guter Prüfstein für diesen Tonhöhenverlust ist der Pfiff einer Fledermaus, der an der oberen Grenze des Hörbereiches liegt. Der Bereich zwischen dem leisesten noch hörbaren Ton und dem lautesten Ton, den wir ertragen können, ohne Schmerz zu empfinden, ist ebenfalls außerordentlich groß. In dem Gebiet von ungefähr 500 bis 1000 Schwingungen pro Sekunde, in dem obiger Bereich am größten ist, sind die Druckschwankungen bei einem unangenehm lauten Ton etwa hundertmillionenfach so groß als bei einem schwachen, gerade noch wahrnehmbaren Ton.

Unsere Kenntnisse vom Vorgang des Sprechens verdanken wir zum großen Teil den Arbeiten von Helmholtz sowie neueren Untersuchungen von Miller, Fletcher, Paget und anderen Forschern auf diesem Gebiet. Beim Sprechen erzeugen wir gleichzeitig zwei verschiedene Arten von Schall. Zunächst bringen wir einen Schall hervor, indem wir die Luft durch einen Teil des Halses, den Kehlkopf, pressen; dieser enthält zwei von Muskeln gespannte Membranen, die einen schmalen Spalt bilden und beim Hindurchtreten der Luft in Schwingungen versetzt werden. Die Tonhöhe kann durch Änderung der Muskelspannung variiert werden. Dieser Schall macht für sich allein noch nicht die Sprache aus; er stellt lediglich den „Ton" der Stimme dar, der beim Sprechen eines Satzes steigt und fällt oder beim Singen festgehalten wird. Zweitens erzeugen wir, während der Hauptton vom Munde ausgeht, durch Änderung der Mundstellung fortlaufend eine Begleitung rasch wechselnder Töne, und diese Begleitung stellt die Vokale und Konsonanten dar. Zwischen Vokalen und Konsonanten besteht ein grundlegender Unterschied. Ein einfacher Vokal ist ein fortlaufender Klang, ein Konsonant führt zu diesem Klang hin oder beendigt ihn. Die Zunge teilt die Mundhöhle in zwei Räume, einen Raum hinter der Zunge, mit einer Öffnung zwischen Zunge und Gaumen, und einen Raum vor der Zunge mit einer Öffnung durch die Lippen. Die Luft in einem mit einer Öffnung versehenen Hohlraum besitzt nun einen charakteristischen Ton, wie man erkennen kann, wenn man über die Öffnung einer leeren Flasche bläst. Der Ton kann durch Ändern der Größe des Hohlraumes ein anderer werden, etwa, indem man die Flasche teilweise mit Wasser füllt oder auch durch Ändern der Größe der Öffnung. Je größer der Hohlraum und je kleiner die Öffnung, desto tiefer ist der Ton. Beim Sprechen geben die beiden Räume der Mundhöhle zwei charakteristische Töne von sich, einen höheren und einen tieferen; wir bilden die verschiedenen Vokale, indem wir die Höhe dieser Töne abändern. Die Frequenz des tieferen reicht von 300 bis 900, die des höheren von 600 bis 2600. Wenn der Leser ein a, e, i, o und u zu flüstern versucht, wird er sich bald selbst davon überzeugen, daß er erstens zur Erzielung der verschiedenen Töne die Resonanzräume seines Mundes verändert und daß zweitens die Vokale nichts mit dem vom Kehlkopf erzeugten Geräusch zu tun haben, da der Kehlkopf beim Flüstern nicht in Tätigkeit tritt. Die Konsonanten dienen dazu, die Vokale plötzlich oder allmählich einsetzen und aufhören zu lassen oder sie mit kurzen Vorschlägen und anderen musikalischen Verzierungen zu versehen[22].

---

[22] Ein interessantes Beispiel für das wahrscheinlich unbewußte Wiedererkennen der mit den Vokalen verbundenen Frequenzen findet man in Büchern über wilde Vögel. Die Vogelrufe werden durch Worte wiedergegeben. Zum Beispiel wird das Lied der Drossel mit den folgenden Worten verglichen: „Go it. Go it. Stick to it. Stick to it. You 'll do it. You 'll do it.“ Flüstert man diese Worte oder auch die Worte Cuckoo, Curlew, Peewit, so muß man erkennen, wie angemessen sie sind.

Ich möchte hervorheben, daß die Sprache keine besonderen geheimnisvollen Eigenschaften besitzt. Jedes Wort gleicht einem winzigen Musikstück, das wir genau so wiedererkennen wie etwa die Weise „God Save the King". Es wird vom Mund und teilweise auch von der Nase gespielt, wie wir erkennen, wenn wir einen argen Schnupfen haben. Wir müssen es von dem bloß durch den Kehlkopf erzeugten Klang unterscheiden, der sich hebt und senkt oder die Melodie eines Liedes bildet. Wenn wir die Ausdrucksweise gebrauchen: „Es waren nicht seine Worte, sondern die häßliche Art, in der er es sagte", so unterscheiden wir unbewußt zwischen der Sprache einerseits und dem Kehlkopfgeräusch anderseits; dieses ist in der Hauptsache für die Übermittlung von Gemütsbewegungen verantwortlich, wenn man vom Inhalt der Worte absieht. Man muß sich vorstellen, daß diese beiden Melodien voneinander unabhängig verlaufen; die eine ist für sich allein hörbar, wenn man ohne Worte singt, die andere beim Flüstern.

Die leise Melodie, die das Sprechen ausmacht, wird in einer viel höheren Tonart gespielt als die Melodie des Kehlkopfes. Dieser Umstand ist für das Fernsprechwesen von außerordentlicher Bedeutung. Gehen wir in unserem Vergleich weiter, so können wir genau so, wie wir die Melodie „God Save the King" erkennen, ob sie nun auf der Orgel oder auf einem Banjo gespielt wird, auch jedes Wort erkennen, solange nur die richtigen Töne vorhanden sind, selbst dann, wenn ihre relativen Intensitäten in außerordentlichem Maße verzerrt sind. Das Ohr besitzt eine erstaunliche Fähigkeit, sich den Verhältnissen anzupassen. Das Problem des Fernsprechens besteht darin, die Melodie, die das Sprechen ausmacht, von einem Ort zum andern zu übertragen. Ein Fernsprecher darf den Klang sehr stark verzerren und tut dies auch wirklich, wenn er nur die wichtigsten Töne der Sprache so überträgt, daß man die Worte deutlich wiedererkennt.

6. Fernsprechmikrophone und Hörer.

Das Prinzip des Fernsprechens ist äußerst einfach. Abb. 108 (Tafel 29) zeigt ein großes Modell eines Mikrophons und eines Hörers, das für Vorführungszwecke angefertigt wurde. Es zeigt, wie der Schall übertragen wird.

Das Mikrophon, in das wir beim Telephonieren sprechen, besitzt eine biegsame Platte oder Membran, die durch die Schallwellen in Schwingungen versetzt wird. Hinter der Membran befindet sich eine Anzahl von Kohlekörnern (im Modell durch Kohleklötze dargestellt). Bewegt sich die Membran nach innen, so werden diese Körner fester zusammengepreßt und ergeben einen besseren Kontakt; bewegt sie sich nach außen, so wird der Kontakt schlechter. Eine Batterie schickt durch die Körner einen Strom, der bei der Einwärtsbewegung der Membran stärker wird und bei der Auswärtsbewegung abnimmt. Das Mikrophon verwandelt folglich die Schwankungen des Luftdrucks in Schwankungen des elektrischen Stromes.

Dieser Strom durchläuft im Hörer die Spule eines Elektromagneten, der hinter einer dünnen eisernen Membran liegt. Die Membran wird nach innen gezogen, wenn der Strom stärker wird, und schnellt zurück, wenn er abnimmt. Sie schwingt daher in Übereinstimmung mit der Membran des Mikrophons hin und her und erzeugt auf diese Weise in der Luft Schallwellen, die den vom Mikrophon aufgenommenen ähneln. Das große Modell ist mit einem leichten Hebel ausgestattet, der an der Eisenplatte des Hörers befestigt ist. Durch einen Druck des Fingers auf das Mikrophon kann dieser Hebel hin- und herbewegt werden.

Abb. 109 zeigt einen Schnitt durch ein Mikrophon und einen Hörer, wie sie in Wirklichkeit verwendet werden. Die Kammer des Mikrophons ist mit kleinen Kohlekörnchen gefüllt, so daß die beiden Kohleelektroden, zwischen denen der Strom fließt, zur Gänze in die Körnchen eintauchen. Es hat sich gezeigt, daß diese Anordnung die Körnchen davor be-

Tafel 29

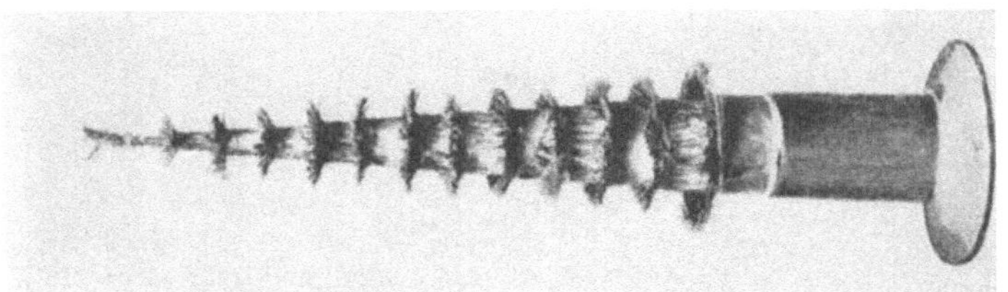

Abb. 120 b. „Kabelbaum.“ Die aufeinanderfolgenden Schichten von Fernsprechdrähten (1100 Paare) im Kabelinnern sind bloßgelegt. (Post Office Engineering Department.)

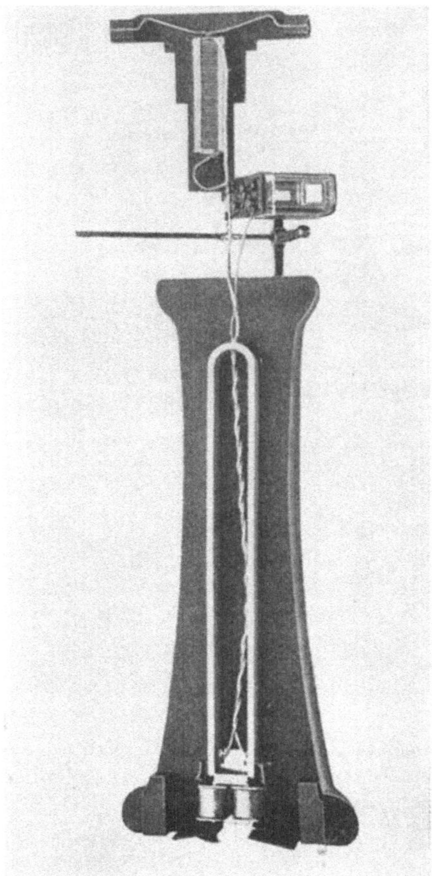

Abb. 108. Modell zur Erläuterung des Prinzips eines Fernsprechmikrophons und -hörers.

Abb. 111. Fernsprechamt für Handanschluß. Der Ausschnitt zeigt, wie die Verbindung zwischen zwei Teilnehmern hergestellt wird. (Post Office Engineering Department.)

wahrt, sich zwischen den Elektroden festzukeilen — eine Schwierigkeit, die man in früherer Zeit dadurch zu beheben pflegte, daß man herzhaft auf das Mikrophon klopfte, wenn man nicht gut verstanden wurde. Man hat viele Versuche angestellt, um Stoffe zu finden, die sich für Mikrophone besser bewähren als Kohle, jedoch ohne Erfolg. Kohle scheint

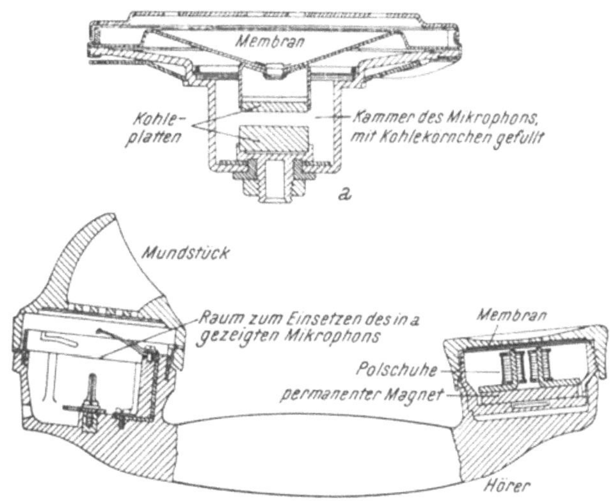

Abb. 109. Normale Ausführung eines Fernsprechhörers. (Post Office Engineering Department.)

sich weitaus am besten zu eignen. Der Hörer besitzt zwei Polschuhe aus weichem Eisen, die an den Enden eines permanenten Magneten befestigt sind. Durchfließt der Strom die um die Polschuhe gelegten Spulen in der einen Richtung, so verstärkt er das Magnetfeld, fließt er dagegen in der entgegengesetzten Richtung, so bewirkt er eine Schwächung des Feldes. Wie wir weiter unten sehen werden, wird der Strom dem Hörer im allgemeinen über einen Transformator zugeführt. Wollte man bei einer Frequenz der Stromschwankungen von 500 den Strom durch einen einfachen Elektromagneten aus weichem Eisen senden, so würde dieser die Membran tausendmal pro Sekunde anziehen, da der Strom beim Fließen in jeder der beiden Richtungen ein Feld erzeugen würde. Durch die zusätzliche Verwendung eines permanenten Magneten wird die Wiedergabe der richtigen Frequenz 500 erreicht. Der permanente Magnet steigert überdies die Leistungsfähigkeit, da die Schwankungen der Membran, die durch schwache Ströme hervorgerufen werden, größer ausfallen, wenn sie durch die Anziehungskraft des permanenten Magneten unterstützt werden.

Beim ursprünglichen, von Bell erfundenen Fernsprecher waren sowohl das Mikrophon als auch der Hörer gleichartig und wie der eben beschriebene Hörer gebaut. Wurde in das Mikrophon gesprochen, so bewirkten die Schwingungen der Eisenplatte eine Änderung der Breite des Luftspaltes, den die Kraftlinien zu überqueren hatten, und damit eine Änderung der Magnetisierung der Polschuhe. Dadurch wurden in der Spule Ströme induziert, die dann in den Hörer geleitet werden konnten.

Das erfolgreiche Funktionieren des Mikrophons und des Hörers hängt von der Treue ab, mit der die in elektrische Signale verwandelten Klänge akustisch wiedergegeben werden. Wir stellen dem Fernsprecher eine sehr schwierige Aufgabe: Wie bereits oben gesagt wurde, können wir Töne in einem Frequenzbereich zwischen 15 und 15 000 wahrnehmen. Wenn der wiedergegebene Klang dem aufgenommenen genau gleichen soll, müssen die Membranen an beiden Enden auf alle diese Frequenzen in gleicher Weise ansprechen und dürfen keineswegs gewisse Töne bevorzugen. Nun besitzt aber eine Membran, die an ihrem Rand fest eingespannt ist, einen eigenen Ton. Bei einer schweren, schlaffen Membran ist diese „charakteristische Frequenz" tief, bei einer leichten, straff gespannten Membran ist sie hoch. Eine Membran, die durch äußere Kräfte in Schwingungen versetzt wird, reagiert am stärksten auf solche Frequenzen, die in der Nachbarschaft ihrer eigenen Frequenz liegen; diese werden kräftig wiedergegeben, während andere wieder unterdrückt werden. Die verzerrte Wiedergabe ist es, die den „blechernen" Klang schlechter Fernsprecher oder billiger Grammophone bewirkt. Eine sorgfältige Ausführung der Membran und ihres Halters trägt viel zur Vergrößerung ihres Frequenzbereiches bei, doch ist es bei Fernsprechern nicht möglich, dem gesamten Bereich von 15 bis 15000 gerecht zu werden.

Die Lösung dieses Problems ist interessant: Mikrophon und Hörer werden so konstruiert, daß sie nach Möglichkeit auf alle Frequenzen zwischen 300 und 2500 ansprechen, denn in diesem Bereich liegen die für die Sprache charakteristischen Vokal- und Konsonantengeräusche. Nun liegt die Grundfrequenz einer Männerstimme bei etwa 120, die einer Frauenstimme bei etwa 240[23] (eine Oktave höher); beide fallen also aus dem wirksamen Bereich des Fernsprechers heraus. Die tiefen Frequenzen werden also bewußt geopfert, damit der Hörer in der Lage ist, wenigstens einen Teil der höheren Töne wiederzugeben. Wenn wir durch das Telephon die Stimme eines Freundes hören, werden wir wohl kaum glauben, daß das Telephon den Grundton so gut wie überhaupt nicht wiedergibt; dies ist aber tatsächlich der Fall. Wir sind so sehr gewohnt, Zugeständnisse zu machen, daß wir seine gewöhnliche Sprechstimme zu hören vermeinen. In Wirklichkeit überträgt der Fernsprecher nur die Obertöne zusammen mit den hohen Vokal- und Konsonantengeräuschen und unser Ohr stellt das übrige teilweise wieder her. Wenn wir uns von der Richtigkeit dieser Behauptung überzeugen wollen, brauchen wir uns nur in die Nähe einer telephonierenden Person zu stellen und den natürlichen Klang ihrer Sprache mit den aus dem Hörer kommenden blechernen, kratzenden Geräuschen zu vergleichen. Dennoch können wir verstehen, was gesprochen wird, da die wichtigsten Frequenzen der Vokale getreu wiedergegeben werden.

---

23 Also etwas tiefer als die Frequenz des mittleren C auf dem Klavier.

7. Eine einfache Fernsprechschaltung.

Abb. 110 zeigt das Bild einer Fernsprechschaltung, die heute allerdings fast überall durch eine zweckmäßigere Form ersetzt wurde. Wie so oft, ist aber auch hier die ältere Ausführung leichter verständlich. Wenn wir heutzutage anrufen, heben wir einfach den Hörer ab; bei früheren Apparaten mußte man eine Kurbel drehen, um „aufzuläuten" oder „abzuläuten".

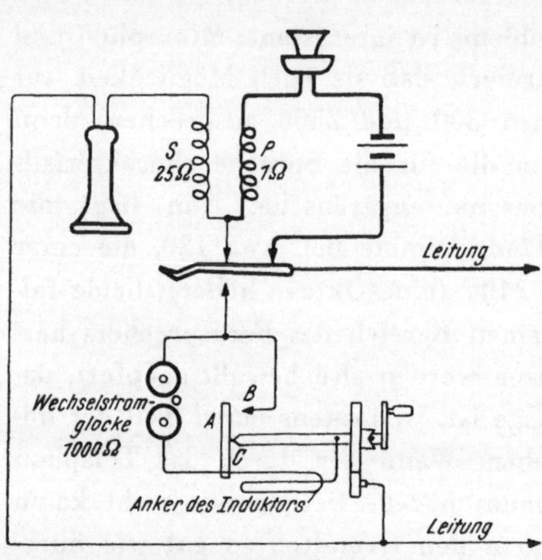

Abb. 110. Schaltung eines Fernsprechers mit Kurbelinduktor.

Bei allen Apparattypen hängt der Hörer in der Regel auf einem Haken oder ruht auf einer Gabel. Heben wir den Hörer ab, so springt dieser Haken empor und ändert dabei gewisse Kontakte. Befindet sich der auf dem Bild sichtbare Haken unten, so ist der Apparat zum Empfang eines Anrufs bereit, da die Glocke an die mit „Leitung" bezeichneten Drähte angeschlossen ist. Hebt man den Hörer ab, um den Anruf zu beantworten, so springt der Haken empor: die Glocke wird aus dem Stromkreis ausgeschaltet und der Hörer und das Mikrophon werden, wie das Bild zeigt, angeschlossen. Aus diesem Grund müssen wir nach einem Anruf den Hörer aufhängen, denn solange er nicht auf dem Haken hängt, kann uns niemand anrufen.

Will der Fernsprechteilnehmer selber anrufen, so dreht er die Kurbel des Induktors, die eine kleine Dynamo in Drehung versetzt. Diese sendet einen Strom in die Leitung und bringt die Glocke am anderen Ende zum Läuten. Die Kurbel ist mit einer Vorrichtung versehen, die während des Drehens die Achse des Induktors um ein kurzes Stück nach rechts verschiebt. Wer noch einen solchen altmodischen Apparat besitzt, kann das ohne weiteres beobachten. Diese Verschiebung bewirkt, daß A und B einander berühren und die Glocke kurzschließen[24]. Dadurch wird vermieden, daß der Anrufende seine eigene Glocke betätigt und auf diese Weise jemanden anderen in der Wohnung an den Apparat ruft, während er in Wirklichkeit im Begriffe ist, einen anderen Teilnehmer anzurufen.

Wir sehen ferner, daß das Mikrophon mit der Batterie einen eigenen kleinen örtlichen Stromkreis bildet, der durch die Primärwicklung P und die Sekundärwicklung S eines Transformators mit der Leitung verbunden ist. Das hat folgenden Grund: Die Leitung besitzt einen hohen Widerstand, der die geringen Änderungen des Mikrophonwiderstandes verdecken würde, wenn man sie in demselben Stromkreis vor sich gehen ließe. Der Leitungswiderstand läßt sich nicht durch Erhöhung der Spannung überwinden, da ein Kohlemikrophon knisternde Geräusche erzeugt, wenn es einer größeren Spannung ausgesetzt wird. Daher ist für das Mikrophon ein Niederspannungskreis mit geringem Widerstand vorgesehen und man transformiert genau wie bei der Energieübertragung vor dem Aussenden des Stromes die Spannung hinauf.

Die beschriebene Fernsprechschaltung ist unbequem, da sie eine Batterie verwendet, die einer regelmäßigen Wartung bedarf. Auch kommt es oft vor, daß man nach Beendigung des Gesprächs „abzuläuten" vergißt, so daß die Telephonistin in der Zentrale nicht von der Beendigung in Kenntnis gesetzt wird und die Verbindung weiter aufrecht erhält. Heutzutage

---

[24] Wir sagen, daß wir einen Teil einer Schaltung „kurzschließen", wenn wir dem Strom einen zweiten Weg von so geringem Widerstand schaffen, daß praktisch der gesamte Strom diesen Weg nimmt.

werden die Fernsprecher durch eine große, in der Ortszentrale aufgestellte Batterie betrieben, die den Strom für das Mikrophon des Teilnehmers liefert, wenn dieser seinen Hörer abhebt. Die Schaltung wird in diesem Fall bedeutend komplizierter; ich möchte von ihrer Beschreibung absehen.

8. Fernsprechämter.

Fernsprechämter, in denen die Verbindungen zwischen den Leitungen der Teilnehmer von Telephonistinnen besorgt werden, heißen Handanschluß-Ämter. Wird die Verbindung selbsttätig durch „Wählen" hergestellt, so spricht man von einem Selbstanschlußamt. Automatische Geräte ersetzen heute zu einem Großteil das Bedienungspersonal, doch wird es zum Verständnis einer automatischen Fernsprechzentrale nützlich sein, wenn wir uns die Arbeitsweise eines Handanschlußamtes ansehen.

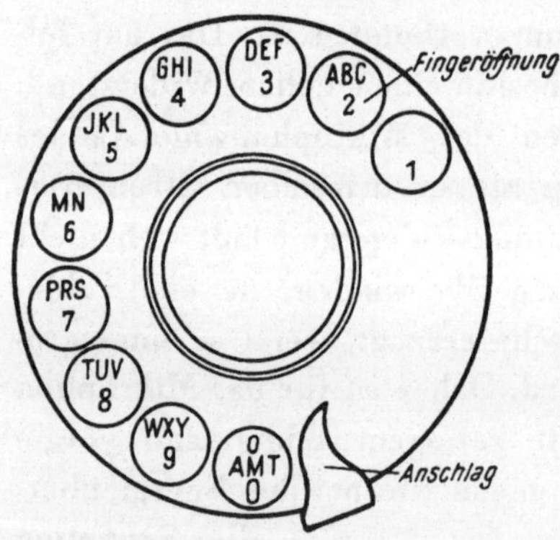

Abb. 112 a. Wahlscheibe eines Fernsprechers für Selbstanschluß.

Auf dem Schaltbrett vor dem Telephonfräulein (Abb. 111, Tafel 30) sind Reihen von Hülsen angeordnet, die mit den Leitungen der Teilnehmer verbunden sind; die Beamtin hat biegsame Schnüre zur Hand, die an beiden Enden mit Stöpseln versehen sind, die in die Hülsen eingeführt werden, wenn eine Verbindung zwischen zwei Leitungen hergestellt werden soll. Die Hülsen oder „Klinken" zerfallen in zwei Gruppen. Erstens hat die Beamtin eine untere Gruppe von etwa 125 Klinken zu bedienen, an welche die ihr zugewiesenen Teilnehmer angeschlossen sind. Läutet einer von ihnen auf, so fällt eine Klappe oberhalb der Klinken herab und die

Telephonistin steckt das eine Ende eines Verbindungskabels, einer sogenannten Schnur, in die Klinke. Dadurch wird ihr eigener Kopfhörer automatisch mit der Leitung verbunden und sie kann die gewünschte Nummer hören. Die obere, zweite Gruppe von Klinken ist viel größer und umfaßt a l l e

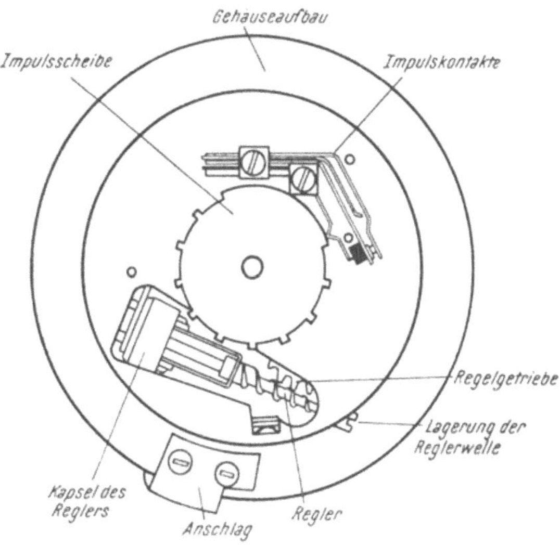

Abb. 112 b. Mechanismus der Wahlscheibe. Der Regler bestimmt die Geschwindigkeit, mit der die Impulsscheibe in die Ruhelage zurückläuft; jeder Zahn der Impulsscheibe verursacht eine kurze Unterbrechung des Stromes. (Post Office Engineering Department.)

an das Amt angeschlossenen Teilnehmer. Diese Gruppe wiederholt sich in gewissen Abständen auf dem Schaltbrett, damit jede der Beamtinnen einen zu ihrer persönlichen Gruppe gehörenden Teilnehmer mit irgend einem von den anderen an das Amt angeschlossenen Teilnehmern verbinden kann; das geschieht, indem sie das andere Ende der Schnur in die richtige Klinke steckt. Gleichzeitig betätigt sie einen an der Schnur befindlichen Schalter, die „Ruftaste", und sendet auf diese Weise einen Rufstrom zum Apparat des Angerufenen.

An einem anderen Teil der langen Schalttafel sind Beamtinnen tätig, welche die aus anderen Gebieten kommenden Anrufe betreuen. In ihrer Reichweite befindet sich eine ähnliche obere Gruppe von Klinken, die mit den sämtlichen Ortsteilnehmern verbunden ist; dagegen umfaßt die untere Gruppe etwa 30 Leitungen, die von benachbarten Fernsprechämtern kommen. Wenn wir mit Hilfe von Handanschlußämtern einen Anruf von einem Gebiet in ein anderes ausführen, können wir hören, wie die Beamtin unserer Ortszentrale der Beamtin des anderen Amtes die gewünschte Nummer wiederholt. — Unsere Fernsprechleitung ist also einerseits mit einer Hülse verbunden, die sich unmittelbar vor der für unsere Bedienung verantwortlichen Beamtin befindet, anderseits mit einer großen Zahl von Hülsen auf dem oberen Teil der Schalttafel, die in der Reichweite jeder der Beamtinnen liegen, so daß jedermann uns anrufen kann. Der Leser kann sich das Drahtgewirr auf der Rückseite der Schalttafel einer großen Fernsprechzentrale vorstellen. Die Schnüre tragen kleine Lämpchen, die aufleuchten, wenn die Teilnehmer das Gespräch beendet und den Hörer aufgehängt haben; die Beamtin weiß dann, daß sie die Leitung freimachen kann.

Eine Zentrale für Selbstanschluß ist etwas äußerst Kompliziertes. Wir werden uns wohl damit begnügen müssen zu zeigen, wie eine automatische Zentrale mit hundert Teilnehmern funktioniert, und wir können nur andeuten, wie die Sache sich im großen abspielt.

Die Signale, die den Mechanismus der automatischen Zentrale steuern, werden mittels der Wahlscheibe (Abb. 112) gesendet. Wird der Hörer abgehoben, so fließt von der Batterie der Zentrale ein Strom durch die Leitung und durch unseren Apparat. Stecken wir nun den Finger in das mit 7 bezeichnete Loch der Wahlscheibe, drehen diese bis zum Anschlag und lassen sie dann los, so wird beim Zurücklaufen der Scheibe der Strom siebenmal unterbrochen, und diese kurzen Unterbrechungen des Stromes betätigen den gesamten Mechanismus der Zentrale.

Abb. 113 zeigt den als „Wähler“ bezeichneten Apparat, der durch die Wahlscheibe betätigt wird. An seinem unteren Ende bemerkt der Leser zehn Stufen von je zehn Kontakten, also insgesamt 100 Kontakte, an welche die 100 Teilnehmerleitungen angeschlossen sind. Bei einem Anruf wird unsere Leitung mit dem am unteren Ende sichtbaren Arm verbunden (in Wirklichkeit ist der Arm doppelt ausgeführt und jeder der Kontakte ebenfalls, da ja unsere beiden Drähte mit den beiden Drähten eines anderen Teilnehmers verbunden werden müssen). Wählen wir die Ziffer 7, so bewirken die sieben Unterbrechungen des Leitungsstromes mit Hilfe eines Relais, daß sieben Stromstöße durch den mit VM bezeichneten Magneten fließen. Dieser zieht einen Anker an und veranlaßt, daß eine kleine Klinke VP die Welle bei jedem der Stromstöße um einen Zahn hebt; der Arm am unteren Ende steigt so bis zur Höhe der siebenten Kontaktstufe empor. Wählen wir die nächste Ziffer, z. B. 3, so betätigen die Stromstöße nunmehr den zweiten, mit RM bezeichneten Magneten. Die Klinke RP dreht die Welle bei jedem Stromstoß um einen Zahn weiter und verbindet so den Arm mit dem dritten Kontakt der siebenten Stufe, also mit dem gewünschten Teilnehmer, der Nummer 73.

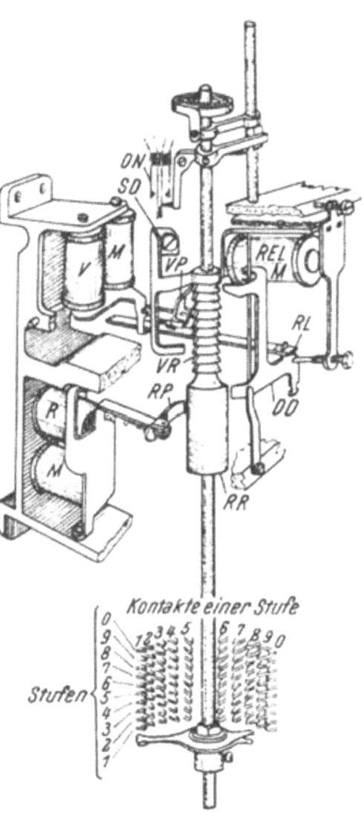

Abb. 113. „Wähler“ eines Selbstanschlußamtes. (Post Office Engineering Department.)

Haben wir das Gespräch beendet und ist der Hörer aufgehängt, so löst der Rückstellmagnet Rel M die Klinken und die Spiralfeder am oberen Ende dreht die Welle zurück, diese kann in ihre Ausgangsstellung zurücksinken und ist für den nächsten Anruf bereit.

Das Heikle an der Sache ist nun folgendes: Wie erreicht man, daß die ersten sieben Impulse den Magneten VM be-

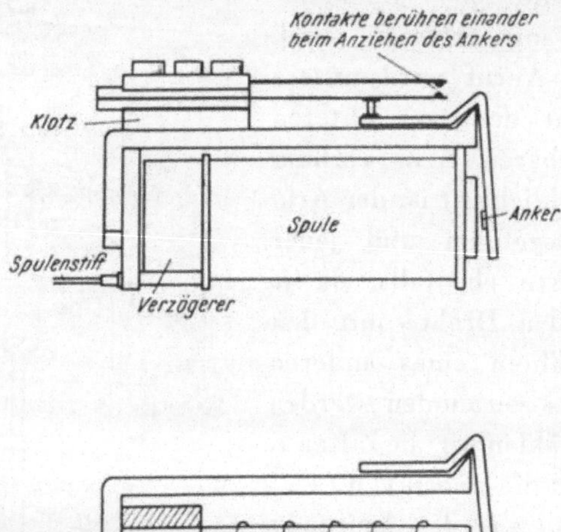

Abb. 114. „Verzögerungsrelais" mit dem kupfernen „Verzögerer".

tätigen und die drei nächsten den Magneten RM? Hat der Leser diesen wesentlichen Punkt erfaßt, so wird er sich, glaube ich, zufrieden geben und die Wirkungsweise der übrigen Apparatur auf Treu' und Glauben hinnehmen; denn es leuchtet ein, daß man, um einen einzelnen aus einer sehr großen Anzahl von Teilnehmern anrufen zu können, lediglich von derselben Vorrichtung mehrere Male hintereinander Gebrauch machen muß.

Daß die von der Wahlscheibe ausgesandten Signale jeweils den richtigen Magneten betätigen, wird durch das in Abb. 114

gezeigte „Verzögerungsrelais“ erreicht. Wird dieses von einem Strom durchflossen, so erfährt sein Anker eine Anziehung und die am oberen Ende befindlichen Kontakte berühren einander; hört der Strom zu fließen auf, so trennen sie sich wieder. Dieses besondere Relais trägt jedoch eine Manschette aus massivem Kupfer, den sogenannten „Verzögerer“, auf seinem Eisenkern. Durch das Ausschalten des Stromes wird im Verzögerer ein Strom jener Richtung induziert, daß er das Hinschwinden des Magnetfeldes hintanzuhalten sucht. Die schwere Kupfermanschette hat einen derart geringen Widerstand, daß dieser induzierte Strom nur langsam abnimmt und der Magnet daher den Anker erst etwa eine halbe Sekunde nach dem Aufhören des Spulenstromes losläßt. Dieser Kunstgriff macht es möglich, kurze Unterbrechungen des Stromes durch das Relais zu senden, ohne daß es auf sie anspricht; erst dann, wenn der Strom länger als eine halbe Sekunde aussetzt, löst sich der Anker.

Abb. 115 zeigt, wie das Verzögerungsrelais verwendet wird, um die erste Gruppe von Signalen durch VM und die nächste durch RM zu steuern. In der Schaltung befinden sich drei mit A, B und C bezeichnete Relais. A ist ein gewöhnliches Relais, welches augenblicklich ein- und ausschaltet; B und C hingegen sind mit einem Verzögerer ausgestattet. Außerdem sind bestimmte Kontakte vorgesehen, die durch die Welle des Wählers betätigt werden. Ist diese in ihrer Ruhestellung vor einem Anruf, so berühren einander die mit „Ruhekontakt“ bezeichneten Kontakte. Wenn sie aber durch den Magneten VM (s. Abb. 113) gehoben wird, wird ein Hebel von ihrem Gewicht entlastet und dadurch die mit „Ruhekontakt“ bezeichnete Verbindung unterbrochen, während sich gleichzeitig die beiden mit „Arbeitskontakt“ bezeichneten Kontakte schließen. Die übrigen Verbindungen können dem Bild entnommen werden.

Stellen wir uns nun vor, wir wählten nach dem Abheben des Hörers eine Nummer, führten ein Gespräch und hängten den Hörer wieder auf.

1. Beim Abheben des Hörers schickt eine Batterie Strom durch die Leitung, durch unseren Fernsprecher und durch das Relais A. Der Anker von A wird gehoben und ein Strom

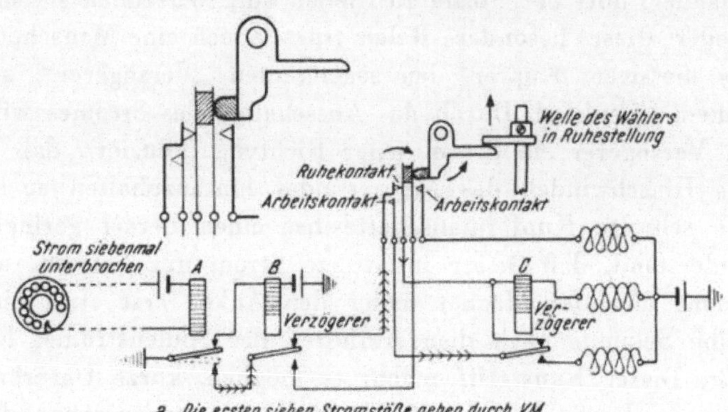

a Die ersten sieben Stromstöße gehen durch VM

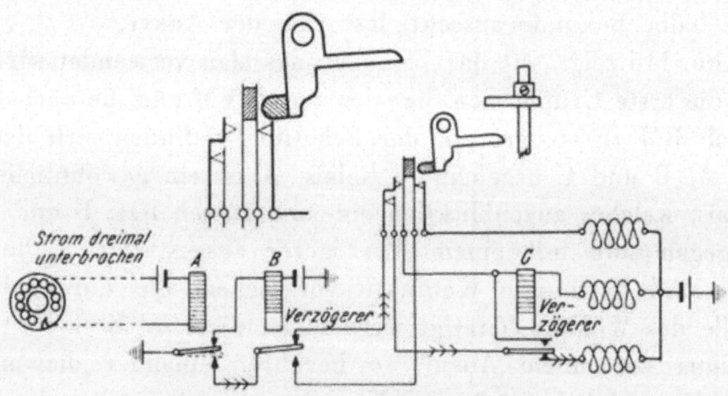

b Die nächsten drei Stromstöße gehen durch RM

Abb. 115. Betätigung des Wählers durch die von der Wahlscheibe ausgehenden Signale (schematische Darstellung). Man beachte besonders die veränderte Stellung der „Arbeitskontakte" beim Anheben der Wählerwelle. (Die Kontakte sind in beiden Bildern vergrößert dargestellt.)

fließt durch B. Nun wird der Anker von B gehoben und alles ist für unsere Wahl bereit.

2. Wir stecken unseren Finger in die Öffnung 7, drehen die Scheibe bis zum Anschlag und lassen los. Während die

Scheibe zurückläuft, unterbricht sie den Strom siebenmal. Der Anker von A fällt siebenmal herab und bewirkt dadurch, daß sieben Stromstöße längs des durch die sieben kleinen Pfeile bezeichneten Weges ausgesandt werden. Natürlich wird der durch B laufende Strom siebenmal unterbrochen; da jedoch dieses Relais einen Verzögerer besitzt, reagiert es nicht.

Zu Beginn befindet sich die Welle des Wählers in der Ruhestellung. Daher fließt der erste Stromstoß durch den „Ruhekontakt“, durch das Relais C und durch den Magneten VM. Die Welle rückt einen Schritt nach oben und im selben Augenblick zieht C seinen Anker an. Durch die Aufwärtsbewegung der Welle wird der „Ruhekontakt“ unterbrochen und die mit „Arbeitskontakt“ bezeichneten Verbindungen werden geschlossen. Die nächsten sechs Stromstöße nehmen den anderen Weg über den „Arbeitskontakt“; da aber der Anker von C gehoben ist, schließen sie sich dem ersten an und alle sieben Stromstöße gehen durch VM hindurch. Der erste Stromstoß wurde durch einen Pfeil auf der einen Leitung, die übrigen sechs Stromstöße durch Pfeile auf der anderen Leitung dargestellt. Das Bild ist viel leichter zu verstehen, als eine Beschreibung der Vorgänge.

3. Wir stecken nun den Finger in die Öffnung 3 und drehen die Wahlscheibe bis zum Anschlag. Dies erfordert etwas Zeit — und diese Unterbrechung dauert dem Relais C zu lange. Während es von den ersten sieben Stromstößen durchflossen wurde, konnte es seinen Anker mit Hilfe des Verzögerers festhalten, jetzt aber muß es ihn loslassen. Die nächsten drei Stromstöße fließen durch RM und verbinden unsere Leitung mit der Nummer 73.

4. Wir sprechen.

5. Wir hängen den Hörer auf. Dadurch wird der Leitungsstrom unterbrochen und das Relais A läßt seinen Anker los. Sodann läßt B seinen Anker los und der Strom fließt über den zweiten „Arbeitskontakt“ und den Rückstellmagneten (Rel M). Dies bewirkt ein Auslösen der Wählerwelle, die sich

zurückdreht und in ihre Ruhestellung zurücksinkt. Damit ist der Ausgangszustand wieder erreicht.

Der Leser sieht nun, warum die mit „Ruhekontakt“ und „Arbeitskontakt“ bezeichneten Kontakte erforderlich sind, obgleich sie zunächst als eine unnötige Verwicklung erscheinen. Bestünde die Verbindung „Arbeitskontakt“ dauernd, so würden alle Stromstöße der ersten Gruppe diesen Weg nehmen und durch RM gehen, denn C würde niemals seinen Anker anziehen. Der „Ruhekontakt“ bewirkt am Beginn, daß der allererste Stromstoß den Anker von C hebt; die übrigen Stromstöße der ersten Gruppe können dann dem ersten auf seinem Wege durch VM folgen.

Für ein Amt mit 100 Teilnehmern, wie wir es betrachtet haben, würde die Ausstattung jedes einzelnen Teilnehmers mit einem eigenen Wähler zu kostspielig sein. Man schätzt daher die Zahl der Teilnehmer, die in der Zeit starker Inanspruchnahme voraussichtlich gleichzeitig Gespräche führen werden, und sieht eine entsprechende Anzahl von Wählern vor. Die Anzahl schwankt stark; für Amtsfernsprecher ist sie bedeutend größer als für private Teilnehmer, doch kann man durchschnittlich mit einem Wähler für je zehn Leitungen rechnen. Der einzige Apparat, der ausschließlich der einzelnen Teilnehmerleitung angehört, ist eine Vorrichtung, die als „Vorwähler“ bezeichnet wird. Wenn wir den Hörer abheben, findet der Vorwähler einen freien Wählmechanismus für uns — so, wie ein Gepäckträger, der für uns in einem Zug einen freien Platz zu finden versucht. Der Vorwähler besitzt einen Arm, den sogenannten „Wählarm“, der sich über Kontakte hinbewegt, die zu den Wählern führen. Ist ein Wähler besetzt, so läuft er weiter; sowie er aber einen freien Wähler findet, macht er halt und verbindet uns mit ihm und kein anderer Teilnehmer kann ihn benützen, bevor wir das Gespräch beendet haben.

Wenn wir eine vierstellige Zahl, z. B. 9173, wählen, spielt sich ein dem soeben beschriebenen ähnlicher Vorgang mehrmals ab. Heben wir den Hörer ab, so wandert der Wählarm unseres persönlichen Vorwählers so lange umher, bis er einen freien „Gruppenwähler“ für uns gefunden hat, mit dem er unsere Leitung verbindet. Wählen wir die Ziffer 9, so heben die neun Unterbrechungen des Stromes einen Kontaktarm dieses Wählers bis zur neunten Kontaktreihe empor und der

Abb. 116. Das Pariser Hauptfernsprechamt vor fünfzig Jahren. (Guillemin, Electricity and Magnetism.)

Arm wandert sodann die Reihe entlang, bis er eine Verbindung zu einem freien Wähler der nächsten Reihe findet, zu der die Wähler gehören, die die Verbindung mit den mit 9000 beginnenden Nummern herstellen. Wählen wir die Ziffer 1, so wird der Kontaktarm des zweiten Wählers auf die erste Kontaktstufe gehoben und dreht sich sodann, bis er in der kleinen, für die mit 91 beginnenden Nummern vorgesehenen Wählergruppe einen freien Wähler findet. Die 100 Kontakte jedes dieser letzten Wähler sind mit den Leitungen 9100 bis 9199 verbunden. Die letzten zwei Ziffern 7 und 3 verbinden uns daher so, wie es bereits auseinandergesetzt wurde, mit dem Teilnehmer 9173.

Dies ist natürlich keineswegs alles, denn die Apparate müssen das richtige Amt für uns finden, einen Summton, ein Anrufsignal und ein „Besetzt"-Zeichen ertönen lassen und die Zahl der Gespräche zählen, damit unsere Telephonrechnung ausgefertigt werden kann. Schließlich gibt es auch noch eine „automatische Wählerprüfeinrichtung", die die Wählapparate einen nach dem andern selbsttätig überprüft. Funktionieren alle Teile eines Wählers einwandfrei, so kommt der nächste an die Reihe; ist aber irgend etwas nicht in Ordnung, so ertönt eine Glocke und eine Lampe zeigt durch Aufleuchten an, welcher Teil nicht in Ordnung ist! Eine solche Selbstanschlußzentrale hat etwas nahezu Unheimliches, mit all den klappernden Apparaten, die die verwickelten Schaltverbindungen herstellen; es ist, als befände man sich im Gehirn eines lebenden Wesens und beobachtete die Vorgänge, die sich in seinem Inneren abspielen.

Der Gegensatz zwischen einem modernen Fernsprechamt und dem in Abb. 116 dargestellten zeigt uns, wie rasch sich der Gebrauch des Fernsprechers verbreitet hat. Das Bild wurde einem Werk von Prof. Silvanus Thompson entnommen; es stellt das Pariser Hauptfernsprechamt vor etwas über 50 Jahren dar!

9. Mitsprechen.

Wenn wir den Fernsprecher benützen, können wir mitunter hören, wie andere Leute ein Gespräch führen. Dies bedeutet nicht etwa, daß unsere Leitung durch irgend ein Versehen an ihre angeschlossen wurde. Es rührt daher, daß beide Teile Stromkreise benützen, die über eine beträchtliche Entfernung parallel zueinander verlaufen. Die Verhinderung des Mitsprechens ist eine eigene Wissenschaft; die dabei angewandten Methoden erläutern manche der von uns erörterten Prinzipien so gut, daß es sich lohnt, auf ihre Beschreibung einzugehen.

Um den einfachsten Fall zuerst zu betrachten, wollen wir annehmen, daß jeder der beiden Stromkreise aus einem einzigen Draht und einer Erdrückleitung besteht und daß die beiden Drähte über dieselben Stangen nebeneinander dahinlaufen. Wir können uns den im einen der Drähte fließenden Strom, der mit seinen Schwankungen die Sprache übermittelt, als einfachen Wechselstrom in dem in Abb. 117 a mit 1 bezeichneten Draht vorstellen. Dieser Strom erregt im Draht 2 auf zwei Arten einen ähnlichen Strom. Erstens wird der Draht 1 durch den Strom abwechselnd positiv und negativ geladen. Sooft er positiv geladen ist, wird im Draht 2 eine negative Ladung induziert und eine entsprechende positive

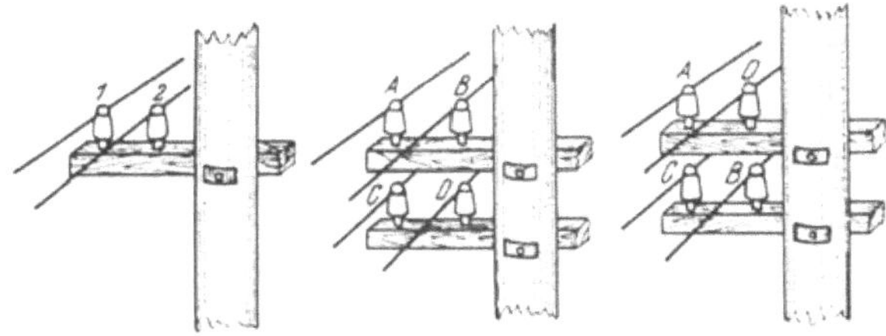

Abb. 117. Beseitigung des Mitsprechens in parallel verlaufenden Leitungen.

Ladung erfährt eine Abstoßung und fließt zur Erde. Das Entgegengesetzte tritt ein, wenn der Draht 1 negativ geladen ist. Das Ergebnis ist genau dasselbe, wie wenn ein Teil des im Draht 1 fließenden Wechselstromes in den Draht 2 überginge; in der Tat bilden die beiden nebeneinanderlaufenden Drähte die Platten eines Kondensators, und ein Wechselstrom vermag, wie wir an einigen Beispielen des nächsten Kapitels sehen werden, durch einen Kondensator hindurchzugehen. Zweitens erregt der im Draht 1 fließende Wechselstrom in seiner Umgebung ein wechselndes Magnetfeld, welches im Draht 2 Ströme induziert. Wir haben es also mit einem Effekt sowohl der elektrostatischen wie auch der elektromagnetischen Induktion zu tun, wobei die zuerst genannte für die Praxis wichtiger ist.

Bei einer Anordnung von einzelnen Drähten, die nebeneinander herlaufen, besteht keine Möglichkeit, diesen Effekt zu vermeiden. Aus diesem Grunde verwendet man bei Fernsprechsystemen mit einer Anzahl von Leitungen niemals die Rückleitung durch die Erde. Wie der Leser an Stellen, an denen Telephondrähte von den Stangen zu einem Gebäude geführt werden, sehen kann, sind es stets zwei Drähte, die zu dem Gebäude führen; sie bilden einen geschlossenen metallischen Stromkreis. Abb. 117 b und c zeigen eine Möglichkeit, Störungen zwischen zwei Drähtepaaren AB und CD zu vermeiden. Es ist klar, daß die in Abb. 117 b gezeigte Anordnung der Drähte ungünstig ist. Ist nämlich A positiv und B negativ, so wird C negativ und D positiv sein und folglich eine elektrostatische Störung erfahren. In ähnlicher Weise wird beim Hinfließen eines Stromes längs A und beim Zurückfließen längs B ein Magnetfeld erregt, dessen Kraftlinien durch CD hindurchgehen und zu einer elektromagnetischen Störung Anlaß geben. Wenn wir hingegen die Paare AB und CD wie in Abb. 117 c anordnen, heben einander alle wechselseitigen Einwirkungen auf. Die von dem Paar AB herrührenden magnetischen Kraftlinien durchsetzen den Stromkreis CD nicht und die auf A oder B sitzenden Ladungen beeinflussen C und D in gleichem Maße, so daß kein Strom entsteht.

Dies gewährleistet die Störungsfreiheit zweier Leitungspaare. Wir müssen nun zusehen, wie sich bei einer großen Anzahl auf denselben Masten befindlicher Leitungspaare Störungen vermeiden lassen. Früher verhinderte man Störungen, indem man die Stellung der Drähte von einem Mast zum anderen wechselte. Der Leser wird diesen Kunstgriff beim Beobachten der Drähte vom Fenster eines fahrenden Eisenbahnzuges aus bemerkt haben. Während die Drähte von einem Isolator zum nächsten hinauf- und herabstoßen, ändert sich das ganze Bild, da einzelne Drähte von einem Querbalken auf dem einen Mast zu einem höheren oder tieferen auf dem nächsten Mast übergehen oder um einen Isolator nach innen oder nach außen rücken. Jede Gruppe von vier Drähten erhält ab und zu eine volle Drehung, so daß die Einwirkung, die ein benachbarter Stromkreis möglicherweise während des letzten Kilometers erfahren hat, während des nächsten Kilometers durch eine gerade entgegengesetzte Einwirkung aufgehoben wird. Indem man die verschiedenen Gruppen in beliebig gewählten Zwischenräumen verdreht, kann man erreichen, daß alle wechselseitigen Einwirkungen einander aufheben.

Dieselbe Wirkung erzielt man heute in weniger eleganter, aber bequemerer Weise, indem man die Drähte eines jeden

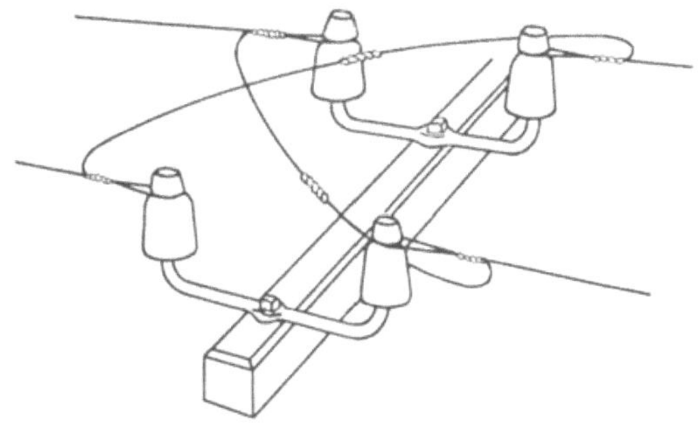

Abb. 118. Kreuzen der Telephondrähte zur Vermeidung des Mitsprechens.

Stromkreises in bestimmten Abständen kreuzt (Abb. 118). Werden beispielsweise die Drähte des in Abb. 117 b mit AB bezeichneten Stromkreises etwa alle 400 Meter gekreuzt, so daß A die Stelle von B einnimmt und umgekehrt, so kann die endgültige Wirkung auf den Stromkreis CD im ungünstigsten Fall der einer überzähligen 400-Meter-Strecke entsprechen. Sie ist daher im allgemeinen gering.

Fügen wir einen dritten Stromkreis EF hinzu, so dürfen wir seine Drähte nicht an denselben Stellen kreuzen, wie die Drähte von AB, da sonst AB und EF einander stören; kreuzen wir sie jedoch beispielsweise alle 800 Meter, so wird EF weder mit AB noch mit CD eine Störung ergeben. Des Interesses halber bringt Abb. 119 das Schema für zwanzig auf Masten montierte Stromkreise. Jeder Zwischenraum zwischen zwei senkrechten Linien entspricht einer Entfernung von

400 Metern; das gesamte Bild wiederholt sich jeweils nach 12,8 Kilometern.

Unterirdische Kabel ersetzen heute die Freileitungen in zunehmendem Maße, da sie weniger Zerstörungen ausgesetzt

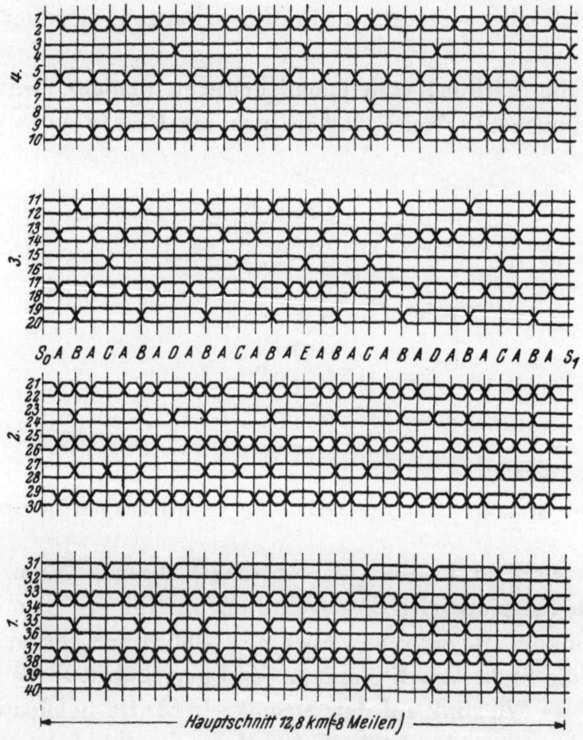

Abb. 119. Schema für das Kreuzen der Telephondrähte zur Verhinderung des Mitsprechens bei zwanzig Leitungen. (Post Office Engineering Department.)

sind und weniger Wartung erfordern. Das Verhindern des Mitsprechens ist eine heikle Angelegenheit, da die Drähte im Kabel sehr nahe beieinanderliegen und ihre Anzahl oft mehr als 1000 Paare beträgt. Abb. 120 a zeigt einen Schnitt durch ein Kabel. Der Leser bemerkt Gruppen zu je vier Drähten. Jede Gruppe umfaßt zwei solche Stromkreise wie die in Abb. 117 c mit AB und CD bezeichneten. Die einzelnen Gruppen müssen wechselweise verdrillt werden, um gegenseitige Störungen auszuschließen, und die Verdrillung muß bei jeder Gruppe eine andere sein, da sich bei zwei Gruppen mit gleicher Verdrillung die gegenseitigen Einflüsse über die Kabellänge summieren würden. Die vier großen Aderpaare in der Mitte sind für die Übertragung von Rundfunksendungen bestimmt. Ein Stück eines wirklichen Kabels, das, um die einzelnen Adern sichtbar zu machen, aufgeschnitten wurde, zeigt Abb. 120 b (Tafel 29).

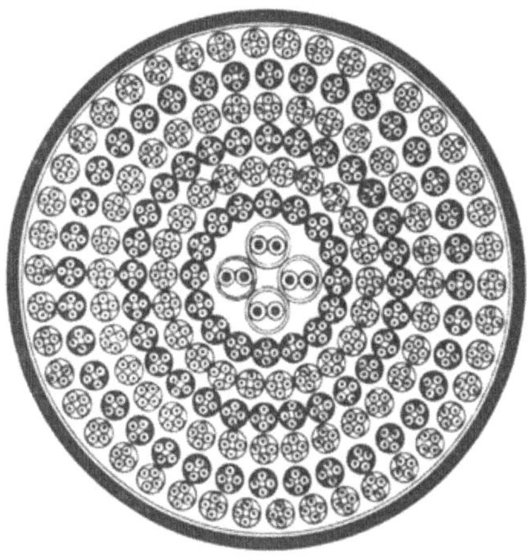

Abb. 120 a. Schnitt durch ein Fernsprechkabel mit 350 Paaren von Leitungen. (Post Office Engineering Department.)

Bevor zwei Teile eines langen Fernsprechkabels verbunden werden, werden alle Aderpaare eines jeden Abschnittes elektrisch durchgemessen und so die gegenseitige Einwirkung festgestellt; dann wird, um die Störungen auf ein Minimum herabzudrücken, für die beim Zusammenschluß der Kabelabschnitte vorzunehmende Verbindung der einzelnen Paare ein Schema entworfen. Ein langes Fernsprechkabel enthält in bestimmten Abständen Röhrenverstärker, die dem Verstärker eines Radioapparats gleichen. Sie dienen zur Verstärkung der Fernsprechströme, die andernfalls eine zu große Schwächung erfahren würden. Das Kabel wird ferner mit Spulen „belastet", die, ähnlich wie die magnetische Belastung eines Unterseekabels, die Verzerrung der Ströme verringern. Alle diese Vorrichtungen müssen abgeglichen sein, damit die bereits beschriebenen „Phantomkreise" verwendet werden können. Bei flüchtiger Betrachtung scheint das Verbinden einer Anzahl von Fernsprechdrähten eine einfache Angelegenheit zu sein. Wenn wir aber näher auf die Einzelheiten eingehen, erkennen wir, daß ein Fernsprechkabel ebenso ein Stück Werkmannsarbeit darstellt und zu seiner Herstellung genau soviel Scharfsinn und planvolle Arbeit erfordert wie eine Brücke oder ein Bauwerk.

VI. Elektrische Schwingungskreise.

1. Schwingungen.

Man kann elektrische Schaltungen aufbauen, die folgendes Verhalten an den Tag legen: Läßt man in einem Teil einer solchen Schaltung einen Strom fließen oder erteilt ihm eine elektrische Ladung und überläßt man sodann die Schaltung sich selbst, so finden elektrische S c h w i n g u n g e n statt. In der Schaltung wogt ein Strom hin und her, wie Wasser, das in einem Becken hin- und herwogt, indem es abwechselnd an beiden Enden emporsteigt. Wird keine weitere Energie zugeführt, so werden die elektrischen Schwingungen infolge des Widerstandes der Schaltung und infolge anderer dämpfender Faktoren schwächer. Man kann jedoch verschiedene Kunstgriffe anwenden, um weiterhin Energie zuzuführen und den Stromkreis in dauernden Schwingungen zu erhalten.

Bei der drahtlosen Telegraphie und Telephonie spielen schwingende elektrische Ströme eine wesentliche Rolle. Ein näheres Eingehen auf die technischen Einzelheiten der in der Funktechnik verwendeten Apparate würde den Rahmen dieses Buches sprengen. Doch muß man die Eigenschaften elektrischer Schwingungskreise kennen, bevor man die Grundzüge der Funktechnik verstehen kann. Ich möchte daher in diesem letzten Kapitel versuchen, ihr Wesen klarzumachen.

Wir beginnen mit der Betrachtung von Schwingungen mechanischer Natur, wie sie etwa ein Gewicht am Ende einer Feder (Abb. 121 a) oder ein Pendel (Abb. 121 b) ausführt. Ziehen wir das Gewicht nach abwärts und lassen es dann los, so springt es am Ende der Feder auf und ab. Wir wollen diesen Vorgang etwas genauer betrachten.

Ist das Gewicht in Ruhe, so dehnt es die Feder in dem in 1 gezeigten Maß. Wird es wie in 2 weiter herabgezogen, so wächst die Federspannung und das Gewicht schnellt daher, wenn es losgelassen wird, nach oben. In 3 ist das Gewicht in seine Ausgangsstellung zurückgekehrt. Es erfährt jetzt keine Einwirkung von Kräften, da der Zug der Feder und die am Gewicht angreifende Schwerkraft einander gerade das Gleichgewicht halten. Dennoch macht es in dieser Stellung nicht halt, da ihm, während es von der Feder nach oben gezogen wurde, eine Geschwindigkeit erteilt wurde. Es läuft durch die Ausgangsstellung bis zur Lage 4, in der es wiederum für einen Augenblick zur Ruhe kommt. Der Zug der Feder ist jetzt schwächer als der Zug der Schwerkraft, und das Gewicht fällt und durcheilt die Lage 5, bis die Feder wieder gedehnt ist; dann wiederholt sich die Bewegung. Gäbe es keine Reibungsverluste, so würde das Gewicht immerfort weiterschwingen. In Wirklichkeit werden seine Schwingungen allmählich schwächer.

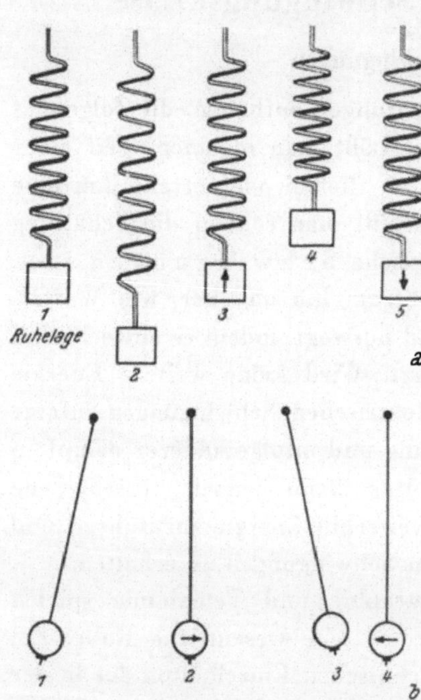

Abb. 121. Schwingungen *a)* eines Gewichtes an einer Feder, *b)* eines Pendels.

Dasselbe tritt ein, wenn man die Linse eines Pendels zur Seite zieht und dann losläßt. Sie wird durch die Schwerkraft in die Ruhelage zurückgezogen; da ihr aber eine Geschwindigkeit erteilt wurde, bewegt sie sich darüber hinaus bis an das andere Ende ihres Spielraumes und verfolgt sodann ihren Weg wieder zurück.

Es ist ein wesentliches Kennzeichen solcher Schwingungen, daß bei ihnen die Energie zwischen zwei Erscheinungsformen schwankt. Um die Pendellinse zur Seite zu ziehen, muß Arbeit geleistet werden. Diese Arbeit wird beim Verschieben der Linse als „potentielle Energie" aufgespeichert. Wird die Pendellinse losgelassen und schwingt sie in die Ruhelage hinab, so verschwindet die potentielle Energie, indem sie sich in die „kinetische Energie" der bewegten Linse verwandelt. Während die kinetische Energie die Pendellinse an das andere Ende ihrer Bahn treibt, zehrt sie sich auf und wird wieder zu potentieller Energie. An welche Schwingungsform immer wir denken (Unruhe einer Uhr, Klaviersaite, Stimmgabel), stets erkennen wir den Wandel der Energie zwischen diesen beiden Formen.

Ein schwingendes System, wie wir es bisher betrachtet haben, benötigt zu einer Hin- und Herbewegung immer die gleiche Zeit, mag es nun eine kleine oder eine große Schwingung ausführen. Man könnte meinen, daß ein Pendel mehr Zeit beansprucht, über einen großen Bogen zu schwingen, als über einen kleinen, da es im ersten Fall einen längeren Weg zurückzulegen hat; dem ist aber nicht so. Schwingt es mit größerem Ausschlag, so ist seine Bewegung eben im gleichen Verhältnis schneller. Die Entdeckung, daß ein Pendel, wie groß auch seine Schwingungsweite sei, stets mit der gleichen Schnelligkeit schlägt, führte zum Bau der ersten Uhren. Bestünde dieses Gesetz nicht, so würden unsere Uhren sehr schlechte Zeitmesser sein, da ihr Gang davon abhinge, ob sie stark oder wenig aufgezogen sind. Auch die Musikinstrumente ergeben eine sehr empfindliche Probe dieses Sachverhaltes. Die schwingenden Systeme sind in diesem Fall gespannte Saiten oder Luftsäulen in Röhren. Ein Ton auf dem Klavier hat dieselbe Höhe, gleichgültig, ob er laut oder leise angeschlagen wird. Daher ist die Schnelligkeit, mit der die

Saite schwingt, von dem Ausmaß der Schwingung offensichtlich unabhängig.

Die Anzahl der in einer Sekunde ausgeführten Schwingungen heißt die „Frequenz“, die für eine volle Schwingung benötigte Zeit eine „Periode“. Das Ausmaß der größten Verschiebung aus der Ruhelage heißt die „Amplitude“. Ein schwingendes System besitzt eine von der Größe seiner Amplitude unabhängige Frequenz, wenn es dem folgenden einfachen Gesetz gehorcht: die rücktreibende Kraft, die das System aus seiner Verschiebung in die Ruhelage zurückzuziehen sucht, muß der Verschiebung proportional sein. Alle gebräuchlichen schwingenden Systeme folgen diesem Gesetz. Wenn man z. B. eine Feder um zwei Zentimeter dehnt, wird sie einen doppelt so starken Zug ausüben wie bei einer Dehnung um einen Zentimeter. Wird die Linse eines Pendels um sechs Zentimeter zur Seite gezogen, so ist die auf sie wirkende Kraft doppelt so groß wie bei einer Verschiebung um drei Zentimeter. Infolgedessen bewegt sich die Pendellinse doppelt so schnell durch ihre Ruhelage hindurch und benötigt daher die gleiche Zeit wie für die kleinere Amplitude.

Wodurch wird die Frequenz der Schwingungen bestimmt? Wir wollen unseren Grundsatz festhalten, demzufolge mathematische Formeln vermieden werden sollen; unser Ziel ist lediglich, ein natürliches, gefühlsmäßiges Empfinden für das Wesen der Erscheinungen zu erwerben. Nehmen wir das an der Feder hängende Gewicht als Beispiel, so erkennen wir, daß die Schnelligkeit, mit der es schwingt, von zwei Faktoren abhängt. Der erste ist die Steifigkeit der Feder. Besteht die Feder aus engen Windungen starken Drahtes, so tanzt das Gewicht schnell auf und nieder; besteht sie jedoch aus weit gewundenem, dünnem Draht, so ist die Periode der Schwingung bedeutend größer. Der zweite Faktor ist die Schwere des Gewichtes. Eine geringe Masse besitzt eine kurze, eine größere Masse eine längere Periode. Genauer gesagt: wir lassen die Schwingungen schneller werden, wenn wir die zu einer gegebenen Verschiebung gehörende rücktreibende Kraft steigern, und wir verlangsamen sie, wenn wir die bewegte Masse vermehren. Es ist vielleicht der Mühe wert, sich die Wirkungsweise dieser Regeln für den Fall des Pendels zu überlegen. Angenommen, wir verdoppelten das Gewicht der Pendellinse, ließen aber die Länge des Pendels unverändert; wird es schneller oder langsamer schwingen? Wir haben die bewegte Masse verdoppelt, zugleich aber auch die Kraft, welche die Pendellinse zurücktreibt, wenn sie um einen gegebenen Betrag aus ihrer Ruhelage gerückt wird. Das Gesamtergebnis ist, daß das Pendel genau so schnell schwingt wie vorher. Wir könnten uns in der Tat zwei völlig gleiche Pendel denken, die nebeneinander schwingen. Sie schwingen gleich schnell und wir dürfen daher die beiden Pendellinsen miteinander verbinden und von einem einzigen Pendel mit einer doppelt so schweren Pendellinse sprechen. Alle Uhren aus Großvaters Zeiten, die Sekunden schlagen, besitzen Pendel gleicher Länge. Verkürzen wir hingegen das Pendel, so wird die Kraft, die es bei einer gleich großen seitlichen Verschiebung zurückzieht, vergrößert, und das kürzere Pendel schlägt folglich schneller.

Die Schwingungen lassen sich aufrecht erhalten, wenn man dem bewegten Körper während jeder Periode einen leichten Stoß versetzt, derart, daß er den Körper in der Richtung treibt, in der er sich gerade bewegt. Ein bekanntes Beispiel dafür bietet eine Schaukel. Ein Kind, das seinen Gefährten schaukelt, versetzt der Schaukel jedesmal, wenn sie sich von ihm fortbewegt, einen Stoß und beschleunigt sie auf diese Weise. Die Periode der Schaukel wird durch diese Stöße nicht beeinflußt; man kann durch kräftigeres Stoßen nicht erreichen, daß sie in einer Minute öfter hin- und herschwingt, sondern man kann nur die Amplitude vergrößern[25]. Wir müssen unsere Impulse der sogenannten „natürlichen Periode“ der Schaukel anpassen.

[25] Das ist nicht streng richtig; durch die Impulse erleidet die Periode eine kleine Änderung, deren Ausmaß vom Zeitpunkt abhängt, in dem die Impulse erfolgen.

Es ist für die meisten zu andauerndem Schwingen bestimmten Systeme kennzeichnend, daß der Mechanismus zur Aufrechterhaltung der Schwingung bedeutend verwickelter ist als der Teil, der die Schwingungen ausführt. Nichts ist einfacher als das Pendel einer Uhr oder das Rädchen und die Feder einer Unruhe, aber die von Federn oder Gewichten getriebenen Zähne und Hebel, die sie in Bewegung halten, stellen eine recht komplizierte Maschinerie dar. Sie sind dazu bestimmt, die nötigen Impulse zu liefern, die das Pendel oder Rad stets zu einer etwas schnelleren Bewegung in jener Richtung anregen, in der es sich gerade bewegt. Wir werden sehen, daß dasselbe auch für den Fall der elektrischen Schwingungskreise gilt. Eine große Hochleistungsröhre mit der zur Aufrechterhaltung elektrischer Schwingungen nötigen Schaltung, wie sie in Rundfunksendeanlagen Verwendung findet, stellt eine recht eindrucksvolle Apparatur dar. Und doch ist der Teil, in dem die elektrischen Schwingungen vor sich gehen, äußerst einfach, und die komplizierten Vorrichtungen dienen allein dem Zweck, die Schwingungen in Gang zu halten.

2. Elektrische Schwingungen.

Abb. 122 zeigt uns, wie elektrische Schwingungen vor sich gehen. Die Schaltung besitzt zwei wesentliche Merkmale, Kapazität und Induktivität.

Der Begriff der „Kapazität" wurde bereits erklärt (s. S. 28). Der Begriff der „Induktivität" ist schwierig; ich möchte versuchen, ihn in diesem Abschnitt zu erläutern. Wird ein Stück Draht zu einer Spule aufgerollt und wird vor allem ein Stück Eisen in das Innere der Spule gebracht, so daß ein durch den Draht fließender Strom auf größerem Raum ein kräftiges Magnetfeld erzeugt, so sagt man, der Stromkreis besitze eine hohe Induktivität. Wird hingegen dasselbe Stück Draht zu einer einfachen Schleife zusammengelegt, so wird ein hindurchfließender Strom nur ein schwaches Magnetfeld auf kleinem Raum hervorrufen, da die Wirkungen des Stromes auf dem Hin- und Rückweg einander nahezu aufheben; man sagt dann, der Kreis besitze eine geringe Induktivität.

Auf dem Bild sind die beiden Seiten eines Kondensators durch eine Spule miteinander verbunden, so daß beim Fließen eines Stromes ein Magnetfeld entsteht. In Wirklichkeit erfüllt jeder beliebige Leiter diese Bedingungen, da er einen Kondensator darstellt und beim Durchgang eines Stromes von einem Magnetfeld umgeben ist. Doch wollen wir der Einfachheit halber den Kreis durch einen Kondensator und

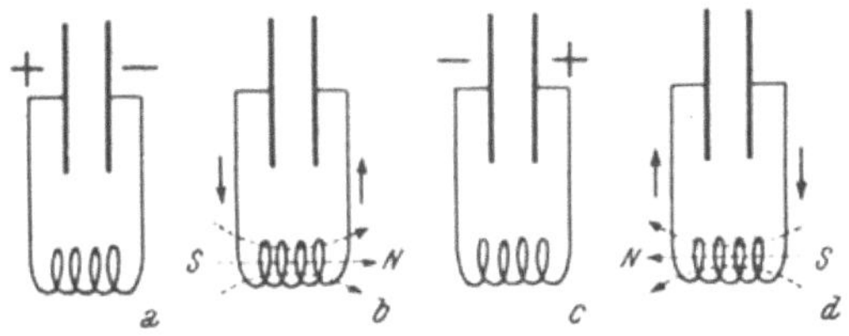

Abb. 122. Elektrischer Schwingungskreis.

eine Drahtspule der herkömmlichen Art darstellen, wie dies im Bild angedeutet ist. Nehmen wir nun an, wir erteilten wie in *a* den Platten des Kondensators entgegengesetzte Ladungen. Dann entlädt sich der Kondensator über die Drahtspule. In *b* ist er völlig entladen. Während der Entladung ist jedoch ein Magnetfeld entstanden; es ist durch die punktierten Kraftlinien angedeutet. Der Strom kann in diesem Augenblick nicht plötzlich aufhören; denn im selben Maß, als er schwächer wird, nimmt auch das Magnetfeld im Spuleninnern ab und induziert dabei eine elektromotorische Kraft, die den Strom aufrechtzuerhalten sucht. Der Strom fließt weiter, bis er wie in *c* den Kondensator im entgegengesetzten Sinn geladen hat. Dann entlädt sich der Kondensator und erzeugt dabei gemäß Bild *d* ein Magnetfeld von entgegengesetzter Richtung, welches seinerseits wieder eine Aufladung des Kondensators bewirkt, wie sie am Beginn gegeben war. Die Reihe der Vorgänge wiederholt sich nun und der Kreis schwingt.

Der Leser sieht, wie genau dieser Vorgang dem Auf- und Niederschnellen eines Gewichtes am Ende einer Feder oder dem Schwingen eines Pendels entspricht. Das Laden des Kondensators ist dem Zusammendrücken und Ausdehnen der Feder oder dem seitlichen Verschieben der Pendellinse vergleichbar; es stellt eine Energiespeicherung dar, die der potentiellen Energie der mechanischen Schwingung entspricht. Beim Entladen des Kondensators verwandelt sich diese Energieform in die Energie des magnetischen Feldes, die sich mit der kinetischen Energie einer bewegten Masse vergleichen läßt. Die Energie des magnetischen Feldes wird beim neuerlichen Aufladen des Kondensators aufgezehrt, und so geht es weiter, hin und her.

Wir begegnen hier demselben Gestaltenwechsel der Energie wie im mechanischen Fall. Die Energie des geladenen Kondensators offenbart sich in dem Funken, den wir bei seiner Entladung erzielen können. Laden wir den Kondensator, so müssen wir gegen die zwischen den beiden Platten bestehende Potentialdifferenz, die von der aufgebrachten Ladung herrührt, Arbeit leisten. Er verhält sich in der Tat wie eine Feder, denn je mehr Ladung wir ihm bereits erteilt haben, um so schwieriger wird es wegen des zunehmenden Potentials, weitere Ladung auf ihm unterzubringen, genau so, wie der Widerstand einer Feder beim Ausdehnen oder beim Zusammendrücken zunimmt. Die Energie des Magnetfeldes ist vielleicht nicht ebenso sinnfällig; es lohnt sich daher, einen Versuch zu beschreiben, der sie verdeutlicht.

Man führt den Versuch am bequemsten mit einem großen Elektromagneten aus, dessen Pole durch ein Joch aus weichem Eisen geschlossen sind (Abb. 123). Das Joch macht den von den magnetischen Kraftlinien benützten, im Eisen verlaufenden Pfad zu einem geschlossenen und bietet so die Gewähr dafür, daß ein gegebener Strom, der die Wicklung des Magneten durchfließt, das größtmögliche Magnetfeld hervorruft. Mit Hilfe des Schalters S_1 kann der Strom, wie man dem Bild entnimmt, wahlweise durch den Magneten oder durch den Regelwiderstand geleitet werden. Der Regelwiderstand wird so eingestellt, daß der Wert des unveränderlichen Stromes, den der Strommesser anzeigt, für den Magneten wie für den Regelwiderstand gleich ausfällt.

Schalten wir jedoch durch Schließen des Schalters S_2 den Leitungsstrom ein, so bemerken wir einen auffallenden Unterschied in der Art und Weise, wie der Strom e i n s e t z t. Wird der Strom durch den Regelwiderstand geführt, so springt der Zeiger des Strommessers schnell auf seinen Endwert. Der geringe Verzug beim Ansprechen rührt lediglich von der Trägheit des Zeigers und der Drehspule her und beansprucht bei einem guten Instrument nur einen Bruchteil einer Sekunde. Wird hingegen der Elektromagnet angeschlossen, so erreicht der Zeiger schließlich wohl auch denselben Punkt, braucht jedoch einige Sekunden, um hinaufzukriechen. Der Strom steigt langsam an. Das anwachsende Magnetfeld ruft eine Gegen-E. M. K. hervor, die der angelegten Spannung entgegenwirkt und den Strom daran hindert, augenblicklich seinen Endwert zu erreichen. Nun leistet die angelegte Spannung bei der Überwindung dieser Gegen-E. M. K. A r b e i t. Wir können sie mit einer Lokomotive vergleichen, die einen schweren Zug in Bewegung setzt und dabei gegen die Trägheit des Zuges ankämpft. Die geleistete Arbeit wird offenbar zum Aufbau des Magnetfeldes ebenso benötigt wie die von der Lokomotive beim Anfahren des Zuges geleistete Arbeit zum Aufbau der kineti-

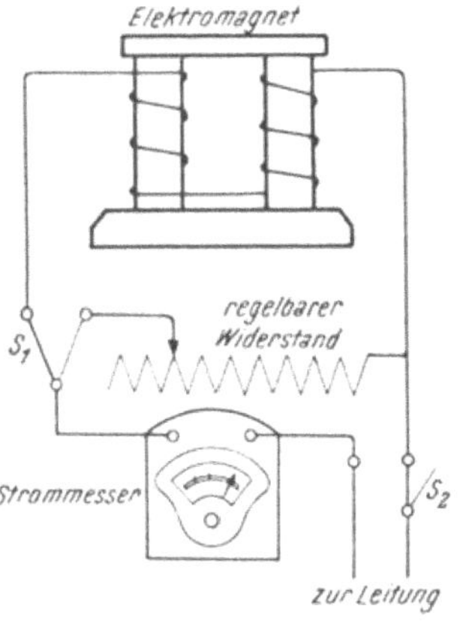

Abb. 123. Versuch zum Nachweis der Energie des magnetischen Feldes. Der durch den Magneten fließende Strom steigt langsam an, der durch den Regelwiderstand fließende Strom dagegen erreicht fast augenblicklich seinen vollen Wert.

schen Energie des fahrenden Zuges. Der durch den Regelwiderstand fließende Strom hingegen erzeugt nur ein sehr schwaches Magnetfeld und steigt daher fast augenblicklich auf den durch den Widerstand bestimmten Wert an.

Die Energie des Magnetfeldes offenbart sich auch beim Ausschalten des Stromes. In Abb. 124 ist eine Lampe dargestellt, die an die Zuleitung angeschlossen ist. Die Wirkung wird deutlicher, wenn die Lampe für eine höhere Spannung als die Spannung der verwendeten Stromquelle bemessen ist, so daß sie nur matt leuchtet. Wird mittels des Schalters S_1 der Regelwiderstand zur Lampe parallelgeschaltet, so erlischt die Lampe beim Öffnen des Schalters S_2 augenblicklich. Wird der Elektromagnet parallelgeschaltet, so leuchtet beim Ausschalten des Stromes die Lampe hell auf. Die Energie, die dieses Aufleuchten bewirkt, rührt von dem Magnetfeld her. Eine induzierte E. M. K. sucht den im Magneten fließenden Strom aufrechtzuerhalten; schalten wir mittels des Schalters S_2 aus, so bleibt ihr nur der Weg über die Lampe offen. Hier zeigt sich wieder, daß die Energie des magnetischen Feldes der Energie einer bewegten Masse gleicht. Um den Strom auf seine volle Stärke zu bringen, muß Arbeit geleistet werden; ist er aber einmal da, so hat er das Bestreben, weiterzulaufen, und vermag selbst Arbeit zu leisten, bevor er zu fließen aufhört.

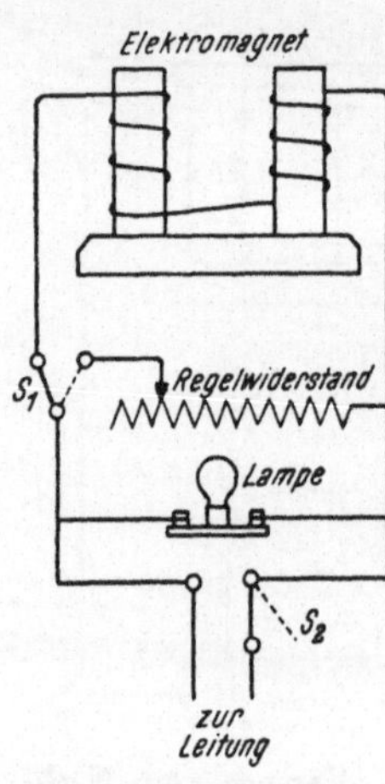

Abb. 124. Zweiter Versuch zum Nachweis der Energie des magnetischen Feldes. Beim Abschalten der Leitung mittels S_2 leuchtet die Lampe hell auf. Die erforderliche Energie rührt vom Magnetfeld her.

Wodurch wird die Frequenz der Schwingungen bestimmt? Sie hängt von der Kapazität des Kondensators und von der Induktivität des Kreises ab, wobei diese ein Maß für die magnetische Feldenergie darstellt, die einem gegebenen Strom entspricht. Ein Kondensator kleiner Kapazität gleicht einer harten Feder. Wird er geladen, so steigt die elektromotorische Kraft rasch an und widersetzt sich einer weiteren Aufladung. Ein Schwingkreis mit einer geringen Anzahl von Drahtwindungen gleicht einer leichten Masse, da beim Steigern des Stromes bis zu einem gegebenen Wert nur wenig Arbeit geleistet werden muß, um das schwache Magnetfeld zu erzeugen, ähnlich, wie nur wenig Arbeitsaufwand nötig ist, um einen leichten Körper bis zu einer gegebenen Geschwindigkeit zu beschleunigen. Daher erfolgen die Schwingungen bei kleinen Werten von Kapazität und Induktivität schnell, bei großen Werten langsam. Der Bereich elektrischer Schwingungen ist also in der Tat ungeheuer groß; er erstreckt sich von Frequenzen, die so niedrig sind, daß sie hörbaren Tönen entsprechen (mehrere hundert Schwingungen pro Sekunde) bis zu Frequenzen von hundert Millionen Schwingungen und mehr.

3. Die Teslaspule.

Die Teslaspule ist ein schönes Beispiel eines Schwingkreises, der dem einfachen, in Abb. 122 dargestellten Fall sehr nahekommt. Wie aus Abb. 125 hervorgeht, besteht der Kreis aus einem Kondensator C und einigen wenigen Drahtwindungen I. In den Kreis ist eine Funkenstrecke eingeschaltet, und die Zuleitungen eines Funkeninduktors[26] sind mit den beiden Seiten des Kondensators verbunden. Der Funkeninduktor erzeugt eine ansteigende Spannung, die den Kondensator lädt und schließlich einen so hohen Wert erreicht, daß die Funkenstrecke durchschlagen wird. Der überspringende Fun-

[26] Ein Funkeninduktor ähnelt einem Transformator. Er besitzt eine Primärwicklung aus wenigen Windungen dicken Drahtes und eine Sekundärwicklung mit vielen Windungen aus dünnem Draht um einen Eisenkern. Der Primärstrom wird durch einen besonderen „Unterbrecher" in kurzen Abständen unterbrochen. Jedesmal, wenn der Primärstrom plötzlich aussetzt, wird zwischen den Enden der Sekundärwicklung eine hohe Spannung induziert.

ken schließt die freie Strecke tatsächlich vorübergehend kurz, da er längs seiner Bahn eine Anzahl geladener Moleküle oder „Ionen" erzeugt. So ergibt sich ein Zustand ähnlich dem in Abb. 122 a dargestellten, in dem die Platten des geladenen Kondensators durch eine Induktivität miteinander verbunden sind. Es entstehen Schwingungen, die abklingen, da sie nicht aufrecht erhalten werden. Bei jedem Aufladen des Kondensators und Überspringen eines Funkens entsteht eine neue

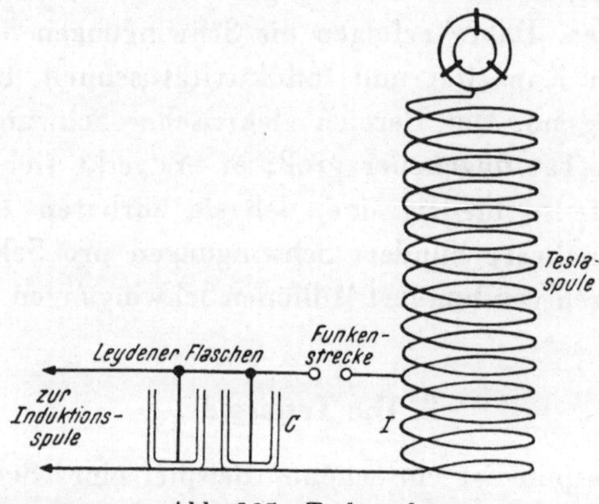

Abb. 125. Teslaspule.

Kette von Schwingungen; der ganze Vorgang entspricht dem Anschlagen desselben Tones auf dem Klavier in regelmäßigen Zeitabständen.

Die von dieser Anordnung erzeugten Schwingungen erfolgen äußerst rasch. Die Tatsache, daß die Sekundärwicklung des Induktors ebenfalls mit dem Kondensator verbunden ist, hat auf die Frequenz keinen nennenswerten Einfluß und darf außer acht gelassen werden. Ein mit hoher Frequenz schwingender Strom kann durch eine Spule mit großer Induktivität, wie sie die Sekundärwicklung darstellt, nicht hindurchfließen, da ihn die Gegen-E. M. K. vollständig „drosselt". Dies ist eine der Wirkungen, die für Hochfrequenzströme charakteristisch sind und ihr Verhalten demjenigen der Niederfrequenz- oder Gleichströme so unähnlich erscheinen lassen. Wir müssen bedenken, daß eine Spule aus mehreren Drahtwindungen tatsächlich für den Strom eine Schranke bedeutet — einfach deshalb, weil das Magnetfeld nicht so oftmals in einer Sekunde aufgebaut und zerstört werden kann. Der Leser mag zum Vergleich an eine schwere Tür denken, die sich leicht in ihren Angeln dreht. Ein sanfter Fingerdruck vermag sie langsam zu öffnen und zu schließen; wollten wir aber versuchen, sie sehr schnell hin- und herzuschwingen, so würde sie sich, selbst wenn wir die ganze Kraft unserer beiden Hände aufwendeten, nur um den Bruchteil eines Zentimeters bewegen.

Bei der Teslaspule (s. Abb. 126, Tafel 31) sind zahlreiche voneinander getrennte Drahtwindungen auf einem isolierenden Rahmen untergebracht. Dem auf dem Bild gezeigten Apparat dienen die unteren vier Windungen als Induktivität. Sie sind mit dem Kondensator und der Funkenstrecke verbunden. Die oberen Windungen wirken dann als sekundäre Hochspannungswicklung eines Transformators, dessen primäre Niederspannungswicklung von den unteren Windungen gebildet wird. Die an der Primärwicklung liegende Spannung ist schon hoch; die am oberen Ende der Sekundärwicklung, die eine weit größere Anzahl von Windungen besitzt, ist noch sehr viel höher. Läßt man die Teslaspule in einem dunklen Raum arbeiten, so kann man an allen Stellen des oberen Spulenendes, an dem die Potentialschwankungen am stärksten sind, „Büschelentladungen" beobachten; der Widerstand der Luft bricht unter der Einwirkung der hohen Spannung zusammen.

Die Teslaspule läßt sich leicht herstellen und ist zur Erläuterung vieler Eigenschaften hochfrequenter Ströme sehr gut verwendbar. Ein interessantes Kennzeichen solcher Ströme besteht darin, daß wir keinen elektrischen Schlag erhalten, selbst dann nicht, wenn ein recht starker Strom durch unseren Körper hindurchfließt. Hält man das eine Ende eines Metallstabes in der Hand und nähert das andere Ende dem Oberteil der Spule, so kann man der Spule einen Sprühregen von Funken entlocken, ohne daß man mehr als ein leichtes

Prickeln verspürt. Der Strom bringt keine dauernde Wirkung in unserem Körper hervor, weil er seine Richtung umkehrt, bevor die Ionen noch Zeit gefunden haben, sich von der Stelle zu bewegen. Wir können aber zeigen, daß der Strom recht stark ist, indem wir die eine Zuleitung einer Glühlampe in der Hand halten und die andere in die Nähe der Spule halten. Unsern Körper durchfließt jedenfalls ein Strom, der ausreicht, die Lampe aufleuchten zu lassen. Natürlich würde ein Strom dieser Stärke bei niedriger Frequenz verhängnisvoll wirken. Aus Gründen der Vorsicht müssen wir den Stab oder die Zuleitung fest anfassen. Es handelt sich um starke Ströme; bei schlechtem Kontakt zwischen Fingern und Stab entsteht ein kleiner Lichtbogen, der die Hand verbrennt. Abb. 126 (Tafel 31) zeigt, wie eine Lampe durch den Strom zum Leuchten gebracht wird, der die Hand des Experimentators durchflossen hat.

Bringt man eine Röhre, die mit einem Gas von niedrigem Druck gefüllt ist, in die Nähe der in Betrieb befindlichen Teslaspule, so glüht das Gas hell auf. In ihm geht eine Entladung in Form eines Stromes vor sich, der in der Röhre hin- und herschwingt und ihre beiden Enden abwechselnd positiv und negativ auflädt. Die Träger des Stromes sind positive und negative Ionen im Gas, die durch Zusammenstöße erzeugt werden, ähnlich, wie es für den Fall der Funkenentladung bereits beschrieben wurde. Der Strom wird durch die raschen Änderungen induziert, die das Magnetfeld in der Umgebung der Teslaspule erfährt.

Es mag zunächst verwirrend erscheinen, daß ein wahrnehmbarer Strom in einer solchen Röhre hin- und herfließen kann, während doch an keinem der beiden Enden ein Weg für den Strom aus der Röhre herausführt. Wieder ist es die hohe Frequenz des Stromes, die dies ermöglicht. Die eigentliche Ladung, die sich an jedem Ende ansammelt, ist infolge der kleinen Kapazität gering; wenn wir aber bedenken, daß diese Ladung ihre Enden in der Röhre millionenmal vertauscht, sehen wir ein, daß ihre Bewegungen zu einem be-

Abb. 126. Teslaspule. Eine Lampe wird durch den der Spule entnommenen hochfrequenten Strom, der durch den Arm des Experimentators fließt, zum Leuchten gebracht. Auf dem Bild sind ferner die Induktionsspule, die Leydener Flaschen und die Funkenstrecke sichtbar.

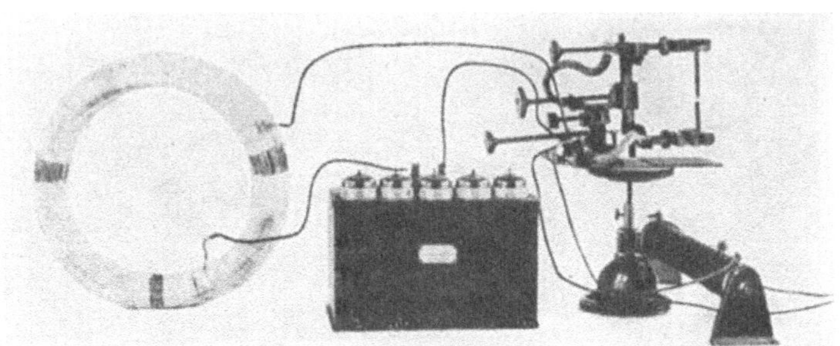

Abb. 128. Singender Lichtbogen. Der Kasten enthält Kondensatoren, die mittels der Schalter in den Kreis ein- oder aus ihm ausgeschaltet werden können.

trächtlichen Strom Anlaß geben. Zum Vergleich können wir an die Anzahl der Sitzplätze denken, die pro Tag in einem Kino, das fortlaufend Vorstellungen bringt, verkauft werden. Sie wird teils vom Fassungsraum des Kinos und teils von der Länge des gespielten Programms abhängen. Könnte das Kino sein Publikum millionenmal pro Sekunde wechseln, so würde selbst bei geringem Fassungsvermögen ein sehr reger Betrieb am Kartenschalter herrschen.

Aus dem gleichen Grund geht ein hochfrequenter Strom ohne nennenswerten Widerstand durch einen Kondensator hindurch, auch wenn dieser nur geringe Kapazität besitzt. Er lädt die eine Platte des Kondensators und entlädt sie wieder, indem er gleichzeitig zur zweiten Platte entgegengesetzte Ladungen hinzieht und folglich gleich große Ladungen desselben Vorzeichens von ihr vertreibt; dies bedeutet aber, daß der Strom geradewegs durch den Kondensator hindurchgeht. Diese Erscheinung ist sehr gut wahrnehmbar, wenn man so, wie es früher beschrieben wurde, eine Entladungsröhre in die Nähe der Teslaspule bringt. Das Glühen ist dort besonders hell, wo die Finger die Röhre halten; diese stellen die eine Platte eines Kondensators dar, dessen zweite Platte von dem Gas auf der anderen Seite der Glaswand gebildet wird. Der Strom geht ungehindert durch diesen Kondensator hindurch. Die Tatsache, daß eine kleine „Drosselspule" hochfrequenten Strom aufhält, niederfrequenten Strom oder Gleichstrom dagegen durchläßt und daß ein kleiner Kondensator niederfrequenten Strom und Gleichstrom aufhält und hochfrequenten Strom durchläßt, erweist sich bei der Trennung dieser beiden Stromarten als nützlich.

Wir haben gesehen, daß die Teslaspule ebenso als Transformator wie als schwingendes System wirkt. Transformatoren für niederfrequenten Strom enthalten einen Eisenkern, der durch den Strom abwechselnd in beiden Richtungen magnetisiert wird. Für Hochfrequenztransformatoren sind Eisenkerne ungeeignet, da die wechselnde Magnetisierung des Eisens den Schwankungen des magnetischen Feldes nicht genügend schnell zu folgen vermag. Wir verwenden daher zwei gewöhnliche Drahtspulen, die so angeordnet sind, daß die von der einen erzeugten Kraftlinien die andere durchsetzen.

4. Der singende Lichtbogen.

Die Teslaspule schwingt mit sehr hoher Frequenz, da sowohl ihre Kapazität als auch ihre Induktivität überaus klein sind. Durch Vergrößerung der Kapazität und der Induktivität können wir nun die Frequenz so weit verringern, daß sie in den Frequenzbereich der hörbaren Schallwellen fällt. Der „singende Lichtbogen" ist ein Beispiel für einen Schwingkreis mit niedriger Frequenz (Abb. 127) und bietet eine weitere Möglichkeit, Schwingungen aufrechtzuerhalten.

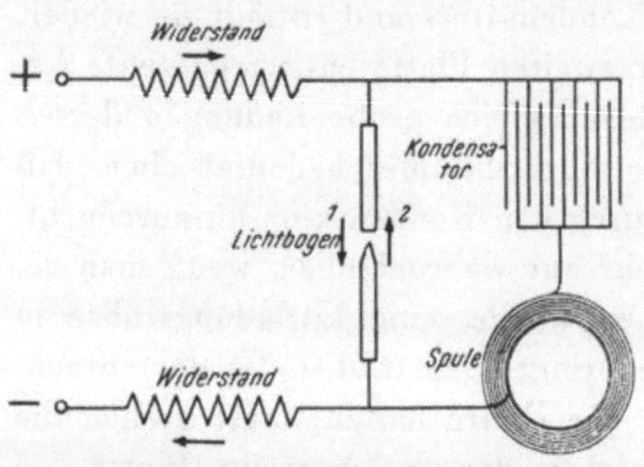

Abb. 127. Schwingkreis mit „singendem Lichtbogen".

Ein Lichtbogen, der mit Widerständen in Serie liegt, wird von der Leitung gespeist. Wie in einem früheren Kapitel erwähnt wurde, ist ein Lichtbogen stets mit einem Widerstand in Serie zu schalten. Weil er die charakteristische Eigenschaft besitzt, daß sein eigener Widerstand beim Größerwerden des zwischen den Elektroden fließenden Stromes abnimmt, muß ein äußerer Beruhigungswiderstand den Strom am allzu starken Anwachsen hindern. Ein Schwingungskreis mit sehr großer Kapazität und Induktivität wird über den Lichtbogen geschlossen. Der Kondensator kann z. B. aus zahlreichen Stanniolblättern bestehen, die durch Lagen von Wachspapier voneinander getrennt sind, und die Induktivität kann eine große Spule sein, wie sie in Abb. 128 (Tafel 31) zu sehen ist. Wird der Lichtbogen gezündet, so wird der Kreis in Schwingungen versetzt. Der Lichtbogen gibt einen lauten, reinen Ton von sich, der von dem veränderlichen Strom herrührt. Dieser ist nämlich stark, wenn der Strom des Schwingkreises in derselben Richtung fließt wie der dem Lichtbogen von der Leitung zugeführte Strom, er ist hingegen schwach, wenn die beiden Ströme entgegengesetzte Richtung haben. So entstehen periodische Schwankungen der Temperatur und des Druckes der Luft in der Umgebung des Bogens.

Die Aufrechterhaltung der Schwingungen hat ihre Ursache darin, daß der Widerstand des Bogens bei zunehmendem Strom kleiner wird. Angenommen, der Kondensator entlade sich gerade und erzeuge dabei einen Strom in der Richtung des Pfeiles 1: Der Bogen nimmt mehr Strom auf, sein Widerstand sinkt daher und mit ihm auch die an ihm herrschende Potentialdifferenz, so daß die Entladung des Kondensators leichter vonstatten geht. Fließt der Strom in der entgegengesetzten Richtung 2, so steigt der Widerstand des Bogens, und dieser Vorgang trägt dazu bei, daß ein entsprechender Bruchteil des aus der Leitung kommenden Stromes zum neuerlichen Laden des Kondensators abgezweigt wird. Das Ergebnis ist, daß der schwingende Strom in jeder Periode einen Antrieb erhält, vergleichbar den aufeinanderfolgenden Stößen, die eine Schaukel oder ein Pendel in Gang halten. Verwendet man mehrere Kondensatoren, die mit Tasten in den Kreis ein- oder aus ihm ausgeschaltet werden, so kann man mit dem singenden Lichtbogen eine Melodie spielen.

Eine gewöhnliche Bogenlampe läßt sich nicht zur Erzeugung hochfrequenter Schwingungen verwenden, da ihr Widerstand nicht mit genügender Schnelligkeit auf Schwankungen des Stromes reagiert. Sorgt man aber für eine rasche Ableitung der Wärme und bringt den Lichtbogen in ein so kräftiges Magnetfeld, daß er nahezu „ausgeblasen" wird, so kann man noch Schwingungskreise anregen, deren Frequenzen die Größenordnung von einer Milion erreichen. Solche Lichtbogen heißen nach ihrem Erfinder „Poulsen-Lichtbogen".

5. Zahlenwerte für die frequenzbestimmenden Größen.

Nachdem wir bisher Beispiele von Schwingungskreisen betrachtet haben, wollen wir nun versuchen, von der Größe der zur Schwingungserzeugung verwendeten Induktivitäten und Kapazitäten eine Vorstellung zu gewinnen, und wollen auch die Einheiten betrachten, in denen sie gemessen werden. Obwohl in diesem Buch mathematische Formeln vermieden wurden, sollen dennoch Beispiele für die Stärke von Strömen, Potentialen usw. angegeben werden, ausgedrückt in den gebräuchlichen Einheiten, da sie ein äußerst nützliches praktisches Wissen darstellen und zur Klärung der Begriffe beitragen. Man macht oft die Erfahrung, daß Studierende Fragen, die mathematische Gleichungen beinhalten, in hervorragender Weise beantworten, sich hingegen ganz unsicher fühlen, wenn es sich um tatsächliche Werte handelt; bei der praktischen Arbeit im Laboratorium kommen infolgedessen oft die unglaublichsten Dinge vor. Bei einem Gegenstand, wie es die Physik ist, soll man sich vor allem durch den Umgang mit Apparaten ein gediegenes praktisches Wissen aneignen und erst dann Mathematik studieren, der man leichter folgen wird, wenn man sich vorstellen kann, was sie bedeutet, und sieht, daß sie genaue Berechnungen ermöglicht.

Die Abhängigkeit der Schwingungsfrequenz von der Kapazität und Induktivität folgt einem Gesetz, welches allen Formen von Schwingungen gemeinsam ist. Nehmen wir an, wir hätten beispielsweise eine an einer Feder hängende Masse und wollten erreichen, daß sie d o p p e l t so schnell schwingt. Das wird eintreten, wenn wir die Feder auf e i n V i e r t e l ihrer Länge verkürzen (mit dem Erfolg, daß die Feder viermal so steif wird), oder indem wir die Masse durch eine v i e r m a l leichtere ersetzen. Der Faktor, um den wir die Feder oder die Masse ändern müssen, ist das „reziproke Quadrat“ desjenigen Faktors, um den wir die Frequenz zu ändern wünschen. Das gleiche Gesetz gilt auch für elektrische Schwingungen. Das Verkürzen einer Feder in der Absicht, ihr eine größere Steife zu verleihen, entspricht einer Verringerung der Kapazität des Kondensators, das Verringern der Masse einer Herabsetzung der Induktivität eines Kreises, so daß ein vorgegebener Strom eine geringere magnetische Energie hervorruft. Man müßte einen Kondensator mit einem Viertel der Kapazität oder eine viermal so kleine Induktivität verwenden, wenn man die Frequenz verdoppeln wollte. Wir könnten aber ebensogut sowohl die Kapazität als auch die Induktivität halbieren, da sich so der gleiche Faktor ein Viertel ergibt.

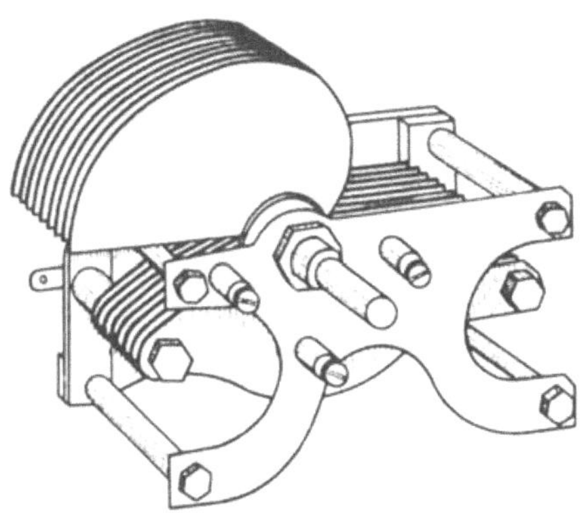

Abb. 129. Kondensator mit „quadratischem Kapazitätsgesetz" zum Abstimmen von Rundfunkempfängern.

Dieses Gesetz wird sehr gut durch eine spezielle Kondensatortype verdeutlicht, die für die Abstimmung in Radioapparaten Verwendung findet (Abb. 129). Das Abstimmen geschieht durch Eindrehen eines Satzes von Platten zwischen die eines gegenüberliegenden zweiten Satzes, dessen Platten einen Luftkondensator bilden. Wären die Platten halbkreisförmig, so würde die Kapazität des Kondensators dem Winkel, um den die beweglichen Platten gedreht wurden, proportional sein. Dadurch, daß man der Randkurve der Platten die bekannte, auf dem Bild gezeigte Nierenform gibt, erreicht man, daß die Kapazität wie das Quadrat des Drehwinkels ansteigt. Die Periode der Schwingungen wird dann der Drehung des Abstimmknopfes proportional und die Skaleneinteilung für die verschiedenen „Wellenlängen" gleichmäßig.

Die Einheit zur Messung von Kapazitäten heißt „Mikrofarad". Ein Kondensator mit einer Kapazität von einem Mikrofarad ist schon ein umfangreicher Gegenstand. Die bei der Ausführung elektrostatischer Versuche verwendeten Kondensatoren bestehen in der Regel aus zwei Platten, die durch einen Luftspalt oder eine Platte eines Dielektrikums, wie z. B. Glas, getrennt sind. Als Zahlenbeispiel sei angeführt, daß zwei Platten mit einer Fläche von je einem Quadratdezimeter in einem Abstand von einem Zentimeter einen Luftkondensator mit einer Kapazität von etwa neun Millionsteln eines Mikrofarad bilden. Die Erdkugel beispielsweise, wenn man sie als riesigen Kondensator auffassen wollte, dem man eine Ladung erteilen kann[27], besäße eine Kapazität von nur 700 Mikrofarad. Baut man hingegen Kondensatoren aus zahlreichen dünnen Metallblättern, zwischen die Blätter aus paraffiniertem Papier gelegt werden, so nimmt die Kapazität so ungeheuer zu, daß sie die Größenordnung eines Mikrofarads erreicht. Ein Kondensator dieser Form mit einer Kapazität gleich der der Erdkugel würde in einem Handkoffer Platz finden.

Induktivitäten werden in „Henry" gemessen. Ein Dutzend Drahtwindungen von etwa dreißig Zentimetern Radius ergibt eine Induktivität von einem zehntausendstel Henry. Durch Aufwickeln einer großen Anzahl von Drahtwindungen auf einen Eisenkern erhält man Induktivitäten von der Größenordnung eines Henry.

Ein Schwingungskreis mit einer Kapazität von einem Mikrofarad und einer Induktivität von einem Henry hat eine Frequenz von 159 Schwingungen pro Sekunde. Durch Anwendung der oben auseinandergesetzten Regeln lassen sich die Frequenzen für andere Werte der Kapazität und der Induktivität leicht berechnen[28]. So hat z. B. der Schwingungskreis des in Abb. 127 dargestellten singenden Lichtbogens eine Spule mit einer Induktivität von einem fünfzigstel Henry und

[27] In diesem Fall bildete die Erdkugel die eine „Platte" des Kondensators, das übrige Universum die andere Platte.

[28] Die Formel lautet: Frequenz $= 159/\sqrt{L.C.}$, wobei L in Henry und C in Mikrofarad gemessen wird.

eine veränderliche Kapazität mit einem Höchstwert von zehn Mikrofarad. Bei Verwendung der gesamten Kapazität besitzt der Ton eine Frequenz von 357 Schwingungen pro Sekunde. Der Schwingungskreis der Teslaspule hingegen hat eine Induktivität von etwa einem hunderttausendstel Henry und in den Leydener Flaschen eine Kapazität von ungefähr einem tausendstel Mikrofarad, so daß die Frequenz etwa anderthalb Millionen beträgt. Diese Zahlen geben uns einen Begriff von den Größen, mit denen wir es zu tun haben. Die bei Rundfunkübertragungen verwendeten Frequenzen liegen zwischen 200 000 und 1 000 000 oder, wie man gewöhnlich sagt, zwischen 200 und 1000 Kilohertz. Zur Abstimmung von Rundfunkempfängern genügen folglich schon ganz kleine Kapazitäten und Induktivitäten.

Nun wird auch der Unterschied zwischen den im IV. Kapitel beschriebenen Wechselströmen und den schwingenden Strömen klar, die wir jetzt betrachten. Lassen wir den Strom im Schwingkreis in der einen Richtung fließen, so bildet sich eine Potentialdifferenz aus, die ihn einen Augenblick später wieder zurücktreibt. Der Stromkreis selbst bewirkt, daß der Strom hin- und hereilt, und wir müssen ihm lediglich während jeder Periode einen kleinen Anstoß erteilen, um ihn in Gang zu halten. Die Frequenz wird durch den Stromkreis bestimmt. Dagegen treibt eine Wechselstromdynamo den Strom zuerst in der einen, dann in der anderen Richtung durch einen Stromkreis; die Frequenz wird also durch die Dynamomaschine und nicht durch den Stromkreis bestimmt. Man kann ebensowenig behaupten, daß der von einer Dynamo erzeugte Wechselstrom „Schwingungen ausführt“, wie man behaupten kann, daß der Expreßzug zwischen London und Edinburgh oder die Queen Mary zwischen Southampton und New York hin- und herschwingt. Man spricht mitunter in solchen Fällen von einem „Hin- und Herpendeln“, doch ist diese Ausdrucksweise ungenau. Führte der Expreßzug wirklich Schwingungen aus und ließe man ihn seine Bewegung in London beginnen, so würde er vom Prellbock in Edinburgh so heftig zurückprallen, daß er nahezu wieder den ganzen Weg nach London zurücklegen würde.

6. Durch Röhren aufrecht erhaltene Schwingungen.

Die Glühkathodenröhre wurde im II. Kapitel beschrieben. Wir haben gesehen, daß sie wie ein Hahn oder ein Schleusentor wirkt, durch das ein starker, zwischen Heizfaden und Anode fließender Strom von einem schwachen Strom gesteuert werden kann, der das Potential des Gitters ändert. Die

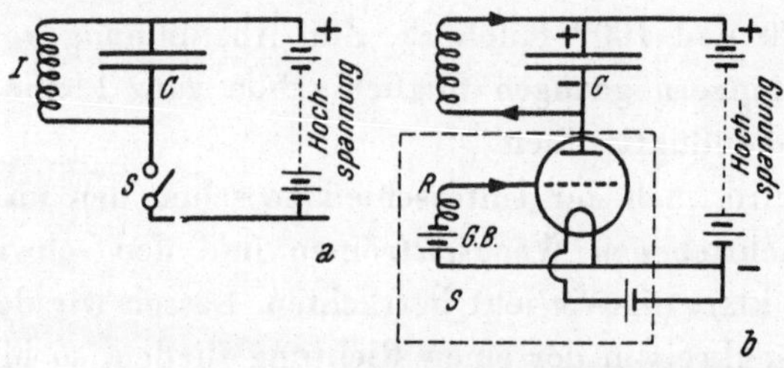

Abb. 130. Aufrechterhaltung von Schwingungen durch eine Röhre.

Röhre reagiert äußerst schnell und stellt daher ein ideales Hilfsmittel zur Aufrechterhaltung von hochfrequenten Schwingungen dar. Ihre Wirkungsweise zeigt Abb. 130.

Nehmen wir zuerst an, wir hätten eine einfache Schaltung wie die in Abb. 130 a dargestellte. Die Induktivität I und die Kapazität C bilden einen Schwingungskreis. Eine Hochspannungsbatterie B kann durch einen Schalter S mit der unteren Platte des Kondensators verbunden werden, der sie ein negatives Potential erteilt. Schließen wir für einen Augenblick den Schalter, so wird C geladen, entlädt sich darauf über die Induktivität, lädt sich im entgegengesetzten Sinn neuerlich auf und entlädt sich wieder; wir haben es also mit einem Schwingungsvorgang zu tun. Werden die Schwingungen sich selbst überlassen, so klingen sie allmählich ab. Nun wollen wir jedoch annehmen, daß der Schalter jedesmal, wenn die untere Platte von C ihr größtes negatives Potential erreicht,

Tafel 32

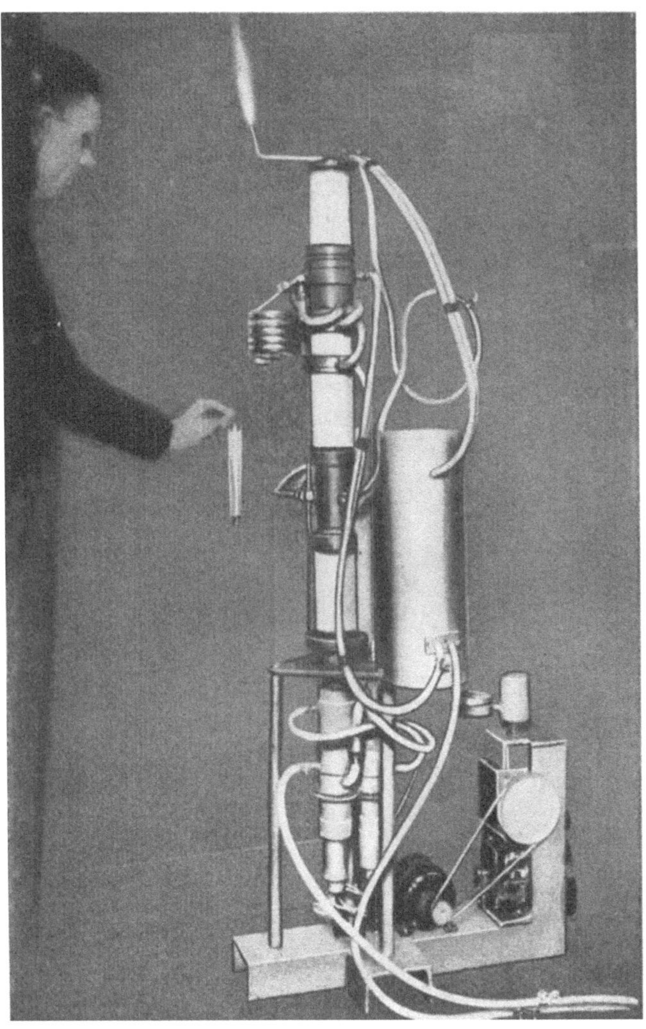

Abb. 131. Große Senderöhre zur Aufrechterhaltung von Schwingungen sehr hoher Frequenz (30 Millionen). Induktionsströme bringen nur die obere Hälfte des Fadens der in die Nähe des Schwingungskreises gehaltenen Lampe zum Leuchten. (Metropolitan-Vickers.)

Abb. 134. Eine kleine und eine große Röhre. Die kleine Röhre ist eine Type, die in Rundfunkempfängern Verwendung findet, die große ist eine Rundfunk-Senderöhre und dient zur Aufrechterhaltung der Schwingungen eines Kreises, der eine Leistung von 500 Kilowatt ausstrahlt. Eine Batterie von Pumpen unterhalb der Röhre dient zur Erhaltung des Vakuums. (Metropolitan-Vickers.)

für einen Augenblick geschlossen wird. Dann wird die Batterie sie noch etwas stärker negativ aufladen und auf diese Weise die Schwingungen auf ihrer vollen Amplitude erhalten. Es ist wie bei einer Schaukel, der man jedesmal beim Erreichen des höchsten Punktes einen leichten Stoß versetzt, so daß sie sich noch etwas höher bis zu einem vorherbestimmten Punkt erhebt und folglich mit einer bestimmten Amplitude fortschwingt.

Wenn diese Anordnung den Hochfrequenzschwingungen angepaßt werden soll, muß der Schalter S sich rasch öffnen und schließen und durch die Schwingungen selbst betätigt werden, so daß die Impulse im richtigen Augenblick wirken. Eben das wird von der Röhre bewerkstelligt (Abb. 130 b). Das Gitter ist mit einer Spule verbunden, die in der Nähe der Spule des Schwingungskreises aufgestellt ist, so daß die magnetischen Kraftlinien der einen Spule die andere durchsetzen. Man sagt dann, die Spulen seien „induktiv gekoppelt". Was geschieht nun, wenn der schwingende Strom die obere Platte des Kondensators positiv und die untere negativ geladen hat und im Begriffe ist, anzuhalten und seine Richtung umzukehren? Da mit dem Abnehmen des Stromes in der Spule I auch das magnetische Feld hinschwindet, wird in der Spule R eine E. M. K. induziert; sie hat eine solche Richtung, daß der von ihr erzeugte Strom das Feld zu erhalten sucht. Sind die Spulen so wie auf dem Bild angeordnet, so wird diese induzierte E. M. K., wie der Leser beim Verfolgen der Pfeile erkennt, dem Gitter ein positives Potential erteilen. Dadurch werden die Elektronen bewogen, den Heizfaden zu verlassen; die meisten entkommen durch das Gitter und ermöglichen so der Batterie, eine zusätzliche negative Ladung an die Anode der Röhre zu transportieren und den Kondensator noch etwas mehr aufzuladen. In Abb. 130 b wurde jener Teil der Schaltung, der dem Schalter der Abb. 130 a entspricht, durch eine gestrichelte Linie abgegrenzt. Damit wird auch im Bilde deutlich, daß die Wirkungsweise der Röhre der des Schalters gleichkommt. Die Röhre erteilt der Kondensatorladung bei jeder Schwingung eine zusätzliche Verstärkung und hält auf diese Weise die Schwingungen in Gang.

Die mit GB bezeichnete Batterie erteilt dem Gitter eine negative „Vorspannung". Während des größeren Teiles einer jeden Periode besitzt es ein so hohes negatives Potential, daß die Elektronen in wirksamer Weise zurückgehalten werden. Das Gitter läßt die Elektronen nur dann passieren, wenn die induzierte positive E. M. K. das negative, von der Vorspannung herrührende Potential der Größe nach überschreitet. Das geschieht gerade dann, wenn der schwingende Strom in I seine Richtung umkehrt und C geladen ist, also im richtigen Augenblick, daß der zusätzliche Antrieb am Ende der Schwingung erteilt werden kann. Der Leser kennt vermutlich die kleine Gittervorspannungsbatterie, die bei Radioapparaten diesen Zweck erfüllt.

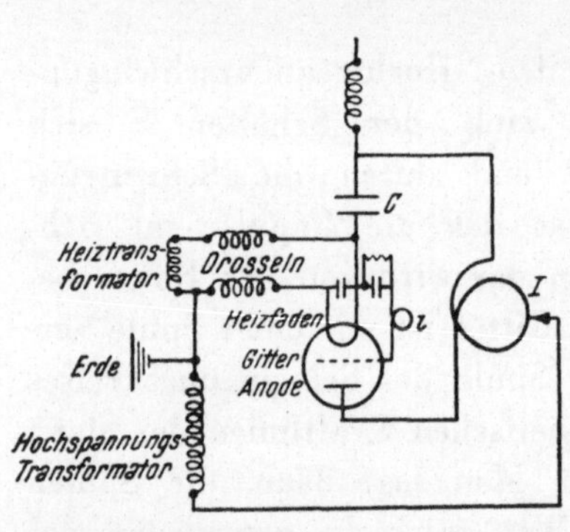

Abb. 132. Schaltung der in Abb. 131 (Tafel 32) gezeigten Anordnung. (Metropolitan-Vickers.)

Abb. 131 (Tafel 32) zeigt eine große Röhre mit Schwingkreis, die von der Firma Metropolitan-Vickers freundlicherweise zur Verfügung gestellt wurde. Diese Anordnung erfordert zu ihrem Betrieb ungefähr dreißig Pferdekräfte.

Abb. 132 gibt das Schaltbild wieder. Es unterscheidet sich etwas von dem vorhin betrachteten, besitzt aber immer noch genügend Ähnlichkeit, daß man an ihr die Wirkungsweise erklären kann. Die Induktivität des Schwingkreises rührt von einer einzigen Windung I aus dickem Draht her, die auf der rechten Seite zu sehen ist. Der Kondensator C besteht aus Platten, die am oberen Ende der hohen zylindrischen Kammer untergebracht sind. Heizfaden, Gitter und Anode befinden sich im unteren Teil derselben Kammer, die Anode zu unterst. Der Heizstrom wird durch einen Transformator geliefert, von dem die hochfrequenten Ströme durch Drosselspulen ferngehalten werden. Eine kleine Spule i, die mit der Spule des Schwingkreises induktiv gekoppelt ist, ist an das Gitter angeschlossen; sie verändert sein Potential und erhält die Schwingungen aufrecht, so wie dies bereits erläutert wurde. Statt für die Anode eine Hochspannungsbatterie zu verwenden, die bei einer Spannung von 7000 Volt 30 Kilowatt zu liefern hätte und folglich riesenhafte Ausmaße annehmen müßte, verwendet man einen vom Wechselstromnetz gespeisten Hochspannungstransformator. Das bedeutet, daß die Schwingungen nur während jenes Teiles einer Wechselstromperiode aufrecht erhalten werden, bei dem die Anode vom Transformator positives Potential erhält. Der Kreis führt jedoch während dieser Zeit viele hunderttausende Schwingungen aus, und die Röhre funktioniert richtig, wenn auch nicht mit voller Leistung. Die Frequenz beträgt ungefähr dreißig Millionen.

Der untere Teil der Vorrichtung besteht aus einer Reihe von Pumpen zum Entfernen der Luft aus der Röhre und der Kondensatorkammer. Kleine Röhren, wie sie zum Rundfunkempfang verwendet werden, schmilzt man nach dem Auspumpen ein für allemal zu. In dieser großen Röhre dagegen wird eine so hohe Leistung entwickelt, daß man sich nicht auf die Haltbarkeit des Vakuums verlassen kann; es müssen daher alle im Inneren freiwerdenden Gase fortlaufend abgepumpt werden. Der rechts sichtbare Motor dient zum Antrieb einer Ölpumpe, deren Wirkung noch durch zwei mit Öldampf betriebene „Molekularluftpumpen" unterstützt wird; ihre Beschreibung würde uns hier zu lange aufhalten. Der Kondensator muß im Inneren des evakuierten Gefäßes untergebracht werden, da wegen der hohen Spannung eine Entladung zwischen seinen Platten stattfinden würde, wenn er sich an der Luft befände. Der Rumpf des zylindrischen Gefäßes ist aus Porzellanzylindern aufgebaut, die mit Metallzylindern abwechseln. Die einen liegen an den Stellen, an denen Isolierung erforderlich ist, die anderen stellen die Verbindung zur Anode, zum Gitter, zum Heizfaden und zur oberen Kondensatorplatte her (in der Reihenfolge vom unteren Ende aufwärts). Die Gummischläuche, die man auf dem Bild sieht, führen Wasser, das zur Kühlung der einzelnen Teile der Röhre dient.

Die obere Kondensatorplatte, die sich gleich am oberen Ende der Apparatur befindet, erreicht ein so hohes Potential, daß eine Entladung in die Luft erfolgt, wenn man sie mit einer leitenden Spitze versieht. Dies geschieht in jeder Periode einmal, also dreißig millionenmal in einer Sekunde, und ist eine recht merkwürdige Erscheinung: eine große Stichflamme, ähnlich der eines großen Bunsenbrenners, geht von der Spitze aus. Elektronen eilen aus der Spitze in die umgebende Luft und wieder zurück. Wird die Hochspannung von einem Transformator geliefert, so läßt die Flamme ein lautes Summen ertönen, das der Frequenz des Netzwechselstromes entspricht; wird dagegen die Anode der Röhre auf konstantem hohem Potential gehalten, so ist die Flamme stumm. Wenn man mittels eines Mikrophons das Plattenpotential ähnlich variiert, wie es bei Rundfunksendern üblich ist (s. unten), kann man die Flamme auch zur Wiedergabe von Sprache und Musik veranlassen, da die Stärke der Entladung und das Ausmaß der Erwärmung der umgebenden Luft mit dem Mikrophonstrom zu- und abnimmt.

Auf der linken Seite der Röhre hält ein Mann das eine Ende einer Soffittenlampe, wie man sie zum Beleuchten von Schaufenstern usw. verwendet. Auf dem Bild kann man gerade noch seine Hand und den Ärmel wahrnehmen. Die schwingenden Ströme induzieren in dem von seiner Hand und dem Faden der Lampe gebildeten Stromkreis Ströme, die genügend stark sind, um die Lampe zum Leuchten zu bringen. Natürlich ist der Strom an jenem Ende am stärksten, an dem der Mann die Lampe hält, und sinkt gegen das andere Ende allmählich auf Null. Die Lampe stellt also für den Strom sozusagen eine Sackgasse dar, wie man aus der gegen das untere Ende des Fadens abnehmenden Leuchtkraft erkennt. Dieser Versuch zeigt in schlagender Weise die sonderbaren Wirkungen hochfrequenter Ströme. In einem Drahtstück, dessen Länge etwa zwanzig Zentimeter beträgt, bemerken wir an dem einen Ende einen kräftigen Strom, am anderen Ende überhaupt nichts.

7. Resonanz.

Die von einem schwingenden Strom herrührenden magnetischen Felder induzieren in benachbarten Leitern Ströme. Ist der Leiter so beschaffen, daß auch in ihm schwingende Ströme entstehen können, und stimmen wir ihn so ab, daß

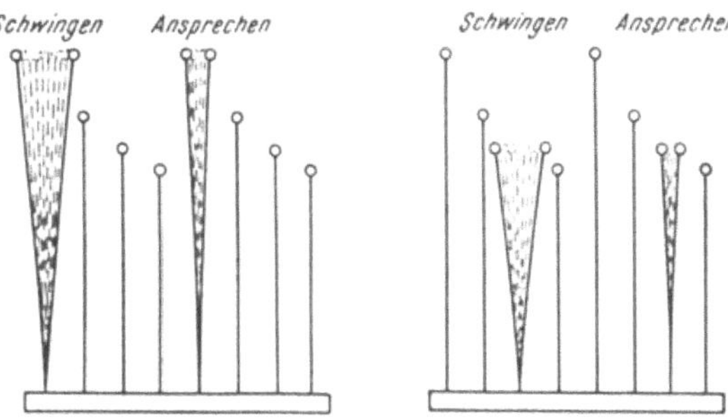

Abb. 133. Beispiel für die Erscheinung der Resonanz. Wird einer der Stäbe in Schwingung versetzt, so spricht der zweite Stab gleicher Länge an.

die ihm zukommende natürliche Frequenz der des ersten Kreises annähernd gleich ist, so wird die Wirkung durch die Erscheinung der „Resonanz" wesentlich verstärkt.

Ein einfaches Modell zur Erläuterung der Resonanz zeigt Abb. 133. Es besteht aus einer Anzahl federnder Metallstäbe aus gleichem Material, die in Metallknöpfen gleicher Masse endigen und sämtlich auf derselben Grundplatte befestigt sind. Die Stäbe sind der Größe nach abgestuft; von jeder Größe ist ein Paar vorhanden. Die langen Stäbe schwingen langsam, die kurzen hingegen schnell. Biegen wir einen der

Stäbe zur Seite und lassen ihn dann los, so beginnt er zu schwingen, und wir stellen fest, daß sein Zwillingsbruder die schwingende Bewegung in kräftiger Form übernimmt, während alle anderen Stäbe nahezu völlig in Ruhe bleiben. Welchen der Stäbe wir auch immer in Schwingung versetzen, wir finden stets, daß der zweite Stab der gleichen Länge ebenfalls Schwingungen ausführt. Der schwingende Stab erschüttert die Grundplatte leicht und erteilt so den Enden der anderen Stäbe Impulse. Diese Impulse können die übrigen Stäbe im allgemeinen nicht zu nennenswerten Schwingungen anregen; nur für den zweiten Stab gleicher Länge ist die zeitliche Folge der Impulse gerade die richtige. Hat ihn der erste Impuls in einer bestimmten Richtung angestoßen, so kommt der nächste gerade, wenn der Stab eine Schwingung ausgeführt hat und zur Aufnahme des nächsten Impulses in derselben Richtung bereit ist; seine Amplitude wächst daher.

Man kann die Erscheinung der Resonanz sehr gut mit einem Klavier verdeutlichen. Wir öffnen den Deckel, drücken das Pedal nieder, so daß die Saiten frei schwingen können, und singen in der Nähe der Saiten einen Vokal. Wenn die Stimme verstummt, wird das Klavier nicht nur denselben Ton wiedergeben, sondern auch näherungsweise denselben Vokal, so daß sich bei dieser Gelegenheit wieder zeigt, daß die Vokale durch bestimmte Töne charakterisiert sind, wie wir im vorigen Kapitel gesehen haben. Die Saiten, die mit derselben Frequenz wie die im Klang der Stimme enthaltenen Töne schwingen, geraten in Bewegung und setzen beim Aufhören der Stimme den Klang fort.

Die von der großen Röhre erzeugten, oben beschriebenen Schwingungen lassen sich sehr gut zum Nachweis der Resonanz verwenden. Man bildet aus einem veränderlichen Plattenkondensator und ein paar Drahtwindungen einen Schwingungskreis und nimmt auch noch eine Lampe in den Kreis auf. Befindet sich der Kreis in der Nähe der Röhre und stimmt man ihn durch Verändern der Kondensatorkapazität auf die Frequenz der Röhre ab, so leuchtet die Lampe auf.

Bei einem starken Hochfrequenz-Oszillator muß man sehr sorgfältig darauf achten, daß sich keine elektrischen Leiter in der Nähe befinden, die auf die Schwingungen allzu stark ansprechen könnten. Ein Stück einer Leitung oder ein Wasser- oder Gasrohr von entsprechenden Dimensionen kann so heiß werden, daß es einen Brand verursacht.

Dieses heftige Ansprechen eines Schwingungskreises auf die Schwingungen eines anderen Kreises, bei dem ein großer Teil der zur Aufrechterhaltung der Schwingungen des ersten Kreises verwendeten Energie vom zweiten Kreis aufgenommen wird, findet nur dann statt, wenn die Kreise nahe beisammen sind, d. h. wenn ihre Entfernung voneinander nicht bedeutend größer ist als die Abmessungen der Induktivitäten. Gleichwohl besteht es in schwächerer Form auch bei großen Entfernungen und bildet die Grundlage des „Rundfunks".

8. Der Rundfunk.

Wir können hier nicht genauer auf die Methoden der Rundfunktechnik eingehen; denn wollte man sich auf eine mit Schaltungsbeispielen versehene Beschreibung einlassen, so entstünde ein Bericht, mit dem man ein ganzes Buch füllen könnte. Der Leser hingegen, der die in diesem Buch erläuterten Grundsätze erfaßt hat, wird finden, daß der Rundfunk sein Geheimnis verloren hat. Ein Buch über die Rundfunktechnik wird dann für ihn zu einer mitreißenden Schilderung genialer Kunstgriffe werden, die zur Überwindung technischer Schwierigkeiten erdacht wurden. Ich will mich hier damit begnügen, in beschreibender Form die Bindeglieder zu verfolgen, die zwischen der Aufnahme des Schalles durch das Mikrophon in einem Rundfunkstudio und der Wiedergabe desselben Schalles durch den Lautsprecher eines Empfängers bestehen.

Die Sendestation besitzt ein kräftiges schwingendes System, das mit der Antenne verbunden ist. Die Schwingungen werden von einer großen Röhre von der Art, wie sie in Abb. 134

(Tafel 33) zu sehen ist, erzeugt. Das schwingende System ist auf die Frequenz abgestimmt, die dieser Station zugewiesen wurde; man findet sie neben dem Namen des Senders in der Liste der Rundfunkprogramme, die unsere Tageszeitungen bringen. Wie schon oben erwähnt, werden die Frequenzen in „Kilohertz" angegeben, um große Zahlen zu vermeiden. Ein Kilohertz entspricht tausend Schwingungen pro Sekunde; beispielsweise bedeutet also die Angabe: „Droitwich National, 200 kHz", daß in der Antenne in Droitwich der Strom 200 000mal in der Sekunde auf- und niedereilt.

Es muß uns nun klar werden, wie die charakteristischen Frequenzen von Sprache und Musik in der Sendestation den Schwingungen aufgeprägt und wie sie vom Rundfunkempfänger wiedergegeben werden. Das Mikrophon im Sendestudio verwandelt die von den Schallwellen herrührenden Druckschwankungen der Luft in Schwankungen des elektrischen Stromes. Diese werden durch eine Folge von Röhren verstärkt, indem sie in jeder Stufe dem Gitter der Röhre zugeführt werden; die kräftigeren Schwankungen des Anodenstromes läßt man dann auf das Gitter der nächsten Röhre einwirken. Sie bewirken schließlich eine Änderung des Anodenpotentials der großen Röhre, die die Schwingungen in der Antenne aufrecht erhält. Das Endergebnis ist, daß die Amplitude der Schwingungen (die vom Potential der Anode abhängt), im Rhythmus der vom Mikrophon aufgenommenen Luftdruckschwankungen auf- und niederschwankt. Man muß freilich bedenken, daß die Schwingungen der Senderöhre viel rascher vor sich gehen als die Schwankungen des Luftdrukkes, so daß der Schwingungkreis während einer Hin- und Herbewegung der Mikrophonmembran vielleicht tausend Schwingungen ausführt. Es ist, als wollten wir durch gellendes Pfeifen eine Nachricht übertragen — aber nicht, indem wir die Tonhöhe verändern (diese bleibt gleich), sondern indem wir durch stärkeres oder schwächeres Blasen die Intensität des Tones variieren. Dieselben Vorgänge, jedoch in umgekehrter Reihenfolge, spielen sich im Empfänger ab. Er nimmt die

Schwingungen wechselnder Amplitude auf, verwandelt die Schwankungen der Amplitude in Schwankungen des elektrischen Stromes und bewirkt schließlich mit Hilfe des Lautsprechers, daß die Stromschwankungen die Schallwellen wiedergeben.

Die Verfahren, die hier als Beispiele zur Erläuterung der drei Stufen des Empfanges von Rundfunksignalen gewählt wurden, sind bei modernen Radioapparaten durch weit wirksamere Varianten verdrängt worden. Sie sollen nur zur Erläuterung des Prinzips dienen. Erstens müssen die von der Sendestation ausgesandten hochfrequenten Schwingungen von denen anderer Frequenz getrennt und aufgenommen werden. Antenne und Erdleitung sind, wie in Abb. 135 zu sehen ist, an einen Kreis angeschlossen, dessen natürliche Frequenz durch den veränderlichen Kondensator eingestellt werden kann. Der Kreis wird durch Einstellen der Kondensatorkapazität auf die Frequenz der Sendestation abgestimmt; die in ihm induzierten schwingenden Ströme werden dann infolge der Resonanz bedeutend kräftiger. Diese Wirkung wird noch durch die Röhre erhöht. Der Kreis ist selbst imstande, andauernd Schwingungen auszuführen. Der in ihm schwingende Strom ändert das Potential des Gitters und bewirkt auf diese Weise bedeutend stärkere Änderungen des Anodenstromes der Röhre. Dieser verstärkte Strom, der durch die „Rückkopplungsspule“ R hindurchgeht, erhält die Schwingungen aufrecht, wenn die zwischen R und I bestehende Kopplung genügend „fest“ ist, d. h. wenn der in R fließende Strom in I eine genügend starke E. M. K. induziert. Die Kopplung kann durch Einstellen der gegenseitigen Lage der

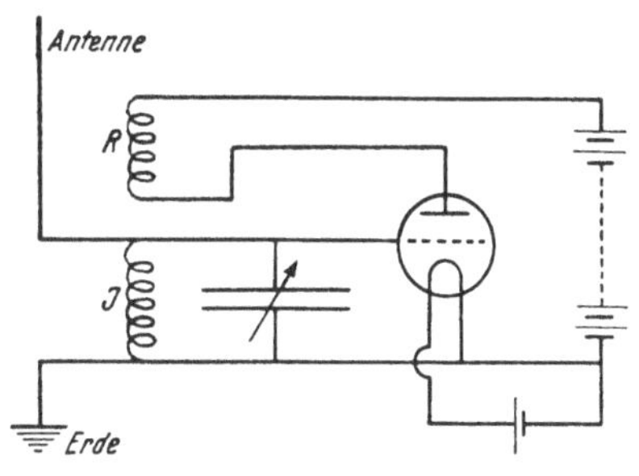

Abb. 135. Prinzip der Abstimmung einer Rundfunkschaltung auf die Schwingungen eines bestimmten Senders.

Spulen R und I oder durch andere Verfahren geändert werden. Ist sie zu fest, so unterhält der Apparat seine eigene Schwingung und erzeugt im Lautsprecher ein pfeifendes Geräusch. Wird nun die Kopplung so weit vermindert, daß die selbsterregten Schwingungen gerade aufhören, so wird der Empfänger gegen von außen kommende Schwingungen äußerst empfindlich. Anschaulich gesprochen: Jeder von der Antenne aufgenommene schwingende Strom wird in seinem Bestreben, einen großen Wert anzunehmen, durch die zwischen R und I bestehende Kopplung sehr nachdrücklich unterstützt. Die Gesamtwirkung des Einstellens der Kapazität und des Koppelns ist also die, daß im Empfänger starke schwingende Ströme erzeugt werden, deren Amplitude gemäß der wechselnden Stärke der vom Sender ausgesandten Schwingungen zu- und abnimmt.

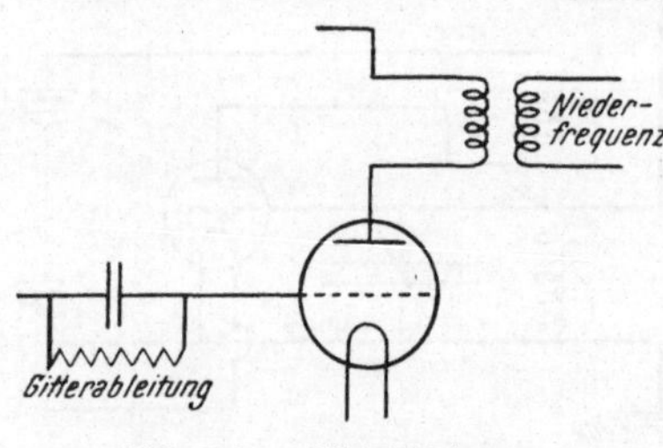

Abb. 136. Gleichrichtung.

Der nächste Schritt besteht darin, daß diese Schwankungen der Amplitude des oszillierenden Empfängerstromes durch „Gleichrichtung“ in Schwankungen der Stärke eines Stromes konstanter Richtung verwandelt werden. Eine Möglichkeit, dies durchzuführen, zeigt Abb. 136.

Das Gitter einer Röhre ist mit dem Empfangskreis durch einen Kondensator verbunden, der den schwingenden Strömen den Durchgang gestattet. Die Platten des Kondensators sind durch einen hohen Widerstand, die sogenannte „Gitterableitung“, miteinander verbunden. Sooft das Gitter durch die Schwingungen des Empfangskreises ein positives Potential erhält, zieht es Elektronen vom Heizfaden zu sich hin und nimmt auf diese Weise eine negative Ladung auf. Wäre keine Gitterableitung vorhanden, so würde diese negative Ladung zunehmen und schließlich jeden Strom durch die Röhre sperren, da das Gitter seine Elektronen im Inneren der Röhre nicht loswerden und sich nicht über den Kondensator entladen kann. Die Gitterableitung hingegen ermöglicht der Ladung ein langsames Abfließen. Das Ergebnis dieser Anordnung ist daher das folgende: Wenn die Schwingungen kräftig sind, zieht das Gitter viele Elektronen an und nimmt eine hohe negative Ladung an; sind sie schwach, so ist die Ladung des Gitters klein. Vielleicht ist der folgende Vergleich nützlich. Angenommen, wir pumpen einen Reifen auf, der ein Loch hat. Dieses Loch stellt die Gitterableitung dar. Wir pumpen stets mit derselben Geschwindigkeit, nehmen jedoch den Hub manchmal groß (kräftige Schwingungen), manchmal klein (schwache Schwingungen). Im ersten Fall wird der Reifen prall aufgebläht, im zweiten wird er weich sein. Nun hängt der im Durchschnitt durch die Röhre hindurchgehende Strom von dem durchschnittlichen Potential des Gitters ab, und zwar ist er um so schwächer, je stärker negativ geladen das Gitter ist. Wir haben daher die Schwankungen der Schwingungsamplitude in Schwankungen des durch die Röhre fließenden Stromes verwandelt. Es gibt auch andere Möglichkeiten, dasselbe Ziel zu erreichen, wie etwa die Ausnützung einer weiteren Eigenschaft der Röhre, der sogenannten „Krümmung der Kennlinie"; jedenfalls mag das oben Gesagte als Beispiel dafür dienen, wie die gewünschte Wirkung erreicht werden kann. Das Wesentliche ist, daß der Sender die Schwankungen des Mikrophonstromes in Schwankungen der Amplitude hochfrequenter Schwingungen verwandelt und daß diese vom Empfänger aufgenommen und wieder in Stromschwankungen zurückverwandelt werden. Das Endergebnis ist genau dasselbe, wie wenn das Sendermikrophon mit dem Lautsprecher durch ein Fernsprechkabel verbunden wäre.

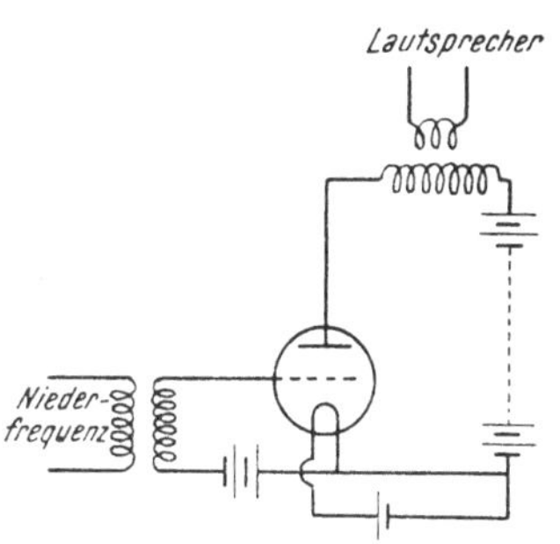

Abb. 137. Niederfrequenzverstärkung.

Im letzten Stadium des Empfanges werden die Stromschwankungen durch eine „Endröhre“ (Abb. 137) verstärkt und dann zum Betrieb des Lautsprechers verwendet, der somit den vom Mikrophon im Senderstudio aufgenommenen Schall wiedergibt.

Von den hier beschriebenen einfachen Anordnungen führt ein weiter Weg zu den verwickelten Schaltungen eines modernen Rundfunkempfängers, wie man sie in den technischen Zeitschriften sehen kann. Der Rundfunk hängt von der stetig verbesserten Anwendung dieser Hilfsmittel ab: der Aufrechterhaltung von Schwingungen durch Senderöhren, der Resonanz abgestimmter Kreise und der Verstärkung hoch- und niederfrequenter Ströme durch Verstärkerröhren. All das beruht auf dem wunderbar anpassungsfähigen Prinzip der Steuerung des elektrischen Stromes durch eine Elektronenröhre.

9. Wellen.

Ein Rundfunksender sendet in einer gewissen Form Energie aus. Er benötigt Leistung zu seinem Betrieb. Ein Teil dieser Leistung wird für die Erwärmung der Stromkreise verbraucht, der Rest, der auf andere Art nicht erfaßt werden kann, wird, wie man sagt, vom Sender „ausgestrahlt“. Ein sehr kleiner Bruchteil dieser Energie erscheint im Empfänger wieder. Bei dem am Ende des Abschnittes 7 geschilderten Versuch z. B. nimmt der die Lampe enthaltende Stromkreis offensichtlich einen großen Energiebetrag auf, der auf irgend einem Weg von der Röhre zu ihm gelangt ist. Es leuchtet ein, daß wir die gesamte Energie zurückgewinnen könnten, wenn wir ein wirksames Mittel besäßen, sie einzufangen.

Nun wandert die Energie nicht augenblicklich von einem Ort zum anderen. Obwohl die Strahlung sich sehr schnell ausbreitet, besitzt sie doch eine bestimmte Geschwindigkeit. So ist es z. B. möglich, ein Signal von einem Sender ausgehen zu lassen und dasselbe Signal in einer in der Nähe gelegenen Empfangsstation aufzunehmen, nachdem es einmal um die

Erde gelaufen ist; es benötigt für diese Reise ungefähr ein Siebentel einer Sekunde. Die Strahlung pflanzt sich mit der Geschwindigkeit des Lichtes fort, und in der Tat ist sie dem Licht wesensgleich. Umgekehrt können wir sagen, daß Atome, die Licht aussenden, wie zum Beispiel die Atome eines leuchtenden Gases, winzige Rundfunkstationen darstellen, die auf ihrer eigenen Wellenlänge, d. h. mit außerordentlich hoher Frequenz senden. Die Netzhaut des Auges ist mit kleinen Empfangsapparaten bedeckt, die die Signale in elektrische Ströme verwandeln und diese über die Nerven dem Gehirn zuführen.

Bewegen wir einen Gegenstand auf der ruhigen Oberfläche eines Teiches mit einer bestimmten Frequenz auf und nieder, so breitet sich ein feines Wellengekräusel aus. Ein Kork, der in einiger Entfernung auf der Wasseroberfläche schwimmt, beginnt nach einer gewissen Zeit, die durch die Ausbreitungsgeschwindigkeit der Wellen bestimmt ist, mit gleicher Frequenz auf- und niederzuschwingen wie die Ursache der Störung. Genau dieselben Verhältnisse finden wir im Fall der elektrischen Form strahlender Energie wieder. Die Sendestation läßt in ihrer Antenne Ströme auf- und niederschwingen und bewirkt dadurch die Ausbreitung einer Energieform, die in einem entfernten Leiter Ströme auf- und abtanzen läßt. Dabei verstreicht bis zum Eintritt dieser Wirkung eine gewisse Zeit, woraus hervorgeht, daß die Ausbreitung mit einer bestimmten Geschwindigkeit erfolgt. Wir können nicht verfolgen, was zwischen den beiden Orten vorgeht. Es gibt keine Möglichkeit, die Energie auf ihrem Wege zu „sehen“, da sie nur dann in Erscheinung tritt, wenn sie von einem Empfänger aufgenommen wird; doch gleicht ihr Verhalten dem einer Wellenbewegung so sehr, daß wir sagen, die Sendestation strahle elektromagnetische Wellen aus.

Die Wellen breiten sich mit einer Geschwindigkeit von 3×10^{10} Zentimetern oder 300 Millionen Metern pro Sekunde aus. Beträgt die Frequenz des Senders eine Million Schwingungen pro Sekunde, so muß jede Welle 300 Meter lang sein, denn es gibt eine Million Wellen auf einer Strecke von 300 Millionen Metern. Dies ist die Bedeutung des Begriffes „Wellenlänge"; er bietet eine zweite Möglichkeit zur Beschreibung der von dem Sender ausgehenden Strahlung. Einem Verzeichnis der Sendestationen entnehmen wir z. B. die Angaben:

North (449,1 Meter: 668 kHz),
Droitwich National (1500 Meter: 200 kHz),
Regional (342,1 Meter: 887 kHz) usw.

Multiplizieren wir die Anzahl der Kilohertz mit 1000 und dann nochmals mit der Wellenlänge, so beträgt das Ergebnis in jedem Falle 300 Millionen Meter — die von den Wellen in einer Sekunde zurückgelegte Entfernung.

Abb. 138 wird vielleicht zum Verständnis der Natur dieser elektromagnetischen Wellen beitragen. Nehmen wir an, wir hätten eine Kette, deren Glieder abwechselnd aus Kupfer und aus Eisen bestehen, und wir setzten in dem ersten kupfernen Ring schwingende Ströme in Gang, so magnetisieren diese Ströme den ersten Eisenring zuerst in der einen, dann in der anderen Richtung. Die schwankende Magnetisierung des Eisenringes ruft im zweiten Kupferring schwingende Ströme hervor, die ihrerseits den nächsten Eisenring magnetisieren usw. Ein Signal, das aus einer Folge von Stromumkehrungen im ersten Ring besteht, wird die Kette entlanglaufen. Es verhält sich genau so wie Wellen, die über ein gespanntes Seil laufen, dessen Ende hin- und herbewegt wird. Nun wollen wir versuchen, uns denselben Vorgang auszumalen, wenn die Kupfer- und Eisenringe nicht vorhanden sind. Es ist leicht, ohne die Eisenringe auszukommen, da sie lediglich den Zweck

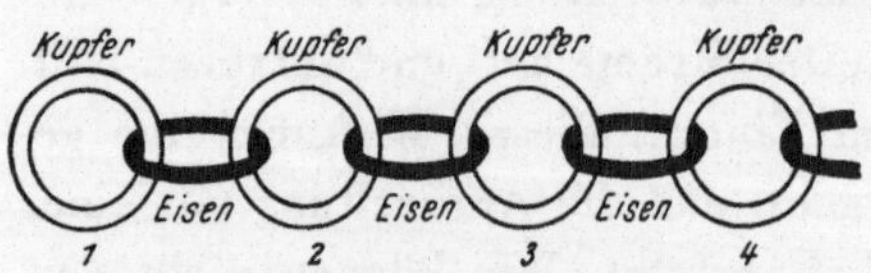

Abb. 138. Zur Erläuterung der Natur elektromagnetischer Wellen.

haben, die magnetischen Wirkungen zu verstärken. Ein Kupferkreis wird im nächsten auch dann noch einen Strom induzieren, wenn das Eisen nicht da ist. Schwieriger ist es, die Kupferringe aus unserem Bild wegzudenken, und ich will nur andeuten, was dann geschieht. Wir haben gesehen, daß ein hochfrequenter Strom ungehindert durch einen Kondensator hindurchgeht, obwohl keine Elektronen von der einen Platte des Kondensators zur anderen übergehen. Tatsächlich spielt sich folgender Vorgang ab: Die elektrostatischen Kraftlinien im Kondensator verlaufen zuerst in der einen Richtung, verschwinden dann, verlaufen entgegengesetzt, verschwinden wieder usf. Der Wechselstrom in dem zu den Kondensatorplatten führenden Draht wird zu einem elektrischen Wechselfeld zwischen den Platten. Maxwell erkannte, daß ein solches wechselndes elektrisches Feld einem Wechselstrom gleichwertig ist und dieselbe magnetische Wirkung ausübt wie ein Strom. Daher kann man in Abb. 138 auch die Kupferringe weglassen; die Ströme, die wir als in ihnen fließend angenommen hatten, werden dann zu elektrischen Wechselfeldern. Bei einer Wellenbewegung offenbart sich die Energie wie bei einem schwingenden System in zwei Formen. Bei einer Schallwelle z. B. kann sie in der verdichteten Luft aufgespeichert sein oder als kinetische Energie der bewegten Luft in Erscheinung treten. Im vorliegenden Fall ist die Energie entweder elektrostatisch oder magnetisch. Die elektrischen Wechselfelder erzeugen Magnetfelder, die wechselnden Magnetfelder erzeugen ihrerseits elektrische Felder, und die Störung breitet sich als Welle aus.

Maxwell berechnete die Geschwindigkeit, mit der sich eine solche Störung im leeren Raum ausbreitet. Er zeigte, daß diese Geschwindigkeit die gleiche ist wie die des Lichtes. Radiowellen, Wärmestrahlung, Licht, Röntgenstrahlen sowie die Gammastrahlen radioaktiver Substanzen sind allesamt Formen elektromagnetischer Strahlung, die sich nur in ihrer

Frequenz voneinander unterscheiden; sie ist für die Radiowellen am kleinsten, für die Gammastrahlen am größten.

Durch die drahtlose Telegraphie und den Rundfunk werden von den Sendestationen Wellen ausgesandt und überall auf der ganzen Welt, gleichsam einem riesigen Flüstergewölbe, empfangen. Wir haben gesehen, wie man für diesen Zweck Röhren verwendet, doch selbst mit diesen wunderbar empfindlichen Geräten zur Aufnahme schwacher Signale würde ein Rundfunk nicht möglich sein, wenn uns nicht zwei Tatsachen zu Hilfe kämen.

Zunächst herrscht in dem Flüstergewölbe eine außerordentliche Stille. Wäre es bereits erfüllt von elektrischen Erschütterungen natürlicher Herkunft, so würden diese die Rundfunksignale verschlingen und eine Erhöhung der Empfindlichkeit unserer Empfangsapparate wäre zwecklos. Unser Ohr könnte die Signale vom allgemeinen Hintergrund von Geräuschen nicht trennen. Nun lassen wir aber die Radiowellen sozusagen bei ruhiger See vom Stapel. Die einzigen Winde, die die Meeresoberfläche kräuseln, rühren von Gewittern her. Ihre Wirkung ist örtlich so eng begrenzt, daß wir nur schwache Störgeräusche wahrnehmen, wenn sie sich nicht in unmittelbarer Nähe befinden.

Zweitens besitzt das Flüstergewölbe eine Decke, die es ermöglicht, Wellen von einer Seite der Erde zur anderen zu senden. Wäre sie nicht vorhanden, so würde ein Empfang der Wellen eines Senders nur in dessen Umgebung möglich sein, da entfernte Sender durch die dazwischentretende Erde abgeschirmt würden, deren Krümmung die Wellen nicht folgen könnten. Nun befindet sich aber in einer Höhe von hundertfünfzig Kilometern über dem Erdboden ein Gebiet ionisierter Luft, welches als Heaviside-Schicht bezeichnet wird; sie reflektiert die Radiowellen ebenso wie eine polierte Metalloberfläche das Licht. Durch diese Schicht werden die Wellen nach unten abgelenkt und wandern um die Krümmung der Erde herum, indem sie sich über ihre ganze Oberfläche ausbreiten.

Schlußwort.

Der Rundfunk ist eine der jüngsten Errungenschaften auf dem Gebiet der angewandten Elektrizität. Wenn wir versuchen, die neue Macht, die sich der Mensch durch die Beherrschung der Elektrizität erworben hat, in ihrer ganzen Tragweite zu erfassen, so können wir sie die Macht der Übertragung nennen, die Macht, an einem fernen Ort eine Wirkung auszuüben. Das Netzwerk von Energieleitungen, das sich über das Land breitet, ist das äußere Zeichen dafür, daß alle an einem gemeinsamen Energievorrat teilhaben können. Diese Energie kann in einer Entfernung von Hunderten von Kilometern durch die Verbrennung von Kohle oder durch die Kraft fallenden Wassers erzeugt und von dort übertragen werden. Telegraph und Kabel ermöglichen es uns, Nachrichten fast augenblicklich in jeden Teil der Welt gelangen zu lassen. Schließlich hat die Möglichkeit, den Strom in noch empfindlicherer Weise durch eine Röhre zu steuern, ein neues Zeitalter eröffnet, das auf unser gesamtes Leben einen weitgehenden Einfluß ausübt. Nicht nur wesenlose Nachrichten werden vermittelt; es teilt sich auch die Persönlichkeit des Sprechers den Hörern im ganzen Land mit. Staatsmänner, geistige Führer, berühmte Vertreter der Kunst, die in der Vergangenheit für die Mehrzahl der Menschen nur Namen bedeuteten, haben heute, da jeder sie hören kann, viel individuellere Gestalt angenommen. In allernächster Zukunft werden die Hörer wahrscheinlich bereits in der Lage sein, sie gleichzeitig zu sehen; denn das allgemeine Fernsehen steht unmittelbar bevor.

In allen diesen Fällen ist die Elektrizität das verbindende Glied zwischen zwei Orten. Die ungeheuren Möglichkeiten, die dieser neue Faktor unserem Leben eröffnet, sollten allgemein gewürdigt werden; ich habe dieses Buch in der Hoffnung geschrieben, daß es meinen Lesern helfen möge, die Naturgesetze zu erfassen, deren beharrliche Erforschung zu einer so bemerkenswerten Entwicklung geführt hat.

Namen- und Sachverzeichnis.

S P R I N G E R - V E R L A G   I N   W I E N

Kurzgefaßtes Lehrbuch der Elektrotechnik. Von Prof. Dipl.-Ing. Dr. techn. **G. Oberdorfer,** Graz. Mit etwa 250 Textabbildungen. Etwa 400 Seiten. Lex.-8⁰.
Erscheint im Frühjahr 1951.

Lexikon der Elektrotechnik. Von Professor Dipl.-Ing. Dr. techn. **G. Oberdorfer,** Graz. Mit etwa 350 Textabbildungen. Etwa 500 Seiten.
Erscheint im März 1951.

Elektrische Maschinen. Eine Einführung in die Grundlagen. Von Prof. Dr.-Ing. **Th. Bödefeld,** München, und Dipl.-Ing. Prof. Dr. techn., Dr.-Ing., Dr. phil. **H. Sequenz,** Wien. Vierte Auflage mit Ergänzungen. Mit insgesamt 632 Abbildungen. XXV, 489 Seiten. Lex.-8⁰. 1949.
S 66.—, DM 22.—, $ 6.60, sfr. 28.50
Geb. S 72.—, DM 24.—, $ 7.20, sfr. 31.—

Einführung in die Funktechnik. Verstärkung, Empfang, Sendung. Von Prof. Dipl.-Ing. Dr. techn. **F. Benz,** Innsbruck. Vierte, stark vermehrte Auflage. Mit 705 Textabbildungen. XX, 736 Seiten. 1950.
S 144.—, DM 42.—, $ 10.—, sfr. 43.50
Geb. S 156.—, DM 45.60, $ 10.80, sfr. 47.—

Elektrizität. Von Prof. Dr. **K. W. F. Kohlrausch,** Graz. Mit 115 Textabbildungen. VIII, 253 Seiten. 1948. (Ausgewählte Kapitel aus der Physik. Nach Vorlesungen an der Technischen Hochschule in Graz. IV. Teil.)
S 36.—, DM 9.60, $ 3.70, sfr. 16.—

Ergänzungen zur Experimentalphysik. Einführende exakte Behandlung physikalischer Aufgaben, Fragen und Probleme. Von Prof. Dr. **H. Greinacher,** Bern. Zweite, vermehrte Auflage. Mit 82 Textabbildungen. X, 186 Seiten. 1948.
S 26.—, DM 8.—, $ 2.80, sfr. 12.—

Einführung in die höhere Mathematik. Ein Lehr- und Übungsbuch für technische und gewerbliche Lehranstalten und für die technische Praxis. Von Prof. Dr. techn. **A. Hossner,** Wien. Mit 251 Textabbildungen. X, 359 Seiten. 1949.
S 60.—, DM 20.—, $ 6.—, sfr. 26.—

Z u   b e z i e h e n   d u r c h   j e d e   B u c h h a n d l u n g

SPRINGER-VERLAG IN WIEN

Natur und Erkenntnis. Die Welt in der Konstruktion des heutigen Physikers. Von Prof. Dr. **A. March**, Innsbruck. Mit 18 Textabbildungen. VIII, 239 Seiten. 1948.
S 36.—, DM 12.—, $ 4.20, sfr. 18.—

Die Idee der Relativitätstheorie. Gemeinverständlich dargestellt. Von Prof. Dr. **H. Thirring**, Wien. Dritte, verbesserte und ergänzte Auflage. Mit 8 Textabbildungen. V, 168 Seiten. 1948.
S 28.—, DM 9.—, $ 2.80, sfr. 12.—

Grundlagen der Atomphysik. Eine Einführung in das Studium der Wellenmechanik und der Quantenstatistik. Von Prof. Dr. **H. A. Bauer**, Wien. Vierte, völlig umgearbeitete und ergänzte Auflage. Mit etwa 250 Textabbildungen. Etwa 600 Seiten.
Erscheint im März 1951.

Aufbau der Materie. Von Prof. Dr. **K. W. F. Kohlrausch**, Graz. Mit 120 Textabbildungen. X, 306 Seiten. 1949. (Ausgewählte Kapitel aus der Physik. Nach Vorlesungen an der Technischen Hochschule in Graz. V. Teil.)
S 45.—, DM 13.50, $ 3.30, sfr. 14.—

Atome und Strahlen. Von Prof. Dr. **G. Ortner**, Wien. Mit 25 Textabbildungen. IV, 86 Seiten. 1947.
S 9.—, DM 3.—, $ 1.10, sfr. 4.50

Die künstliche Radioaktivität in Biologie und Medizin. Eine gemeinverständliche Einführung. Von Dr. **Traude Bernert**, Wien. Mit 27 Textabbildungen. VI, 83 Seiten. 1949.
S 18.—, DM 6.—, $ 1.80, sfr. 7.80

Mme Curie: Pierre Curie. Autorisierte deutsche Ausgabe von Anna Kerschagl, Wien. VII, 89 Seiten. 1950.
S 18.—, DM 4.20, $ 1.—, sfr. 4.30

Zu beziehen durch jede Buchhandlung